Physica-Schriften

zur Betriebswirtschaft 7

Herausgegeben von

K. Bohr, Regensburg — W. Bühler, Dortmund — W. Dinkelbach, Saarbrücken — G. Franke, Gießen — P. Hammann, Bochum — K.-P. Kistner, Bielefeld — H. Laux, Wien — O. Rosenberg, Paderborn — B. Rudolph, Frankfurt

Springer-Verlag Berlin Heidelberg GmbH

L. Streitferdt

Entscheidungsregeln zur Abweichungsauswertung

Ein Beitrag zur betriebswirtschaftlichen Abweichungsanalyse

 Springer-Verlag Berlin Heidelberg GmbH

1983

CIP-Kurztitelaufnahme der Deutschen Bibliothek

Streitferdt, Lothar:
Entscheidungsregeln zur Abweichungsauswertung : e.
Beitr. zur betriebswirtschaftl. Abweichungsanalyse
/ L. Streitferdt. – Würzburg ; Wien : Physica-
Verlag, 1983.
    (Physica-Schriften zur Betriebswirtschaft ; Bd. 7)

NE: GT

ISBN 978-3-7908-0284-9   ISBN 978-3-662-41531-3 (eBook)
DOI 10.1007/978-3-662-41531-3

© Springer-Verlag Berlin Heidelberg 1983
Ursprünglich erschienen bei Physica-Verlag, Rudolf Liebing GmbH + Co., Würzburg 1983.

Vorwort

Entscheidungsregeln zur Abweichungsauswertung sollen helfen, die Auswertung von Plan-Ist-Abweichungen wirtschaftlich zu gestalten. Eine einfache Entscheidungsregel besteht beispielsweise darin, alle negativen Plan-Ist-Gewinnabweichungen auszuwerten, die größer sind als 10% des Planwertes. Aber warum gerade 10%? Und warum nur die negativen Abweichungen? Wegen des Fehlens theoretischer Ergebnisse ist man in der betrieblichen Praxis gezwungen, sich mit Intuition, Fingerspitzengefühl, Daumenregeln, Menschenkenntnis, Lebenserfahrung und was es dergleichen mehr geben mag, zu behelfen.

Die vorliegende Arbeit zeigt den gegenwärtigen Stand der Bemühungen um eine theoretische Begründung von Entscheidungsregeln zur Abweichungsauswertung. Sie ist die leicht erweiterte, aktualisierte und überarbeitete Fassung eines Manuskriptes, das im Dezember 1976 vom Fachbereich Wirtschaftswissenschaften der Universität Hamburg als Habilitationsschrift angenommen worden ist. Nach dem Abschluß des Habilitationsverfahrens kam ich mit dem Physica-Verlag darüber überein, die Arbeit in einer allgemeinverständlicheren Fassung als Monographie zu veröffentlichen. Bedingt durch meinen Wechsel an die Hochschule der Bundeswehr in Hamburg, eine Lehrstuhlvertretung an der Gesamthochschule Siegen (Universität) im Sommersemester 1979 und den Neuanfang am Fachbereich Ökonomie der Johann Wolfgang Goethe-Universität in Frankfurt am Main bis zum Wechsel an den Fachbereich Wirtschaftswissenschaften an derselben Hochschule, hat sich das Projekt verzögert. Zahlreiche Anfragen sowie mündliche und schriftliche Diskussionen haben mir jedoch gezeigt, daß an den Problemen, die in der Arbeit behandelt werden, ein ständig steigendes Interesse besteht. Das ist nicht verwunderlich, wenn man bedenkt, in welch steigendem Maße die moderne Planungs- und Informationstechnik Plan-Ist-Abweichungen produziert. Es würde mich freuen, wenn durch die vorliegende Arbeit die Diskussion über die Wirtschaftlichkeit der Kontrolle im allgemeinen und die Wirtschaftlichkeit der Abweichungsanalyse im besonderen weiter angeregt würde. Die Einordnung dieser Diskussion in den Rahmen des betrieblichen Rechnungswesens ergibt sich aus dem Buch von *Kilger* [1981, S. 169ff.].

Zu danken habe ich vielen für vieles. Am meisten meinem verehrten akademischen Lehrer, Herrn Prof. Dr. Klaus Lüder, der durch seinen Aufsatz: „Ein entscheidungstheoretischer Ansatz zur Bestimmung auszuwertender Plan-Ist-Abweichungen" [*Lüder,* 1970] mein Interesse an den Fragen der Wirtschaftlichkeit der Kontrolle weckte und die Arbeit beständig förderte. Den Herren Prof. Dr. Walter Karten und Prof. Dr. Manfred Layer danke ich für konstruktive Diskussionen und für die Übernahme der Koreferate. Herrn Prof. Dr. Willi Küpper verdanke ich häufige und intensive Gespräche, meinen früheren Mitarbeitern an der Hochschule der Bundeswehr in Hamburg, den Herren Dr. Georg

6

Engele und Dr. Ulrich Raubach sowie meinen jetzigen Mitarbeitern an der Universität Frankfurt, den Herren Dipl.-oec. Walter Erfle und Dipl.-Kfm. Edmund Nickel, vielfältige Diskussionen, Anmerkungen und Anregungen. Für die Erstellung einiger Abbildungen danke ich Herrn cand. rer. pol. Norbert Hoch und für das Korrekturlesen Herrn cand. rer. pol. Holger Wilhelm. Die Schreibarbeiten haben Frau Ute Imkenberg, Frau Monika Pütz und Frau Hilmar Spangenberg durchgeführt.

Ich danke weiterhin den Herausgebern dieser Reihe, insbesondere Herrn Prof. Dr. Werner Dinkelbach als dem geschäftsführenden Herausgeber für die Aufnahme der Arbeit und dem Physica-Verlag für die vertrauensvolle Zusammenarbeit. Der Deutschen Forschungsgemeinschaft danke ich für die finanzielle Unterstützung durch eine Druckbeihilfe.

Frankfurt am Main, im Januar 1983   Lothar Streitferdt

Inhaltsverzeichnis

1. Einführung

1.1 Problemstellung und Übersicht über die bisherige Entwicklung

Nach *Ulrich* [1970, S. 138] sind Probleme Fragen, die nicht ohne weiteres richtig beantwortet werden können, deren Beantwortung also „schwierig" ist. Ein Problem sollte deshalb als Fragesatz formuliert werden können. Im Rahmen der Problemlösung wird dann versucht, eine Antwort auf die gestellte Frage zu finden.

Die Problemstellung der betriebswirtschaftlichen Abweichungsanalyse kann allgemein durch die folgende Frage charakterisiert werden:

Welche Plan-Ist-Abweichungen sollen mit welchem Verfahren,
welcher Intensität wann ermittelt und ausgewertet werden?

Diese Charakterisierung der Problemstellung setzt voraus, daß die vier folgenden Bedingungen erfüllt sind:

a) Für die zu analysierenden Größen müssen Planwerte oder zumindest Planvorstellungen existieren. Dabei sind die Planwerte bzw. Planvorstellungen nicht nur als durchaus mögliche, prognostizierte zukünftige Entwicklungen aufzufassen, sondern als programmatisch anzustrebende Werte, als Vorgabewerte, Zielwerte. Ein Sonderfall liegt vor, wenn bei einem Betriebsvergleich oder einem Zeitvergleich Differenzen zwischen Istwerten berechnet und analysiert werden.

b) Für die zu kontrollierenden Größen werden zu bestimmten Zeiten Istwerte ermittelt oder zumindest Indikatoren, welche über die tatsächlich eingetretene Entwicklung informieren. Durch den Vergleich der Istwerte bzw. Indikatoren mit den auf denselben Zeitraum oder denselben Zeitpunkt bezogenen Planwerten ergeben sich die Abweichungsinformationen, die ausgewertet, d.h. auf ihre Ursachen hin untersucht werden können. Ein Sonderfall liegt vor, wenn bei der Kontrolle von Plänen Differenzen zwischen Planwerten berechnet und analysiert werden.

Grundsätzlich kann jede Abweichungsinformation ausgewertet, jede Abweichung analysiert werden. In diesem Sinne ist auch eine Abweichung von Null als eine Abweichung zu verstehen, deren Analyse zu dem Ergebnis führen kann, daß sich erhebliche Teilabweichungen gegenseitig kompensiert haben. Die Information über solche, sich kompensierende Teilabweichungen kann für Folgeplanungen wertvoll sein.

c) Eine Abweichung kann eine oder mehrere mögliche Ursachen haben, welche durch eine Analyse gefunden werden sollen. Ferner wird unterstellt, daß die Kenntnis dieser Ursachen für den Entscheidungsträger Information ist, also sein entscheidungsrelevantes Wissen vermehrt [*Wittmann*, 1959, S. 40]. Allgemein können kontrollierbare und nicht kontrollierbare Abweichungsursachen unterschieden werden. Der Entscheidungsträger wird vor allem an Informationen über solche Ursachen interessiert sein, die er selbst kontrollieren kann und deren Wirksamwerden er deshalb möglicherweise hätte vermeiden können.

d) Die Ermittlung und Auswertung von Abweichungsinformationen ist mit mehreren verschiedenen Verfahren und/oder Intensitäten möglich. Zum einen werden die verschiedenen Verfahren die Abweichungsinformationen und ihre Ursachen mit unterschiedlicher Zuverlässigkeit ermitteln. Zum anderen erfordern die Verfahren den Einsatz produktiver Faktoren wie menschliche Arbeitskraft, Stoffe und finanzielle Mittel. Die zur Abweichungsanalyse eingesetzten Produktionsfaktoren werden den übrigen betrieblichen Bereichen entzogen, was nur sinnvoll sein kann, wenn ihre Opportunitätskosten geringer sind als der Grenzgewinn, der durch den Einsatz zur Abweichungsanalyse erzielt wird. Häufig sind die Produktionsfaktoren nur in begrenztem Ausmaß verfügbar. Es können dann möglicherweise nicht alle Abweichungen analysiert werden und es kann in einem solchen Fall von Bedeutung sein, in welcher Reihenfolge die verschiedenen Abweichungen nacheinander ermittelt und analysiert werden.

Die Antwort auf die Frage und damit die Lösung des Problems besteht in einem Analyseprogramm, das angibt, welche Abweichungen wann, mit welchem Verfahren ermittelt und analysiert werden sollen. Da wohl grundsätzlich in einem Zeitraum immer mehrere verschiedene Analyseprogramme möglich sind, muß das im Hinblick auf eine, vom Entscheidungsträger vorzugebende Zielsetzung optimale Analyseprogramm ermittelt werden. Bei der betriebswirtschaftlichen Abweichungsanalyse sucht man das gewinnmaximale Analyseprogramm der Betriebsführung. Es ist deshalb erforderlich, die Kosten und Betriebserträge zu ermitteln oder zumindest zu schätzen, die mit den verschiedenen, möglichen Analyseprogrammen verbunden sind. Etwas unpräziser, aber dem Sprachgebrauch entsprechend, sollen die beiden Größen im folgenden als Aufwendungen und Erträge bezeichnet werden [vgl. *Lüder*, 1970; *Sabel*, 1973; *Laux*, 1974a].

Dem Problem der Abweichungsanalyse ist in der Betriebswirtschaftslehre lange Zeit relativ wenig Aufmerksamkeit geschenkt worden. Die erste Arbeit, die sich auschließlich und ausführlich mit dem Kernproblem der Abweichungsanalyse, der Auswertungsentscheidung beschäftigt, ist im Jahre 1961 erschienen [*Bierman/Fouraker/Jaedicke*, 1961, 409–417]. Zwei Jahre später hat *Bierman* in seinem Buch: "Topics in Cost Accounting and Decisions", [1963, 15–23] die Ergebnisse der ersten Studie präzisiert und an einigen Beispielen anschaulich erläutert. Meist unter Bezugnahme auf die Arbeit von Bierman, Fouraker und Jaedicke sind in der Folgezeit weiterführende Untersuchungen zu diesem Problemkreis vorgenommen worden. Als Beispiele seien aus dem anglo-amerikanischen Sprachraum die Arbeiten von *Theil* [1969, 25–37], *Duvall* [1967, B-631–B-641], *Kaplan* [1969, 32–43; 1975, 311–337] und *Ozan/Dyckman* [1971, 88–115] genannt. Im deutschen Sprachraum hat m.E. die Arbeit von *Lüder* [1970, 632–649] das Interesse an den Problemen der Auswertungsentscheidung geweckt. Die von Lüder angestellten Überlegungen sind z.B. von *Sabel* [1973, 17–26], von *Treuz* [1974, 62–71], von *Osterloh* [1974, 107–130] und von *Laux* [1974a, 433–450] aufgegriffen worden.

Die obige Aussage, dem Problem der Abweichungsanalyse sei in der Betriebswirtschaftslehre lange Zeit nur wenig Aufmerksamkeit geschenkt worden, darf nicht so interpretiert werden, als ob das Problem nicht erkannt worden wäre. Die Lösung dieses Problems wurde jedoch entweder als nicht sehr wichtig und dringlich erachtet oder sie erschien aus theoretischer Sicht uninteressant, möglicherweise auch aussichtslos, so daß eine spezielle Untersuchung hierzu nicht durchgeführt wurde. Diese beiden Gründe haben in den letzten Jahren mehr und mehr an Bedeutung verloren. Die Wichtigkeit des Problems und die Dringlichkeit seiner Lösung sind als Folge einer gewissen Konsolidierung beim Ausbau der Planung beständig gestiegen [siehe hierzu die empirische Untersuchung von *Naylor/Schauland*, S. 927ff.]. Gleichzeitig sind die quantitativen Methoden verbessert worden, was dazu geführt hat, daß neben der Möglichkeit einer „besseren" Planung das Instrumentarium zur Behandlung bisher nicht untersuchter Problemstellungen vergrößert bzw. verbessert worden ist.

Hinweise auf das Problem der Abweichungsanalyse und Überlegungen zu seiner Lösung findet man in der betriebswirtschaftlichen Literatur des deutschen Sprachraumes vor allem im Zusammenhang mit einem der 4 folgenden Gebiete:

a) Im Rahmen der Plankostenrechnung wird die Ermittlung von Gesamtabweichungen und Teilabweichungen erörtert und es wird zum Teil sehr eindringlich auf die Bedeutung der Abweichungsanalyse hingewiesen [siehe z.B. *Kilger*, 1981, S. 169ff; *Haberstock*, 1974, S. 359ff.]. Detaillierte Überlegungen zur Frage ob, wann und wie eine beobachtete Plan-Ist-Abweichung ausgewertet werden soll, findet man jedoch nur wenige. Drastisch wird dies durch den folgenden Satz von *Wille* [1963, S. 112] ausgedrückt, der von *Haberstock* [1974, S. 359] zur Kennzeichnung der Lage zitiert wird: „Bei der Kostenplanung regnet's, beim Soll-Ist-Vergleich tröpfelt's nur noch." Für den angloamerikanischen Sprachraum gilt auch heute noch die Aussage von *Stallman* [1972, S. 774]: "It is curious that while accountants have devoted considerable effort to the development of techniques to evaluate the efficiency of manufacturing activities or processes, they have devoted little attention to evaluating the efficiency of their own control activities."

b) Im Rahmen der Investitionskontrolle sind von *Lüder* [1969, S. 146ff.], *Jankowski* [1969, S. 127ff.] und etwas später auf der Arbeit von Lüder aufbauend von *Osterloh* [1974, S. 107ff.] Probleme der Abweichungsanalyse untersucht worden. Im Rahmen allgemeiner Erörterungen des Kontrollbereiches wurde das Problem der Abweichungsanalyse von *Kromschröder* [1972, S. 38ff.] und von *Treuz* [1974, S. 62ff.] diskutiert. In der Literatur zu organisatorischen und soziologischen Problemen der Kontrolle findet man hingegen kaum Überlegungen zum Problem der Abweichungsanalyse [siehe z.B. *Frese*, S. 61f.; *Stomberg*].

c) In engem Zusammenhang mit der Investitionskontrolle stehen die Überlegungen, die im Bereich der Organisation hinsichtlich der Ergebnisplanung und Kontrolle für dezentrale Unternehmensbereiche angestellt werden. Dabei stellt sich die Frage, welche Konsequenzen aus den festgelegten Plan-Ist-Abweichungen gezogen werden sollen [siehe z.B. *Menz; Budde*]. Begründete Konsequenzen sind jedoch nur möglich, wenn die Ursachen der Abweichungen aufgrund einer vorausgegangenen Analyse bekannt sind.

d) Die ältesten, allerdings sehr spezifischen Untersuchungen zur Abweichungsanalyse findet man im Bereich der Qualitätskontrolle. Dabei stand freilich lange Zeit der rein statistische Aspekt im Vordergrund und der hier interessierende ökonomische, betriebswirtschaftliche Aspekt galt als nicht wesentlich [siehe hierzu *Schulz*, S. 1].

1.2 Ziel und Aufbau der Untersuchung

Wegen des Fehlens theoretischer Ergebnisse zur Lösung des Problems der Abweichungs-analyse ist man in der betrieblichen Praxis gezwungen, sich mit Intuition, Fingerspitzenge-fühl, Daumenregeln, Menschenkenntnis, Lebenserfahrung und was es dergleichen mehr geben mag, zu behelfen. Es ist das Ziel der vorliegenden Arbeit, auf dem Weg zur Lösung des Problems der Abweichungsanalyse einen Schritt zu tun. Die Arbeit konzentriert sich als erste Monographie ausschließlich auf dieses Problem. Sie gibt einen Überblick über die bei der Abweichungsanalyse zu lösenden Fragen und über die bisher im deutschen und anglo-amerikanischen Sprachraum verfügbare Literatur. Durch die kritische Analyse und Diskussion der verschiedenen Ansätze zur Lösung der auftretenden Teilprobleme soll der gegenwärtig auf diesem Gebiet erreichte Stand deutlich gemacht werden und es sollen An-satzpunkte für die weitere Entwicklung aufgezeigt werden. Die Prüfung der Ansätze auf Gemeinsamkeiten und Unterschiede ist die Voraussetzung für die Systematisierung und Verallgemeinerung des vorhandenen Wissens. Sie liefert darüber hinaus die Grundlagen für die Formulierung neuer Forschungsziele.

Das an die Einleitung anschließende zweite Kapitel ist den grundsätzlichen Überle-gungen zur Bedeutung der Abweichungsanalyse im Rahmen der Unternehmensführung ge-widmet. Dabei konzentrieren sich die Erörterungen auf die Beschreibung von betrieb-lichen Planungs- und Kontrollprozessen als Elemente der Unternehmensführung. Zur Ein-ordnung der Abweichungsanalyse in den betrieblichen Planungs- und Kontrollprozeß wird die Unternehmensführung durch ein System von Planungs- und Kontrollprozessen veranschaulicht. Die methodische Beschreibung von Planungs- und Kontrollprozessen als Elemente dieses Systems zeigt die Aufgabe und Bedeutung der Abweichungsanalyse. Das sorgfältige, definitorische Vorgehen bei dieser Beschreibung führt zu einer Reihe interes-santer Einsichten. So zeigt sich z.B. in den Abschnitten 2.2.2 und 5.1, welche zentrale Bedeutung dem Aggreagitions- und Detaillierungsgrad von Planungs- und Kontrollprozes-sen zukommt.

Im dritten Kapitel werden die Schwierigkeiten behandelt, die bei der Ermittlung und Bewertung von Abweichungsinformationen auftreten. Dabei sind zwei Probleme von be-sonders großer Bedeutung:

a) wie soll eine Gesamtabweichung sinnvoll in Teilabweichungen zerlegt werden;
b) welche Möglichkeiten gibt es, bei stochastischer Planung Abweichungen zu ermitteln.

Das Hauptanliegen der Untersuchung ist die Erörterung der Möglichkeiten zur Ermittlung von Entscheidungsregeln zur Abweichungsauswertung im 4. Kapitel. Dazu werden die bis-her vorliegenden Planungsansätze systematisch und problemorientiert dargestellt, analy-siert und kritisch diskutiert. Da die Ansätze zu einem großen Teil unabhängig voneinan-der formuliert wurden, ist es notwendig, sie hinsichtlich ihrer Problemformulierung, der Lösungsmethode und dem Ergebnis zu vergleichen und zu klassifizieren. Die dabei auf-tretenden Schwierigkeiten werden unter anderem im Abschnitt 4.2.1.2.1.4 deutlich, wo die Verfahren zur Optimierung von $\bar{X}$-Kontrollkarten erörtert werden. Ferner zeigt sich beispielsweise:

a) Beim Vergleich des Ansatzes von Bierman, Fouraker und Jaedicke mit dem Ansatz von Kaplan, daß der wesentlich schwieriger und komplexer aufgebaute Ansatz von Ka-

plan zu einem Ergebnis führt, welches dem Ergebnis von Bierman, Fouraker und Jaedicke weitgehend entspricht. Der Zusammenhang wird durch die Ableitungen, die zu
der Beziehung (4.92) führen, deutlich.

b) Beim Vergleich des Ansatzes von Kaplan mit den Ansätzen von Pollock und Kromschröder, daß die Ansätze von Pollock und Kromschröder Spezialfälle des Ansatzes
von Kaplan sind und es wird zum anderen deutlich, daß Pollock und Kromschröder
den Auswertungsaufwand falsch berücksichtigen.

c) Bei der Diskussion des Ansatzes von Lüder, daß die von Bierman, Fouraker und Jaedicke vorgeschlagene Kontrollkarte grundsätzlich auch bei dem Ansatz von Lüder verwendet werden kann.

d) Bei der Diskussion der Schwierigkeiten, die bei der Optimierung von $\bar{X}$-Kontrollkarten
auftreten und durch die kritische Würdigung der Programmüberlegungen von Ozan und
Dyckman, welche Informationen über die zu kontrollierenden Abläufe benötigt werden
und welche Annahmen hinsichtlich dieser Informationen und Abläufe zweckmäßig
sein können.

Das fünfte Kapitel dient der Erörterung von Abweichungsursachen sowie der Möglichkeiten, diese Ursachen zu ermitteln. Es wird versucht zu zeigen, welche Abweichungsursachen allgemein unterschieden werden können und welche Möglichkeiten bestehen, solche
Ursachen zu vermeiden bzw. wie nach dem Eintritt einer Abweichung nach den Ursachen
gesucht werden soll. Denn bei der Auswertungsentscheidung wird zwar festgelegt, ob eine
beobachtete Abweichung analysiert werden soll oder nicht. Es wird aber nichts darüber
ausgesagt, wie analysiert werden soll, also insbesondere in welcher Reihenfolge nach den
verschiedenen, für möglich gehaltenen Abweichungsursachen gesucht werden soll. Es wird
ein einfaches Verfahren angegeben, mit dem bei allerdings relativ rigorosen Annahmen die
optimale Suchpolitik ermittelt werden kann.

Im sechsten und letzten Kapitel wird gezeigt, wie bei Anwendung des Return-on-
Investment-Verfahrens zur Steuerung einer divisional organisierten Unternehmung, Abweichungsinformationen ermittelt werden können. Anschließend wird unter dem Gesichtspunkt größtmöglicher Praktikabilität gezeigt, wie man in diesem Fall möglicherweise das Auswertungsprogramm ermitteln könnte.

2. Die Abweichungsanalyse als Instrument der Unternehmensführung

2.1 Die Unternehmensführung als ein System von Planungs- und Kontrollprozessen

Der dispositive Produktionsfaktor Betriebs- bzw. Unternehmensführung hat die Aufgabe, den Leistungserstellungs- und Leistungsverwertungsprozeß der Betriebe auszulösen
und zu steuern. „Als Träger betrieblicher Impulse, als Motor gewissermaßen der betrieblichen Prozedur durchdringt dieser Faktor das gesamte betriebliche Geschehen" [Gutenberg, S. 130.]

Unternehmensführung vollzieht sich, indem die Mitarbeiter eines Unternehmens ihr
eigenes Verhalten sowie das Verhalten anderer durch Entscheidungen und Anordnungen
steuern. Da einer Anordnung grundsätzlich eine Entscheidung vorausgeht, sind es allein
die Entscheidungen, die in ihrer Gesamtheit die Unternehmensführung ausmachen. Sie

16

werden von einzelnen Mitarbeitern oder von Gruppen, Teams und Gremien [siehe hierzu *Deppe; Laux*, 1979] getroffen und bestimmen das betriebliche Geschehen, indem sie die durchzuführenden Handlungsalternativen festlegen. Als einer der ersten hat *Blohm* [1967, 214–218; 1968, 116–120] darauf hingewiesen und gezeigt, daß man das Wechselspiel zwischen Entscheidung und Durchführung durch einen Regelkreis beschreiben und veranschaulichen kann. Diese kybernetische Betrachtungsweise ist inzwischen in der betriebswirtschaftlichen Organisationslehre verbreitet [siehe z.B. *Stomberg*, S. 35; *Ulrich*, S. 222; *Bleicher*, S. 48] und hat sich insbesondere für die Behandlung von Kontrollproblemen als zweckmäßig erwiesen [siehe *Hahn*, S. 32a]. Je nach der Detailliertheit bzw. Aggregiertheit der Betrachtung kann ein größerer Betrieb nach *Blohm* [1974, S. 111ff.] durch einen einzelnen Regelkreis oder durch eine größere Anzahl von vermaschten Regelkreisen dargestellt werden. In Abb. 1 ist ein Beispiel für den zuerst genannten Fall angegeben. Die Abb. 2 stellt ein schematisches Beispiel für die Abbildung eines größeren Betriebes als ein vermaschtes System von Regelkreisen dar.

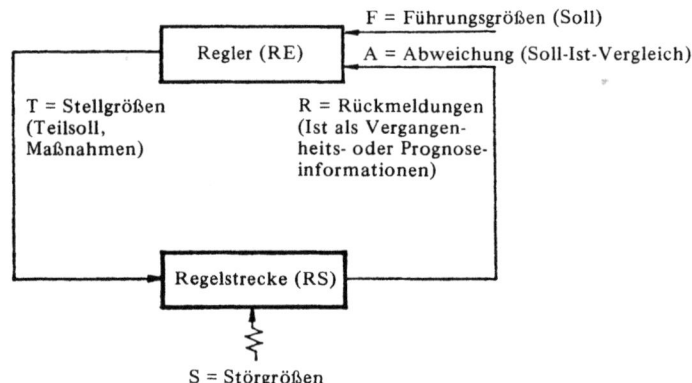

Konkretisierung (Beispiele)

F = Bestimmte Sollwerte = Bestimmte Ziele für das Handeln
RE = Der Betriebsleiter
T = Informationen des Betriebsleiters an die Verkäufer über deren Soll-Leistungen und -maßnahmen
RS = Die Verkäufer
S = Das Verhalten der Kunden und Konkurrenten
R = Informationen der Verkäufer an den Betriebsleiter über den Ist-Ablauf und dessen Ergebnisse
A = Vergleich von Erreichtem (Ist) und Angestrebtem (Soll), d.h. Messung des Ist am Soll. Bei Differenz zwischen Ist und Soll bestehen die Möglichkeiten:
   a) Anpassung des Ist an das Soll (durch Ergreifen geeigneter zusätzlicher Maßnahmen, z.B. mehr Werbung)
   b) Anpassung des Soll an das Ist (durch Reduzierung der Sollwerte oder Ziele)
   c) Anwendung von a) und b) kombiniert

Abb. 1: Ein Betrieb als einfacher Regelkreis
       (Quelle: *Blohm* [1974, S. 111])

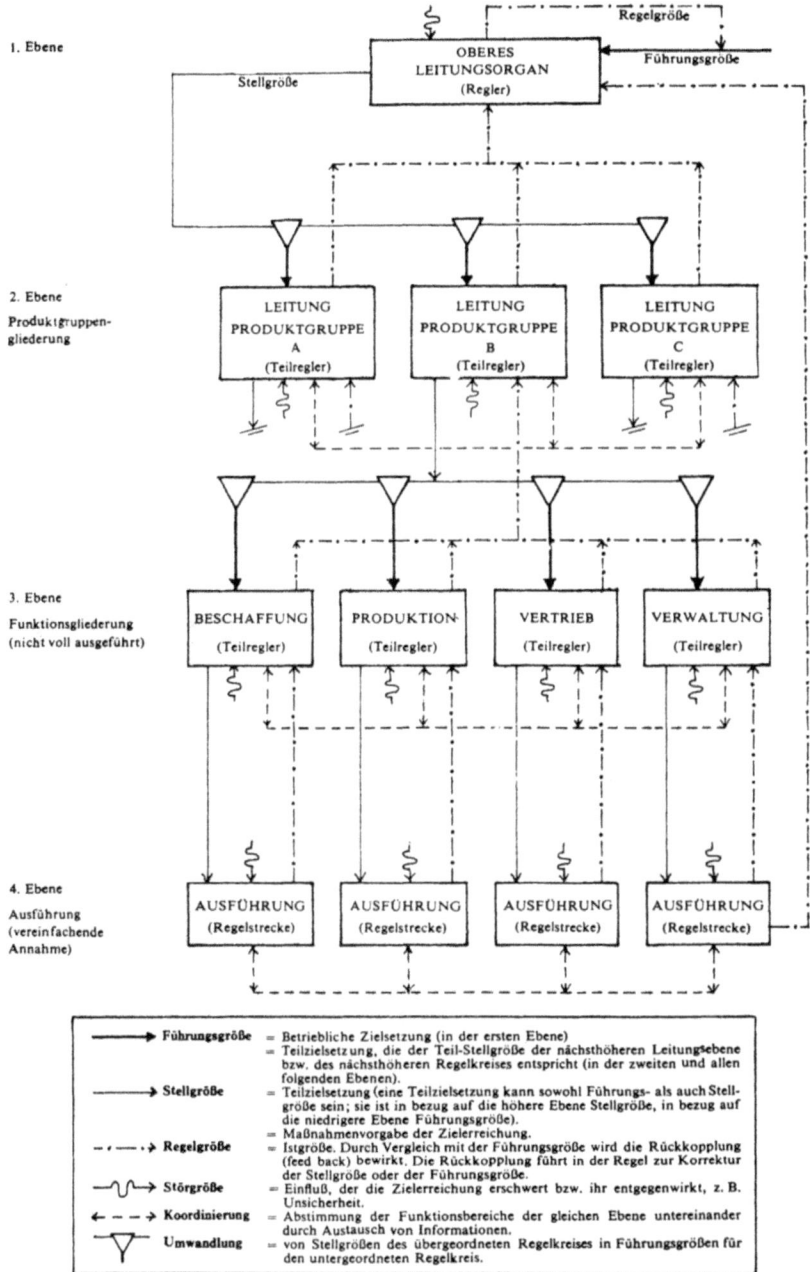

Abb. 2: Der Betrieb als ein System von Regelkreisen (schematisiertes Beispiel)
(Quelle: *Blohm/Lüder* [1978, S. 271])

Betrachtet man einen einzelnen Regelkreis, wie den in der Abb. 1, so kann der Regler als die Entscheidungsinstanz und die Regelstrecke als Ausführungsinstanz interpretiert werden. Die Stellgröße des Reglers entspricht dann der Vorgabe von Planwerten und die Rückmeldung der Übermittlung von Istwerten — zum Beispiel in Form von Berichten.

Ist ein Regelkreis wie die Regelkreise in der Abb. 2 Element eines Systems von Regelkreisen, so kann der Regler bezüglich der übergeordneten Regelkreise Teil der Ausführungsinstanz, bezüglich der nachgeordneten Regelkreise Teil der Entscheidungsinstanz sein (Teilregler). Bei sehr großer Detaillierung kann jeder einzelne Mitarbeiter als Regler in das Modell aufgenommen werden. Bei sehr starker Aggregation wird der ganze Betrieb, wie in Abb. 1 geschehen, als ein einziger Regelkreis dargestellt.

Im Rahmen der vorliegenden Untersuchung soll ein Regelkreis als ein betrieblicher Planungs- und Kontrollprozeß aufgefaßt werden. Die Unternehmensführung läßt sich dann als ein System von solchen Planungs- und Kontrollprozessen interpretieren. Für die weiteren Überlegungen sind die Elemente dieses Systems, nämlich die Planungs- und Kontrollprozesse, von zentraler Bedeutung, weil die Abweichungsanalyse ein wesentliches Element solcher Planungs- und Kontrollprozesse ist.

2.2 Definitorische Beschreibung der Elemente und Merkmale von Planungs- und Kontrollprozessen

2.2.1 Betriebliche Ziele als Gegenstand der betrieblichen Planungs- und Kontrollprozesse

2.2.1.1 Vorbemerkungen

Die Aufgabe eines betrieblichen Planungs- und Kontrollprozesses besteht darin, den Ablauf des Geschehens in dem jeweiligen betrieblichen Bereich zu steuern. Das setzt voraus, daß die Unternehmensführung bestimmte zukünftige Entwicklungen anstrebt, daß ihr nicht jede zukünftige Entwicklung in gleichem Maße „recht" ist. Als allgemein akzeptierte Axiome gelten in der Betriebswirtschaftslehre, daß die Unternehmensführung

1. Ziele verfolgt und
2. Informationen besitzt.

Ziele und Informationen bestimmen nach dieser Vorstellung die Handlungen. Das bedeutet, die Entscheidungen über alternativ mögliche Handlungsprogramme werden durch die vorliegenden Informationen und die angestrebten Ziele determiniert. Für die vorliegende Untersuchung ist es nicht erforderlich, diese beiden Determinanten von Handlungsentscheidungen weiter zu analysieren und in Unterdeterminanten usw. zu gliedern. Es ist aber m.E. wichtig, darauf hinzuweisen, daß diese beiden Determinanten grundsätzlich nur für Handlungsentscheidungen gelten. Zielentscheidungen und Informationsentscheidungen können dagegen aus rein logischen Gründen nicht immer und ausschließlich wieder durch Ziele und Informationen bestimmt werden. Die Probleme, die sich daraus ergeben, werden im Rahmen der deskriptiven Entscheidungstheorie, der Organisationslehre, Informationstheorie und Soziologie diskutiert [siehe hierzu z.B. *Kirsch,* 1970, 1971a, 1971b; *Heinen,* 1971; *Witte,* 1968a, 1968b, 1971; *Cyert/March; Hoffmann*].

Für die Untersuchung von betrieblichen Planungs- und Kontrollprozessen ist wesentlich, daß der Gegenstand eines Planungs- und Kontrollprozesses ein Ziel (Plan, Programm) ist, dessen Erreichung (Verwirklichung) durch den Planungs- und Kontrollprozeß gesteuert und gewährleistet werden soll. Wie dieses Ziel bzw. dieser Plan oder das Programm zustandegekommen ist, auf welchen Präferenz- oder Nutzenvorstellungen es beruht und ob es dem Entscheidungsträger des Planungs- und Kontrollprozesses vorgegeben wurde, oder ob es von ihm selbst festgelegt wurde, soll hier nicht weiter untersucht werden. Um jedoch die Stellung der Abweichungsanalyse im Rahmen der Unternehmensführung aufzuzeigen ist es notwendig, den betrieblichen Planungs- und Kontrollprozeß bei gegebenem Ziel weiter zu analysieren. Das bedeutet vor allem, daß man sich über betriebliche Ziele als Gegenstand dieser Prozesse Klarheit verschaffen und möglichst genau festlegen muß, was unter einem Ziel zu verstehen ist. Wegen seines axiomatischen Charakters wird der Begriff „Ziel" in der einschlägigen Literatur kaum explizit definiert. *Heinen* [1966, S. 17] versteht z.B. unter Zielen „unternehmerische Prinzipien". *Kosiol* [1968, S. 261] unterscheidet Sachziel und Formalziel. Dabei bezieht sich das Sachziel der Unternehmung „auf Art, Menge und Zeitpunkt der am Markt abzusetzenden Produkte". „Als Formalziel wird dagegen die Wirtschaftlichkeit, insbesondere die Rentabilität aufgefaßt". Für die meisten Autoren besteht die Zielsetzung in der Beschreibung einer angestrebten zukünftigen Entwicklung oder zumindest einer angestrebten zukünftigen Situation. Sätze wie: „Zielentscheidungen legen den als erstrebenswert angesehenen Zustand der Unternehmung fest" [*Heinen*, 1966, S. 18], bestätigen diese Vermutung. Im folgenden soll deshalb die Beschreibung von Situationen und zukünftigen Entwicklungen erörtert werden und es soll – zum Teil durch Definitionen – festgelegt werden, was im Rahmen der vorliegenden Untersuchung unter einer Situation, einer zukünftigen Entwicklung und einem Ziel – Sachziel im Sinne von Kosiol – genau verstanden wird.

2.2.1.2 Die Beschreibung von Situationen

Die Analogie zum Regelkreis lehrt, daß man im Planungs- und Kontrollprozeß eine Entscheidungseinheit (Regler) und eine Ausführungseinheit (Regelstrecke) unterscheiden muß. Während die Entscheidungseinheit anzustrebende Situationen bzw. Entwicklungen beschreibt und als Ziele vorgibt, muß die Ausführungseinheit Istzustände beschreiben und an die Entscheidungseinheit melden. Die Entscheidung darüber, wie Situationen und zukünftige Entscheidungen zu beschreiben sind, wird von der Entscheidungseinheit getroffen. Sie kann dabei durch andere, vor allem übergeordnete Entscheidungseinheiten mehr oder weniger beeinflußt und eingeengt werden. Die Ausführungseinheit muß sich bei der Situationsbeschreibung weitgehend an die von der Entscheidungseinheit gewählte Situationsbeschreibung halten. Soweit dies nicht notwendig ist, sind die Überlegungen, die sie anstellen muß, dieselben, wie sie im folgenden für die Entscheidungseinheit erörtert werden. Die Entscheidungseinheit soll dabei synonym auch als Entscheidungsträger bezeichnet werden.

Zur Beschreibung von Situationen sind drei Entscheidungen des Entscheidungsträgers erforderlich:

a) Aus der praktisch unbegrenzten (unendlichen) Menge der in der Realität beobachtbaren Tatbestände, wie z.B. Umsatz, Vermögen, Beschäftigtenzahl, Altersstruktur der Beschäftigten, Absatzwege, Lagerbestände, Ausschußquoten, Schwund, Aktienkurse, Maschinenverschleiß, Gesundheitszustand der Belegschaft, . . . usw. muß der Entscheidungsträger jene Tatbestände auswählen, durch welche er eine Situation beschreiben will. Beispiel: Die Größen, die im betriebspolitischen Schachbrett des Return-on-Investment-Verfahrens angegeben sind [siehe z.B. *Budde*, S. 55]. Die vom Entscheidungsträger zur Situationsbeschreibung ausgewählten Tatbestände sollen im folgenden als *Situationsmerkmale* bezeichnet werden.

b) Für jedes Situationsmerkmal muß festgelegt werden, mit welcher Genauigkeit es beobachtet werden soll. Eine Umsatzgröße kann z.B. nach Pfennigen, nach DM, nach 10 DM, 100 DM, 1000 DM ... gemessen werden. Oder es könnten etwa die folgenden 4 verschiedenen Ausprägungen unterschieden werden:

Umsatzausprägung 1:   Umsatz $<$ 10^6 DM
Umsatzausprägung 2: 10^6 DM $\leqslant$ Umsatz $< 2 \cdot 10^6$ DM
Umsatzausprägung 3: $2 \cdot 10^6$ DM $\leqslant$ Umsatz $< 3 \cdot 10^6$ DM
Umsatzausprägung 4: $3 \cdot 10^6$ DM $\leqslant$ Umsatz

Nicht quantifizierbare, qualitative Situationsmerkmale wie etwa „Konjunktur" kann man nach Kriterien wie „schlecht", „mittel", „gut" und dergleichen klassifizieren. Die vom Entscheidungsträger definierten Klassen und Wertbereiche, die bei den verschiedenen Situationsmerkmalen unterschieden werden, sollen im folgenden als die *Ausprägungen* der Situationsmerkmale bezeichnet werden.

c) Schließlich erfordert die Situationsbeschreibung einen zeitlichen Bezug, d.h. es muß festgelegt werden, wann in der Vergangenheit, Gegenwart oder Zukunft die definierten Situationsmerkmale mit welchen Ausprägungen als Situationen unterschieden werden sollen. Es soll hier grundsätzlich eine Zeitraumbetrachtung erfolgen, so daß als Bezugszeitraum einer Situation etwa ein Tag, eine Stunde, eine Woche, ein Monat, ein Jahr usw. festgelegt werden kann. Eine reine Zeitpunktbetrachtung wäre der theoretische Grenzfall dieser diskreten Betrachtung. Er soll hier grundsätzlich ausgeschlossen sein. Im folgenden wird davon ausgegangen, daß das *Bezugszeitintervall* einer Situation immer die Dauer einer Zeiteinheit besitzt, d.h. die Zeiteinheit soll entsprechend gewählt werden. Das Bezugszeitintervall liegt in der Zukunft, wenn sein Anfangszeitpunkt noch nicht eingetreten ist; es liegt in der Vergangenheit, wenn sein Endzeitpunkt vorüber ist und es liegt in der Gegenwart, wenn keines von beiden der Fall ist.

Es sei n die Anzahl der verschiedenen Situationsmerkmale und M_j die Menge der Merkmalsausprägungen für das Merkmal j ($j = 1, 2, \ldots, n$). Die Menge M_j soll a_j Elemente besitzen, was bedeutet, daß bei dem Merkmal j eine Anzahl von a_j verschiedenen Ausprägungen unterschieden wird (a_j ist die Mächtigkeit der Menge M_j). Die Menge M_j soll geordnet sein, so daß ihre Elemente durch Abzählen identifiziert werden können.

$$M_j = \{m_j^1, m_j^2, \ldots, m_j^b, \ldots, m_j^{a_j}\}; \quad j = 1, 2, \ldots, n. \tag{2.1}$$

Es erscheint sinnvoll, zu verlangen, daß die a_j verschiedenen Ausprägungen eines Situationsmerkmales zum einen alle theoretisch möglichen Beobachtungen abdecken, zum anderen aber überschneidungsfrei sind. Unter dieser Voraussetzung gibt es in dem Bezugszeitintervall

$$D = \prod_{j=1}^{n} a_j \tag{2.2}$$

verschiedene, nur alternativ mögliche Situationen, von denen genau eine eintreten bzw. realisiert werden muß und welche durch das Cartesische Produkt

$$S = \mathop{\times}_{j=1}^{n} M_j \qquad (2.3)$$

angegeben werden. Die Elemente der Menge S sollen lexikographisch geordnet sein, so daß sich eine bestimmte Situation s^d, $(d = 1, 2, \ldots, D)$ durch ihre Nummer d eindeutig identifizieren läßt.

$$
\begin{aligned}
s^1 &= \{m_1^1, m_2^1, \ldots, m_j^1, \ldots, m_n^1\} \\
s^2 &= \{m_1^1, m_2^1, \ldots, m_j^1, \ldots, m_n^2\} \\
&\cdot \\
&\cdot \qquad\qquad\qquad\qquad\qquad\qquad\qquad (2.4) \\
&\cdot \\
s^{a_n} &= \{m_1^1, m_2^1, \ldots, m_j^1, \ldots, m_n^{a_n}\} \\
&\cdot \\
&\cdot \\
&\cdot \\
s^D &= \{m_1^{a_1}, m_2^{a_2}, \ldots, m_j^{a_j}, \ldots, m_n^{a_n}\}.
\end{aligned}
$$

Aus Gründen der begrenzten Informationsverarbeitungskapazität der Entscheidungsträger wird man bemüht sein, die Anzahl D der alternativ möglichen Situationen zu begrenzen. Es ist grundsätzlich denkbar, daß einige der D Situationen logisch unvereinbar sind. Das kann aber nur dann der Fall sein, wenn zwei oder mehrere Situationsmerkmale denselben Sachverhalt beschreiben. Es empfiehlt sich dann, die Definition der Merkmale neu zu überdenken. Sind alle D Situationen möglich, so stellt sich die Frage, welche von ihnen realisiert worden ist oder realisiert werden wird. Im ersten Fall hat man ein Beobachtungs- und Meßproblem, im zweiten Fall zusätzlich ein Prognoseproblem.

Der Entscheidungsträger, der für ein zukünftiges Zeitintervall D alternative Situationen definiert hat, wird aufgrund subjektiver Erfahrungen in der Vergangenheit den Eintritt der verschiedenen Situationen mit unterschiedlicher Wahrscheinlichkeit erwarten. Zeigt sich, daß der Entscheidungsträger eine große Zahl von den D Situationen für unmöglich hält, so empfiehlt es sich, die Definition der Merkmalsausprägungen neu zu überdenken.

Durch die Festlegung der Situationsmerkmale und ihrer Ausprägungen ist die Genauigkeit bestimmt, mit der die *beobachtbaren* Umweltzustände unterschieden werden. Bei relativ kleinen Werten für n und für die a_j wird es im allgemeinen eine große Menge verschiedener, beobachtbarer Umweltzustände geben, deren Realisation dem Eintritt einer bestimmten, definierten Situation entspricht. Dieser Sachverhalt wird bei der Behandlung des Aggregations- bzw. Detaillierungsgrades von Planungs- und Kontrollprozessen im Abschnitt 2.2.2 ausführlich erörtert.

2.2.1.3 Arten von Situationsmerkmalen

Von den 3 Entscheidungen, die zur Beschreibung von Situationen nach dem obigen Konzept getroffen werden müssen, ist die Festlegung und definitorische Beschreibung von Anzahl und Art der zu unterscheidenden Situationsmerkmale die schwierigste und schwerwiegendste. Es soll deshalb in diesem Abschnitt noch etwas genauer darauf eingegangen werden, nicht zuletzt, um auf einige Schwierigkeiten hinzuweisen, die auf den ersten Blick kaum erkennbar sind.

Zunächst ist festzustellen, daß zu den beobachtbaren Tatbeständen, die als Situationsmerkmale definiert werden können, nicht nur einzelne Größen wie Umsatz, Vermögen und dgl. gehören, sondern auch Beziehungen zwischen diesen Größen. Typische Beispiele für Situationsmerkmale, die solche Beziehungen zum Ausdruck bringen, sind die Produktionsfunktion, die Menge möglicher Aktionen (Aktionsraum), die Gewinnfunktion eines linearen Programmes, die Preisabsatzfunktion für ein Produkt. Solche Situationsmerkmale sollen als *Strukturmerkmale* bezeichnet werden, weil sie die Struktur der Situation beschreiben. Dagegen sollen die Situationsmerkmale, welche einzelne Größen zum Inhalt haben, als *elementare Situationsmerkmale* bezeichnet werden. Ohne darauf hier näher eingehen zu wollen, sei angemerkt, daß elementare Situationsmerkmale und Strukturmerkmale in gewissem Umfang gegeneinander substituierbar sind.

Beim gegenwärtigen Stand der Entwicklung konzentriert sich die Abweichungsanalyse fast ausschließlich auf die Betrachtung elementarer Situationsmerkmale. Sie sollen deshalb hier nocht etwas genauer erörtert werden.

Es sind vor allem zwei Kriterien, die für eine Systematisierung und Analyse der elementaren Situationsmerkmale von Bedeutung sind:

a) die Abhängigkeit von der Zeit
b) die Abhängigkeit vom Verantwortungsbereich.

Zu a): Bezüglich ihrer Abhängigkeit von der Zeit lassen sich Bestandsmerkmale und Strömungsmerkmale unterscheiden. *Bestandsmerkmale* sind Zeitpunktgrößen, wie der Bestand an Fertigprodukten oder an Anlagen zu einem bestimmten Zeitpunkt. Hierzu gehören z.B. die Positionen des Inventars als die realen Güterbestände des Betriebes, aber auch etwa der Informationsstand. Da eine Situation zeitraumbezogen ist, können solche Bestandsmerkmale für theoretisch beliebig viele Zeitpunkte innerhalb des geschlossenen Bezugszeitintervalles definiert werden. Von besonderer Bedeutung sind jedoch der Anfangs- und der Endzeitpunkt des Bezugszeitintervalles, weil in ihnen jeweils eine andere Situation endet oder beginnt. Als eine grundsätzliche Schwierigkeit der Bestandsmerkmale ist zu erwähnen, daß es sich hierbei insofern immer um hypothetische Größen handelt, als in einem Zeitintervall mit der Länge null eine Beobachtung eigentlich nicht möglich ist. Man behilft sich deshalb mit Vor- und Rückrechnungen.

Die Veränderung von Bestandsmerkmalen in der Zeit wird durch *Strömungsmerkmale* angegeben. Beispiele für Strömungsmerkmale sind der Absatz eines bestimmten Produktes, der Bedarf an Energie, an Stoffen, der Umsatz, die Preisänderung usf. – jeweils pro Zeiteinheit. Da das Bezugszeitintervall einer Situation eine Zeiteinheit betragen soll, kann ein Strömungsmerkmal in einer Situation nur einmal beobachtet werden. Im kontinuierlichen Grenzfall, in dem das Bezugszeitintervall die Dauer Null annimmt, würden die Strömungsmerkmale zu Differentialen.

Zu b): Bezüglich der Abhängigkeit vom Verantwortungsbereich ist es für die Abweichungsanalyse wichtig, elementare Situationsmerkmale, welche Handlungen (Aktionen) der Ausführungseinheit beschreiben, von solchen Situationsmerkmalen zu unterscheiden, die eine Bewertung enthalten und daher Ausdruck der Präferenz- und Nutzenvorstellungen des Entscheidungsträgers sind. Die ersteren sollen als *Handlungsmerkmale*, die letzteren als *Präferenzmerkmale* bezeichnet werden. Unter der Annahme eines deterministischen zeitlichen Ablaufs des Geschehens, verursachen die Handlungen bestimmte Strömungsmerkmale. Wird der kausale Zusammenhang zwischen einer Handlung und ihrer Wirkung als eindeutig determiniert angesehen, so kann die Handlung auch mittelbar durch eben diese Wirkung beschrieben werden. Beispiele für Handlungsmerkmale sind: Produktion von 1000 Stück eines Produktes, Verkauf eines Grundstückes. Beispiele für Präferenzmerkmale sind: Kosten, Preise, Erlöse. Handlungsmerkmale sind grundsätzlich Zeitraumgrößen und daher Strömungsmerkmale. Präferenzmerkmale können sowohl Zeitraumgrößen wie z.B. Kosten, Umsatz, als auch Zeitpunktgrößen, wie etwa ein Vermögenswert sein.

2.2.1.4 Pfade (zeitliche Entwicklungen) und Zielpfade

Mit Hilfe von mehreren, zeitlich aufeinander folgenden Situationen kann man den Ablauf eines Geschehens, eine zeitliche Entwicklung beschreiben. Für einen Zeitraum von T Zeitintervallen mit einer Länge von je genau einer Zeiteinheit ist ein *Pfad* ein T-dimensionaler Vektor von zeitlich unmittelbar aufeinander folgenden Situationen [vgl. *Crawford*, S. 254ff.; *Streitferdt*, 1973, S. 16; *Köhler*, 1976, S. 311]. Berücksichtigt man, daß die Situationsbeschreibung in verschiedenen Zeitintervallen unterschiedlich sein kann, so muß die Menge der Ausprägungen, welche von einem Merkmal zur Situationsbeschreibung verwendet wird, zeitabhängig definiert werden. An Stelle von (2.1) erhält man dann

$$M_{jt} = \{m_{jt}^1, m_{jt}^2, \ldots, m_{jt}^b, \ldots, m_{jt}^{a_{jt}}\}; \quad j = 1, 2, \ldots, n; t = 1, 2, \ldots, T. \quad (2.5)$$

Darin ist m_{jt}^b die Ausprägung b des Situationsmerkmals j im Zeitintervall t, wobei $t = 1, 2, \ldots, T$ sein kann. Analog zu (2.2) ergibt sich jetzt, daß im Zeitintervall t

$$D_t = \prod_{j=1}^{n} a_{jt}; \quad t = 1, 2, \ldots, T \quad (2.6)$$

verschiedene, nur alternativ mögliche Situationen eintreten bzw. realisiert werden können, welche durch das Cartesische Produkt

$$S_t = \mathop{\times}_{j=1}^{n} M_{jt}; \quad t = 1, 2, \ldots, T \quad (2.7)$$

angegeben werden. Dabei ist unterstellt, daß die Anzahl n verschiedener Situationsmerkmale in allen T Zeitintervallen gleich groß ist, daß sich aber die Ausprägungen, mit denen diese Situationsmerkmale registriert und beobachtet werden, von Zeitintervall zu Zeitintervall verändern können.

Zur genauen Kennzeichnung der Pfade ist es zweckmäßig, die Situationen der einzelnen Zeitintervalle durchzunumerieren von $d^t = 1$ bis $d^t = D_t$, wobei t von 1 bis T läuft. Erfaßt man nun durch einen Vektor

$$z^k = (d^1, d^2, \ldots, d^t, \ldots, d^T); \quad t = 1, 2, \ldots, T \tag{2.8}$$

T aufeinander folgende Situationen, so hat man einen Pfad eindeutig beschrieben, wobei noch festgelegt werden muß, wie die Pfade geordnet sein sollen. Es könnte zum Beispiel die lexikographische Ordnung gewählt werden, wodurch sich die folgende Reihenfolge ergäbe:

$$Z = \left\{ \begin{array}{l} z^1 = (1, 1, \ldots, 1) \\ z^2 = (1, 1, \ldots, 2) \\ \\ \\ \\ z^{D_T} = (1, 1, \ldots, D_T) \\ \\ \\ \\ z^K = (D_1, D_2, \ldots, D_T) \end{array} \right\}. \tag{2.9}$$

Es sei Z die Menge aller dieser K verschiedenen Pfade. Im Sinne der Wahrscheinlichkeitstheorie ist diese Menge für zukünftige Bezugszeiträume ein Stichprobenraum. Jeder Pfad kann als ein Elementarereignis angesehen werden. Für einen solchen Stichprobenraum kann ein Wahrscheinlichkeitsraum definiert werden, so daß die Summe der Wahrscheinlichkeiten aller, sich gegenseitig ausschließenden Ereignisse eins ist. Das gilt insbesondere für die Elementarereignisse, so daß

$$\sum_{k=1}^{K} p_k = 1 \tag{2.10}$$

sein muß, wenn p_k die Wahrscheinlichkeit für die Realisation des Pfades z^k ist. Die Unternehmensführung – allgemein der Entscheidungsträger – kann in jeder Situation spezifische Informationen über die Wahrscheinlichkeiten besitzen, mit denen bestimmte Pfade realisiert werden. Diese Wahrscheinlichkeiten werden von den Entscheidungen und Handlungen der Unternehmensführung und ihrer Partner bzw. Kontrahenden beeinflußt.

Innerhalb des Stichprobenraumes Z lassen sich verschiedene Teilmengen betrachten. Legt die Unternehmensführung z.B. für den Zeitraum T ein bestimmtes Handlungsprogramm fest, in dem für jedes Zeitintervall programmiert ist, welche Handlungen in diesem Zeitintervall mittelbar und unmittelbar durch die jeweilige Ausführungseinheit vorgenommen werden sollen, dann ist unter der Bedingung dieses Handlungsprogrammes nur eine Teilmenge von Pfaden aus der Menge Z möglich. Die Summe der durch das Handlungsprogramm bedingten Wahrscheinlichkeiten für die bei diesem Handlungsprogramm möglichen Pfade muß wieder eins sein. Sucht man das optimale Handlungsprogramm, dann hat man an Hand solcher bedingten Wahrscheinlichkeitsverteilungen zu entscheiden.

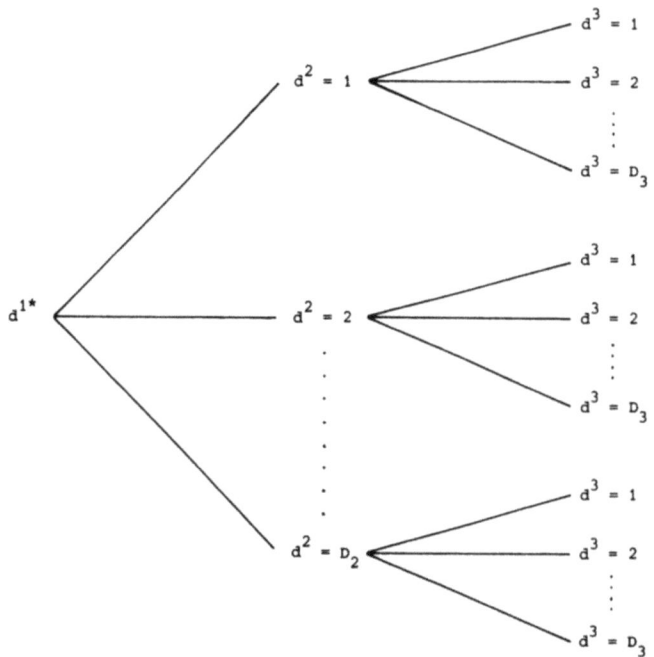

Abb. 3: Zustands- und Entscheidungsbaum für $T = 3$ Zeitintervalle

Liegt das Zeitintervall $t = 1$ in der Vergangenheit und liegen die Zeitintervalle $t = 2, 3, \ldots, T$ in der Zukunft, so kennt man die in $t = 1$ realisierte Situation, insbesondere ihre Nummer d^{1*}. Man kann dann einen Pfad durch einen Zustands- und Entscheidungsbaum veranschaulichen [*Blohm/Lüder*, S. 216; *Laux*, 1971, S. 21, 43]. Wenn D_2 und D_3 große Zahlen sind, etwa > 10, dann wird eine solche Darstellung unübersichtlich und ebenso bei mehr als 3 Zeitintervallen.

Analog zu den Wahrscheinlichkeiten kann vom Entscheidungsträger über der Menge Z aller möglichen Pfade ein Präferenzmaß festgelegt werden, welches für jeden Pfad die Präferenz (Vorliebe, Wünschbarkeit) angibt, die der Entscheidungsträger diesem Pfad zuordnet. Dieses Präferenzmaß kann, muß aber nicht, identisch sein mit einem der Präferenzmerkmale, welche bei der Situationsbeschreibung definiert wurden, z.B. Gewinn, Rentabilität. Das Präferenzmaß entspricht dem Formalziel bei Kosiol und soll so definiert sein, daß ein Pfad mit größerer Präferenz einem anderen mit geringerer Präferenz vorgezogen wird. Neben monetären Größen wie dem Gewinn, können eine Reihe von anderen Situationsmerkmalen, wie etwa Marktanteil, Prestige usw. die Präferenz eines Pfades bestimmen. Da ein Pfad allgemein aus mehreren, zeitlich aufeinander folgenden Situationen besteht, wird seine Präferenz auch durch den *zeitlichen Verlauf* der Ausprägungen der verschiedenen Situationsmerkmale bestimmt werden. Es wäre z.B. denkbar, daß ein Entscheidungsträger einen Pfad mit zeitlich gleichmäßig steigendem Marktanteil einem anderen mit im Durchschnitt höherem, aber zeitlich stark schwankendem Marktanteil vorzieht. Die Möglichkeiten solche Effekte bei der Präferenz zu berücksichtigen, werden durch die Anzahl T von Zeitintervallen bestimmt, die der Bezugszeitraum des Pfades umfaßt. Wenn im Grenzfall die Pfade jeweils nur ein Zeitintervall dauern, ist die Berücksichtigung solcher Effekte nur bei Bestandsmerkmalen möglich – was natürlich gewollt und sinnvoll sein kann.

Als Ziel wird vom Entscheidungsträger ein bestimmter Pfad (Zielpfad) festgelegt, dessen Verwirklichung durch den Planungs- und Kontrollprozeß gesteuert werden soll. Der Zielpfad entspricht dem Sachziel bei Kosiol und stimmt auch mit den Vorstellungen von Heinen überein, der die folgenden drei „Dimensionen der Unternehmensziele" nennt:

1. Den Zielinhalt. Er entspricht hier den Situationsmerkmalen. *Heinen* [1966, S. 59ff.] nennt etwa: Gewinn, Umsatz, Wirtschaftlichkeit, Unternehmenspotential, Liquidität, Unabhängigkeit, Prestige, Macht und andere.
2. Das angestrebte Ausmaß der Unternehmensziele. Dies bedeutet, die angestrebte Ausprägung der einzelnen Zielsituationsmerkmale.
3. Der zeitliche Bezug der Unternehmensziele. Dies entspricht dem zeitlichen Bezug von Situationen und Pfaden.

Von den $|Z| = K$ in einem Bezugszeitraum möglichen Pfaden muß der Zielpfad nicht jener mit der höchsten Präferenz sein. Das wäre nur dann eine logische Notwendigkeit, wenn die Präferenz *alle* Zielbestimmungsfaktoren subsummiert. Häufig wird aber z.B. die Unsicherheit nicht mit in das Präferenzmaß aufgenommen. Es kann dann aus der Sicht des Entscheidungsträgers sinnvoll sein, an Stelle des präferenzmaximalen Pfades einen Pfad mit geringerer Präferenz als Zielpfad festzulegen, weil dieser – nach seinem Urteil – eine größere Realisierungswahrscheinlichkeit besitzt. Man spricht dann von „realistischer Zielsetzung".

2.2.2 Die Phasen von betrieblichen Planungs- und Kontrollprozessen sowie ihr Aggregations- und Detaillierungsgrad

Der Planungs- und Kontrollprozeß für einen bestimmten Zielpfad mit dem Bezugszeitraum T beginnt zeitlich vor dem Anfang dieses Bezugszeitraumes und endet zu einem Zeitpunkt, der hinter dem Ende des Bezugszeitraumes liegt. Entsprechend dem zeitlichen Ablauf kann man 3 Phasen oder Teilprozesse unterscheiden:

1. Die Planungsphase:

Sie liegt vor dem Beginn des Bezugszeitraumes des Zielpfades und schließt mit der Entscheidung für ein bedingtes (flexibles) oder unbedingtes Handlungsprogramm, das in dem Bezugszeitraum durchgeführt werden soll, ab. Man kann diese Phase auch als den Entscheidungsprozeß oder als Willensbildung bezeichnen, weil sie den gesamten Vorgang von der Informationsbeschaffung bis zur Entscheidung umfaßt. Häufig wird die Planungsphase in weitere Teilphasen untergliedert. So unterscheidet z.B. *Hahn* [1974, S. 23]:

1. Problemstellungsphase
2. Suchphase
3. Beurteilungsphase
4. Entscheidungsphase.

In einer vielbeachteten empirischen Untersuchung kommt *Witte* [1968a, S. 625] zu dem Ergebnis, daß der Entscheidungsprozeß nicht in einzelne zeitlich aufeinander folgende Phasen gegliedert werden kann. Allerdings ist diese Untersuchung methodisch umstritten, weil man durch eine andere Wahl des Zeitrasters grundsätzlich auch zum gegenteiligen Ergebnis kommen kann [v. *Arnim*, S. 18ff.]. Bei der weiter unten folgenden Erörterung des Aggregationsgrades von Planungs- und Kontrollprozessen wird sich zeigen, daß es für das von Witte erzielte Ergebnis eine plausible Erklärung gibt.

Die in der Planungsphase zu lösende Aufgabe besteht darin, aufgrund vorhandener und zu beschaffender Informationen Situationen und Pfade zu definieren, alternative Handlungsprogramme zu formulieren und das im Sinne des Zielpfades vorteilhafteste Handlungsprogramm zu ermitteln. Der zugehörige Zielpfad bzw. das Handlungsprogramm werden dann für die 2. Phase als Vorgabe formuliert.

2. Die Realisationsphase:

Sie liegt in dem Bezugszeitraum des Zielpfades. Dieser Zeitraum wird auch als Planungszeitraum bezeichnet, in dem Sinne, daß für diesen Zeitraum geplant und ein Programm erstellt wird. Würde man mit Planungszeitraum den Zeitraum bezeichnen, in dem geplant wird, so könnte man den Zeitraum der Realisationsphase den Realisationszeitraum nennen. Das ist jedoch nicht üblich und soll deshalb auch hier nicht geschehen.

Durch die oben festgelegte Beziehung zwischen Planungszeitraum und Realisationsphase ergibt sich, daß als Planungszeitraum hier jener Zeitraum verstanden wird, für den durch das geplante Programm bestimmte Aktionen (Maßnahmen) verbindlich vorgeschrieben werden. Das bedeutet zum einen, daß zur Bewertung der verschiedenen Aktionen Prognosen erforderlich sein werden, die über das Ende des Planungszeitraumes hinausreichen. Zum anderen müssen nicht alle Projekte, die im Planungszeitraum begonnen werden, auch in ihm abgeschlossen werden. Schließlich können bei rollender Planung auch für die Zeit nach dem Ende des Planungszeitraumes Aktionen vorgesehen sein, die allerdings erst nach einer oder mehreren weiteren Planungen zum verbindlichen Programm werden.

In der Realisationsphase eines Planungs- und Kontrollprozesses müssen die realisierten Werte der Situationsmerkmale beobachtet, gemessen und registriert werden. Ferner müssen diese Werte mit den geplanten Werten verglichen werden, um Abweichungen frühzeitig erkennen und eventuell Korrekturmaßnahmen einleiten zu können. Solche Korrekturmaßnahmen können für bestimmte Entwicklungen im Plan vorgesehen sein oder sie können das Ergebnis einer teilweisen oder vollständigen Neuplanung sein. Da die Notwendigkeit einer Neuplanung grundsätzlich nie ausgeschlossen werden kann, ist die Dauer des Planungszeitraumes immer eine bedingte, unsichere Größe. Dieser Sachverhalt liegt auch dem Konzept der „weichen Signale" von *Ansoff* zugrunde [1976, S. 129ff.].

3. Die Kontrollphase:

Nach Abschluß des Planungszeitraumes werden die registrierten Werte und die festgestellten Abweichungen ausgewertet. Diese Auswertung ist die Grundlage für die Informationen der laufenden und folgenden Planungsphasen, womit sich der Kreis schließt.

Verfolgt man den zeitlichen Ablauf dieser 3 Phasen in einem Regelkreis, so vollzieht sich die Planungsphase hauptsächlich in der Entscheidungseinheit und schließt mit der Sollwertvorgabe ab. Die Realisationsphase vollzieht sich ausschließlich in der Ausführungseinheit und die Kontrollphase wieder vorwiegend in der Entscheidungseinheit, wo-

28

bei hierzu wohl auch die Meldung der Istwerte von der Ausführungseinheit zur Entscheidungseinheit zu zählen wäre.

Die verschiedenen Phasen eines Planungs- und Kontrollprozesses laufen für verschiedene Planungszeiträume parallel ab. Im Falle einer Anschlußplanung, bei der für gleich große, aufeinander unmittelbare folgende Planungszeiträume geplant wird, ergibt sich etwa folgendes Bild:

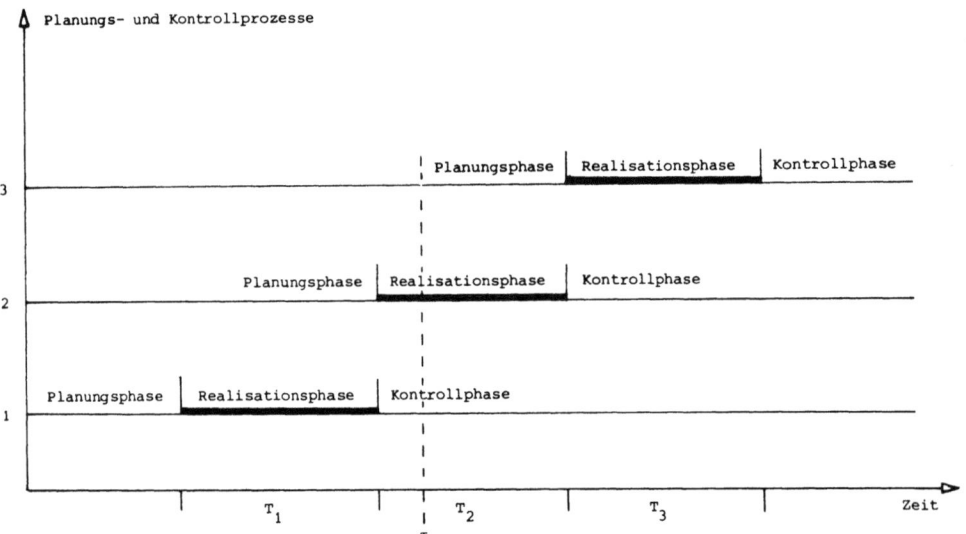

Abb. 4: Phasen des Planungs- und Kontrollprozesses

In der Abb. 4 sind auf der Ordinate 3 Planungs- und Kontrollprozesse eingetragen, deren Planungszeiträume entsprechend dem Prinzip der Anschlußplanung in der Reihenfolge T_1, T_2, T_3 unmittelbar aufeinander folgen. Auf der Abszisse ist die Zeit als kontinuierliche Größe aufgetragen. Die Lage bei einem laufenden Betrieb ist durch den Zeitpunkt τ charakterisiert. Zu diesem Zeitpunkt befindet sich der Planungs- und Kontrollprozeß 1 (sowie alle vorangegangenen Planungs- und Kontrollprozesse) in der Kontrollphase. Der Planungs- und Kontrollprozeß 2 befindet sich in der Realisationsphase und der Planungs- und Kontrollprozeß 3 (sowie alle folgenden Planungs- und Kontrollprozesse) in der Planungsphase. Während also — um beim Bild des Regelkreises zu bleiben — die Ausführungseinheit mit der Realisation eines Zieles (Planes, Programmes) beschäftigt ist, plant die Entscheidungseinheit folgende Zielpfade und kontrolliert bzw. analysiert vorausgegangene Planungen und Realisationen.

Neben der soeben erörterten zeitlichen Interdependenz der Planungs- und Kontrollprozesse ist die sachliche Interdependenz von großer Bedeutung. Denn innerhalb der Planungsphase, der Realisationsphase und der Kontrollphase eines Planungs- und Kontrollprozesses können bei stärkerer Detaillierung der Betrachtung wieder vollständige Planungs- und Kontrollprozesse ablaufen, die ihrerseits eine Planungsphase, eine Realisationsphase und eine Kontrollphase besitzen usf. Es ist deshalb eine wichtige Voraussetzung für die Gliederung eines Planungs- und Kontrollprozesses in die 3 obigen Phasen, daß *die Phasenbildung nur für eine ganz bestimmte Detaillierung, für einen konstanten Aggregations- bzw. Detaillierungsgrad gilt.* Dabei soll der Aggregations- bzw. Detaillierungsgrad eines Planungs- und Kontrollprozesses die Genauigkeit und Feinheit ausdrücken, mit der die Situationen und Pfade des Planungs- und Kontrollprozesses definiert sind und unterschieden werden. Diese finden ihren Ausdruck in der Anzahl n der zu berücksichtigenden Situationsmerkmale, in der Anzahl a_{jt} der im Zeitintervall t zu unterscheidenden Ausprägungen der Situationsmerkmale M_j $(j = 1, \ldots, n)$, in der gewählten Zeiteinheit, die als Bezugsintervall für die Situationen gilt und in der Länge des Planungszeitraumes und damit des Bezugszeitraumes der Pfade. Alle diese Festlegungen und Definitionen bei der Beschreibung von zeitlichen Entwicklungen müssen mit einem ausgewogenen Grad von Detailliertheit und Aggregiertheit erfolgen. Sie ergeben in ihrer Gesamtheit den Aggregations- bzw. Detaillierungsgrad des Planungs- und Kontrollprozesses. Bei der oben erwähnten Untersuchung von Witte zum Phasen-Theorem wurde der Sachverhalt, daß innerhalb eines Entscheidungsprozesses eine Vielzahl stärker detaillierter Entscheidungsprozesse ablaufen, nicht berücksichtigt. Es ist deshalb nicht verwunderlich, daß Witte zu dem Ergebnis kommt: „Im Entscheidungsverlauf kumulieren nicht gleichartige Operationen zu Phasen, sondern es drängen die unterschiedlichen Operationen-Gattungen (in möglicherweise festen Relationen) zu einem Operationen-Verbund" [*Witte* 1968a, S. 646].

Zwar ist es unmöglich, in einem konkreten Fall einen optimalen Aggregations- bzw. Detaillierungsgrad für einen Planungs- und Kontrollprozeß zu ermitteln. Aber es lassen sich doch wenigstens Bestimmungsgründe dafür angeben. Denn man muß grundsätzlich davon ausgehen, daß eine stärkere Detaillierung eine genauere Steuerung der Zielerreichung durch den Planungs- und Kontrollprozeß ermöglicht. Andererseits aber bedeutet eine stärkere Detaillierung einen größeren Aufwand bei der Informationsbeschaffung, der Informationsverarbeitung, der Planung, der Beobachtung und Messung bei der Realisation und der Kontrolle. Der Ertrag, der sich durch die genauere Steuerung ergibt, muß abgeschätzt und um den zusätzlich entstehenden Aufwand bei stärkerer Detaillierung gemindert werden. Es is klar, daß dies ein sehr schwieriges Problem ist. Aber das Wissen um diese Zusammenhänge ist für die Gestaltung von Planungs- und Kontrollprozessen sehr wesentlich. Ähnliche Überlegungen findet man z.B. bei der Netzplantechnik im Zusammenhang mit der Strukturplanung [siehe z.B. *Küpper/Lüder/Streitferdt*, S. 70ff.], und sie müssen im Grunde bei jeder Planung angestellt werden.

Eine wichtige Bestimmungsgröße für den Aggregations- bzw. Detaillierungsgrad eines Planungs- und Kontrollprozesses ist das jeweils zugrundeliegende Planungs- und Kontrollproblem, welches der Entscheidungsträger zu lösen hat. Bei einer Unternehmung, deren Führung durch ein System von Planungs- und Kontrollprozessen entsprechend dem Schema von Abb. 2 beschrieben wird, kann für jeden Planungs- und Kontrollprozeß ein spezifischer Aggregations- bzw. Detaillierungsgrad optimal sein. Es ist aber naheliegend anzunehmen und als Hypothese zu formulieren, daß der optimale Aggregations- bzw. Detaillierungsgrad von Planungs- und Kontrollprozessen, die auf derselben hierarchischen Ebene liegen, ungefähr gleich groß sein wird, und daß ferner der Detaillierungsgrad der Planungs- und Kontrollprozesse wächst, wenn man sich in der betrieblichen Hierarchie von oben nach unten bewegt. Entsprechend wird der Aggregationsgrad steigen, wenn man von niedrigeren zu höheren Hierarchieebenen übergeht, was unter anderem durch den

Aufbau von Plänen und Kontrollberichten in der Realität bestätigt wird. Die Begründung dafür liegt in der begrenzten Informationsverarbeitungskapazität des jeweiligen Entscheidungsträgers. Ist diese Kapazität für verschiedene Entscheidungsträger sehr unterschiedlich, z.B. weil den Entscheidungsträgern in unterschiedlichem Ausmaß Hilfsmittel und Stabstellen zur Verfügung stehen, dann werden die beiden obigen Hypothesen nicht mehr unbedingt gelten. Allgemein jedoch läßt sich sagen, daß auf niedrigeren Hierarchieebenen das Bezugszeitintervall für Situationen kürzer ist, daß die Situationsmerkmale detailliertere Größen sind und daß relativ viele Ausprägungen unterschieden werden, d.h. es wird eine relativ hohe Meßgenauigkeit gefordert.

Das Ausmaß, in dem sich der Aggregations- bzw. Detaillierungsgrad in Abhängigkeit von der Hierarchieebene verändert, hängt ab vom Grad der Zentralisation bzw. Dezentralisation der Organisation der Unternehmung. Tendenziell wird man davon ausgehen müssen, daß die Zunahme des Detaillierungsgrades mit sinkender Hierarchieebene bei dezentraler Entscheidungsbefugnis größer sein wird als bei zentraler Entscheidungsbefugnis. Denn die größere Entscheidungsbefugnis der höheren Hierarchieebene bei einem zentralisiert organisierten Betrieb wird einen größeren Detaillierungsgrad der entsprechenden Planungs- und Kontrollprozesse zur Folge haben.

2.2.3 Ein Beispiel

Die Führung einer Division plant für das nächste Jahr die wirtschaftliche Entwicklung ihres Bereiches. Als Zeiteinheit wird ein Monat festgelegt, wie das z.B. bei den von Du Pont verwendeten "Control Charts" der Fall ist [Du Pont de Nemours & Co., S. 10ff.]. Als Situationsmerkmale werden die Größen: M_1 = Umsatz (U); M_2 = Kosten (K); M_3 = Betriebsnotwendiges Vermögen (BV) festgelegt. Es sind hier der Einfachheit halber nur elementare Situationsmerkmale gewählt worden. Für jedes der 3 Situationsmerkmale werden die zu unterscheidenden Ausprägungen zeitunabhängig definiert:
M_1 (Umsatz): Von 130 Millionen DM in Schritten von 10 Mill. DM bis zu 290 Mill. DM;

$$\text{Explizit:} \quad m_1^1: \qquad U < 130$$
$$m_1^2: \quad 130 \leqslant U < 140$$
$$\cdot \qquad \cdot \qquad \cdot$$
$$\cdot \qquad \cdot \qquad \cdot$$
$$\cdot \qquad \cdot \qquad \cdot$$
$$m_1^{17}: \quad 280 \leqslant U < 290$$
$$m_1^{18}: \quad 290 \leqslant U.$$

Es werden also $a_1 = 18$ verschiedene Ausprägungen des Umsatzes unterschieden.

M_2 (Kosten): Von 150 Millionen DM in Schritten von
5 Millionen bis zu 240 Millionen DM; $a_2 = 20$

M_3 (Betriebsnotwendiges Vermögen): Von 180 Mill. DM in
Schritten von 4 Mill. DM bis 220 Mill. DM; $a_3 = 12$.

Kombiniert man die möglichen Ausprägungen der 3 Situationsmerkmale miteinander, so sind in jedem Monat $D = 18 \cdot 20 \cdot 12 = 4320$ verschiedene Situationen möglich. Da der

Planungszeitraum $T = 12$ Monate umfaßt, können $K = D^T = 4320^{12} \simeq 4 \cdot 10^{43}$ verschiedene Pfade eintreten. Einer von ihnen muß vom Entscheidungsträger als Zielpfad festgelegt und der Ausführungseinheit als Ziel (Plan) vorgegeben werden. Daß schon bei einem so einfachen Beispiel eine, so große Zahl von verschiedenen Pfaden möglich ist, macht deutlich, welche Schwierigkeiten in realen Betrieben bewältigt werden müssen.

Es sei nun weiter angenommen, daß die Division 3 Hauptabteilungen besitzt. Die Abteilung I sei die Vertriebsabteilung und damit für den Umsatz verantwortlich. Die Abteilung II sei die Produktionsabteilung und damit für die Kosten verantwortlich. Schließlich sei die Abteilung III eine Verwaltungs-Abteilung und mit den erforderlichen Einschränkungen für das betriebsnotwendige Vermögen verantwortlich. Soweit diese Abteilungen Entscheidungsbefugnis besitzen, wird jede von ihnen weitere, detailliertere Situationsmerkmale für ihren Bereich festlegen. Als Zeiteinheit könnte auf dieser Ebene vielleicht eine Woche, als Planungszeitraum 1/4 Jahr gewählt werden usf.

Nach Abschluß des Planungszeitraumes gibt der jeweilige Entscheidungsträger die neu erstellten Pläne für den Folgezeitraum an die entsprechende Ausführungseinheit und diese gibt die registrierten Istwerte an den Entscheidungsträger.

2.3 Die Stellung der Abweichungsanalyse im Planungs- und Kontrollprozeß

2.3.1 Arten von Abweichungen im betrieblichen Planungs- und Kontrollprozeß

2.3.1.1 Plan-Ist-Abweichungen

Ist in der Planungsphase eines betrieblichen Planungs- und Kontrollprozesses ein Zielpfad ermittelt worden, dessen Realisation vom Entscheidungsträger gewünscht und von der Ausführungeinheit angestrebt wird, und ist der Ablauf des Geschehens nicht eindeutig determiniert, sondern in gewissem Umfang zufällig, dann können sich während des Realisationszeitraumes Abweichungen vom Zielpfad ergeben. Soweit solche Abweichungen schon während des Realisationszeitraumes festgestellt werden, können sie Korrekturmaßnahmen auslösen. Solche Korrekturmaßnahmen können als bedingte Aktionen im voraus geplant worden sein (flexible Planung) oder sie können sich dadurch ergeben, daß das Handlungsprogramm des Entscheidungsträgers für bestimmte Situationen die Aktion „Planung von Korrekturmaßnahmen" vorsieht. In der Praxis wird man meist nur für einige wenige für wahrscheinlich gehaltene Entwicklungen Korrekturmaßnahmen im voraus einplanen. Man wird aber für sehr viele, als ungünstig und wenig wahrscheinlich eingeschätzte Entwicklungen die Maßnahme „Neuplanung" vorsehen.

Abweichungen, die nach Ablauf des Realisationszeitraumes festgestellt werden, können nicht mehr zu Korrekturmaßnahmen führen. Sie beinhalten aber Informationen, die bei der weiteren Planung nützlich sein können.

Bei qualitativer Betrachtung ist eine Abweichung gegeben, wenn die tatsächlich beobachtete Entwicklung nicht mit der vorgegebenen Entwicklung, dem Zielpfad (Plan) übereinstimmt. Die Wahrscheinlichkeit für das Auftreten einer solchen Abweichung hängt unter anderem wesentlich von dem Aggregations- und Detaillierungsgrad des Zielpfades ab. Denn, wie weiter oben ausgeführt wurde, kann der Zielpfad eine Menge von stärker detaillierten Pfaden umfassen, deren Realisation jeweils bedeutet, daß keine Abweichung aufgetreten ist. Es können ja bei gegebenem Aggregations- und Detaillierungsgrad des Zielpfades innerhalb dieses Pfades eine Reihe stärker detaillierter, nachgeordneter Planungs- und Kontrollprozesse ablaufen, durch welche die Erreichung des Zielpfades sichergestellt oder ermöglicht wird. Bei den nachgeordneten Planungs- und Kontrollprozessen können Abweichungen auftreten, ohne daß bei den übergeordneten Planungs- und Kontrollprozessen Abweichungen entstehen müssen.

Quantitativ erfolgt die Berechnung einer Abweichung grundsätzlich für jedes quantifizierbare Situationsmerkmal nach der Beziehung:

$$\text{Abweichung} = \text{Istwert} - \text{Planwert}. \tag{2.11}$$

Danach bedeutet eine positive Abweichung, daß der Istwert größer ist als der Planwert und umgekehrt. Bei Größen wie dem Gewinn, der Rentabilität, dem Ertrag usw. wird eine positive Abweichung, bei Kosten, Faktorpreisen und Verbrauchsmengen eine negative Abweichung als günstig empfunden. Solche Abweichungen sind möglich, weil — wie weiter oben erörtert — der Zielpfad allgemein nicht der präferenzmaximale Pfad sein muß, sondern unter Berücksichtigung zusätzlicher Aspekte, wie z.B. der Unsicherheit festgelegt wird.

Bezeichnet man die Istsituation bzw. die Plansituation mit

$$^{i}S = (^{i}m_1, \ldots, ^{i}m_n) \text{ bzw. } ^{p}S = (^{p}m_1, \ldots, ^{p}m_n), \tag{2.12}$$

dann ergibt sich für eine Situation der Abweichungsvektor

$$A = {}^{i}S - {}^{p}S = (^{i}m_1 - {}^{p}m_1; {}^{i}m_2 - {}^{p}m_2; \ldots; {}^{i}m_n - {}^{p}m_n). \tag{2.13}$$

Dabei wurde unterstellt, daß alle n Situationsmerkmale quantifizierbar sind. Denn bei nur qualitativ erfaßbaren Situationsmerkmalen ist eine Differenzbildung grundsätzlich nicht möglich.

Hat der Planungszeitraum eine Länge von T Zeiteinheiten, dann ergibt sich für jede Zeiteinheit ein Abweichungsvektor und bei zeitunabhängigen Ausprägungsmengen erhält man für eine Pfadabweichung eine Matrix der Form

$$AM = (^{i}S_1 - {}^{p}S_1, \ldots, {}^{i}S_T - {}^{p}S_T) \tag{2.14}$$

$$= \begin{pmatrix}
^{i}m_{11} - {}^{p}m_{11}; {}^{i}m_{12} - {}^{p}m_{12}; \ldots; {}^{i}m_{1T} - {}^{p}m_{1T} \\
^{i}m_{21} - {}^{p}m_{21}; {}^{i}m_{22} - {}^{p}m_{22}; \ldots; {}^{i}m_{2T} - {}^{p}m_{2T} \\
\cdot \quad \cdot \quad \cdot \quad \quad \cdot \quad \cdot \\
\cdot \quad \cdot \quad \cdot \quad \quad \cdot \quad \cdot \\
\cdot \quad \cdot \quad \cdot \quad \quad \cdot \quad \cdot \\
^{i}m_{n1} - {}^{p}m_{n1}; {}^{i}m_{n2} - {}^{p}m_{n2}; \ldots; {}^{i}m_{nT} - {}^{p}m_{nT}
\end{pmatrix}.$$

Die Zeilen dieser Abweichungsmatrix geben für jedes Situationsmerkmal die zeitliche Entwicklung der Abweichung im Planungszeitraum an. Im Hinblick auf die Abweichungsanalyse kann das Aufzeigen dieser zeitlichen Entwicklung für den Entscheidungsträger von großer Bedeutung sein. Eine weitere Hilfe im Hinblick auf die Analyse ist es, wenn die Abweichungen nicht nur in ihrer absoluten Höhe, sondern auch als relative Größen auf den Planwert bezogen angegeben werden.

$$\text{relative Abweichung} = \frac{\text{Istwert} - \text{Planwert}}{\text{Planwert}}. \tag{2.15}$$

Als Beispiel sei etwa eine Umsatzabweichung in Höhe von 10.000 DM betrachtet. Ist diese Abweichung bei einem geplanten Umsatz von einer Million eingetreten, so beträgt die relative Abweichung 1% und man wird vermuten können, daß es sich hierbei um eine zufällige Abweichung handelt. Betrug dagegen der Planwert 50.000 DM, so ist die relative Abweichung 20% und die obige Vermutung wird problematisch.

Analog zu (2.13) und (2.14) kann man auch für die relativen Abweichungen einer Situation einen Abweichungsvektor und für die relativen Abweichungen eines Pfades eine Abweichungsmatrix ermitteln.

2.3.1.2 Ist-Ist-Abweichungen

Neben den Plan-Ist-Abweichungen werden in den Betrieben auch Ist-Ist-Abweichungen berechnet und im Planungs- und Kontrollprozeß verwendet. Es sind im wesentlichen zwei Fälle, in denen solche Ist-Ist-Abweichungen berechnet werden:

a) Beim Betriebsvergleich,
b) beim Zeitvergleich.

Beim Betriebsvergleich werden für einen festgelegten, vergangenen Zeitraum die realisierten Werte des eigenen Betriebes mit den realisierten Werten eines anderen verglichen. An Stelle der Vergleichswerte eines anderen Betriebes werden auch Durchschnittswerte mehrerer anderer Betriebe, z.B. Branchendurchschnittswerte verwendet. Bei einem reinen Zeitvergleich werden für einen bestimmten Betrieb die Entwicklungen in verschiedenen Zeiträumen verglichen. Schließlich können bei einem kombinierten Betriebs- und Zeitvergleich verschiedene Zeiträume und verschiedene Betriebe oder Gruppen von Betrieben betrachtet werden.

Die Schwierigkeiten bei der Ermittlung und Analyse von Plan-Ist-Abweichungen treten grundsätzlich auch bei der Ermittlung und Analyse von Ist-Ist-Abweichungen auf. Unterschiede ergeben sich bei der Ermittlung einmal dadurch, daß beim Betriebsvergleich in besonderem Maße darauf geachtet werden muß, ob die Situationsmerkmale wirklich genau gleich definiert sind, was eine Voraussetzung für den Vergleich ist. Für die Analyse ergibt sich als wesentlicher Unterschied, daß zwar Planungsfehler als Abweichungsursache beim Ist-Ist-Vergleich ausscheiden, dafür aber die meist nur schwer feststellbaren Voraussetzungen für das Zustandekommen der Vergleichs-Istwerte berücksichtigt werden müssen.

Insgesamt haben der Betriebsvergleich und der Zeitvergleich die Aufgabe, im Rahmen der Planung Informationen zu beschaffen. Sie tragen wesentlich zur Bildung der Präferenz- und Nutzenvorstellungen des Entscheidungsträgers bei. Für die hier zu untersuchenden Probleme der Abweichungsanalyse ergeben sich jedoch nur geringfügige Unterschiede gegenüber der Behandlung von Plan-Ist-Abweichungen. Wo solche Unterschiede wesentlich sind, soll dies im folgenden berücksichtigt werden.

2.3.1.3 Plan-Plan-Abweichungen

Mehr noch als die Ist-Ist-Abweichungen dienen die Plan-Plan-Abweichungen der Bildung und Überprüfung von Zielvorstellungen und der Nutzung von Informationen. Es müssen dabei zwei grundsätzlich verschiedene Fälle auseinandergehalten werden. Zum einen können nämlich Plan-Plan-Abweichungen ermittelt werden, wenn für denselben oder zumindest einen ähnlichen betrieblichen Teilbereich verschiedene Pläne erstellt wurden, wobei im wesentlichen unterschiedliche Informationen oder unterschiedliche Formalziele die Ursache für die Abweichungen sind.

Beispiele für diesen Fall sind Plan-Plan-Abweichungen beim Betriebsvergleich, beim Zeitvergleich, beim kombinierten Betriebs- Zeitvergleich und bei der ex-post Betrachtung. Von besonderem Interesse aber auch besonders problematisch ist dabei der zuletzt genannte Fall der ex-post Betrachtung, bei der man nach Ablauf des Planungszeitraumes mit den inzwischen neu gewonnenen Informationen einen ex-post-Plan erstellt und ihn mit dem ex-ante-Plan vergleicht. Dieses Konzept ist von *Dopuch/Birnberg/Demski* [1967, 527—536] sowie von *Demski* [1967, 701—712] entwickelt und von *Cushing* [1968, 668—671] kritisiert worden. Der Grundgedanke dabei ist, herauszufinden, inwieweit die beobachteten Plan-Ist-Abweichungen auf Planungsfehler, Prognosefehler oder Informationslücken zurückzuführen sind. Das Konzept wird im 5. Kapitel bei der Behandlung möglicher Abweichungsursachen dargestellt und kritisch gewürdigt.

Der zweite Fall für Plan-Plan-Abweichungen liegt vor, wenn im Rahmen eines Planungs- und Kontrollprozesses die Erstellung eines Planes gesteuert werden soll. Dabei gibt der Entscheidungsträger seine aggregierten Zielvorstellungen und Informationen (Erwartungen) der Ausführungseinheit (hier eine Planungsinstanz) als Stellgröße vor. Daraufhin erstellt die Planungsinstanz unter Einbeziehung ihrer Erwartungen einen detaillierteren Plan, der vom Entscheidungsträger durch den Vergleich mit seinen Zielvorstellungen und seinen Erwartungen kontrolliert wird. Im Sinne des oben ausführlich dargestellten Konzeptes zur Beschreibung und Systematisierung von Planungs- und Kontrollprozessen handelt es sich hier nicht mehr um einen Planungs- und Kontrollprozeß zur unmittelbaren Steuerung von Verhalten, von Handlungen, sondern um einen Zielbildungsprozeß. Durch diesen Zielbildungsprozeß sollen die noch unklaren Zielvorstellungen einer übergeordneten Planungsinstanz (Entscheidungsträger) durch die nachgeordnete Planungsinstanz (Ausführungseinheit) präzisiert werden. Die Zielvorstellungen der übergeordneten Planungsinstanz sind dabei grundsätzlich stärker aggregiert als der von der nachgeordneten Planungsinstanz erstellte Plan. Die unmittelbare, quantitative Berechnung von Plan-Plan-Abweichungen ist deshalb in diesem Fall meist nicht möglich. Vielmehr wird die übergeordnete Planungsinstanz im Rahmen der Rückmeldung gewisse Ist-Plan-Kenngrößen (Indikatoren) verlangen, die sie dann mit ihren Plan-Plan-Vorstellungen von diesen Größen vergleicht. Zum Problem der Ermittlung des Informationswertes solcher Indikatoren ist von *Laux* [1974a, S. 433] eine Untersuchung durchgeführt worden. Sie wird am Ende des 3. Kapitels erörtert.

2.3.2 Die Auswertungsentscheidung

Sind für einen abgeschlossenen Planungszeitraum Abweichungsinformationen ermittelt worden, dann ist zu entscheiden, welche der aufgetretenen Abweichungen analysiert werden sollen. Unterscheidet man Analysen unterschiedlicher Intensität, so ist ferner zu entscheiden, welche Abweichung mit welcher Intensität analysiert werden soll.

Der Vergleich der tatsächlich eingetretenen Entwicklung mit der geplanten, angestrebten Entwicklung verursacht Aufwendungen, die nur dann gerechtfertigt sind, wenn sie durch die Erträge des Vergleichs mehr als kompensiert werden. Die Erträge des Vergleichs ergeben sich grundsätzlich nicht schon durch die Ermittlung und Feststellung von Abweichungen, sondern erst durch deren Analyse und die daraus abgeleiteten Konsequenzen. Denn wenn die tatsächlich eingetretene Entwicklung lediglich konstatiert, nicht aber analysiert wird, dann können aus den festgestellten Abweichungen kaum begründete Konsequenzen gezogen werden.

Die Bestimmungsgrößen für die Auswertungsentscheidung sind demnach der Auswertungsaufwand (Aa) und der Auswertungsertrag (Ae). Subtrahiert man den Auswertungsaufwand vom Auswertungsertrag, so erhält man den Auswertungserfolg (AE), und es ist selbstverständlich, daß grundsätzlich alle Abweichungen zu analysieren sind, bei denen der Auswertungserfolg positiv ist. Die Probleme liegen aber bei der Bestimmung von Auswertungsaufwand und Auswertungsertrag.

Zum Auswertungsaufwand läßt sich sagen, daß er im wesentlichen von dem angewandten Analyseverfahren abhängt. Im Grenzfall ist es möglich, daß für eine bestimmte Abweichung kein Verfahren verfügbar ist und deshalb eine Analyse nicht möglich ist. Andererseits kann in anderen Fällen die Analyse so einfach sein, ihr Ergebnis so offensichtlich, daß der Auswertungsaufwand praktisch Null ist. Dazwischen liegen die Fälle, in denen verschiedene Analyseverfahren mit mehr oder minder großer Intensität eingesetzt werden müssen. Die Höhe des Auswertungsaufwandes wird dann im wesentlichen durch dieses Verfahren bestimmt. Häufig wird es möglich sein, mehrere Abweichungen gemeinsam zu analysieren. Es ergeben sich dann Zurechnungsprobleme und Degressionseffekte.

Der Auswertungsertrag besteht in dem Wert der Informationen, die durch die Auswertung erarbeitet werden. Diese Informationen können zum einen unmittelbar Korrekturmaßnahmen auslösen, wodurch unnötige Aufwendungen vermieden oder gar zusätzliche Erträge erwirtschaftet werden können. Zum anderen bilden die durch die Abweichungsanalyse erarbeiteten Informationen die Grundlage für zukünftige Planungen. Schließlich wird durch die Präventivwirkung der Abweichungsanalyse ein Auswertungsertrag erzielt. Denn in gewissem Umfang werden Manipulationen schon dadurch vermieden, daß potentiellen Manipulanten bekannt ist, daß auftretende Abweichungen analysiert werden [*Lüder*, 1969, S. 64f.].

Es ist sowohl allgemein als auch im konkreten Einzelfall schwierig, aus diesen drei Bestimmungsgrößen des Auswertungsertrages Schlüsse auf seine Höhe zu ziehen bzw. die Höhe des Auswertungsertrages zu berechnen. Wie immer dann, wenn man den Wert von Informationen zu bestimmen hat, steht man auch hier vor dem Problem, daß man diesen Wert eigentlich nicht kennt, bevor man nicht über die Information verfügt, die beschafft werden soll. Aber selbst wenn man diese Information kennt, ist es schwierig den Ertrag anzugeben, den sie bei der Verwendung in zukünftigen betrieblichen Planungs- und Kontrollprozessen erbringt. Und ganz besonders schwierig ist es, den durch die Präventivwirkung der Analyse erzielten Auswertungsertrag zu schätzen.

Eine gewisse Hilfe für die Schätzung des Auswertungsertrages ist es, wenn man zwischen kontrollierbaren und nichtkontrollierbaren Abweichungsursachen unterscheidet. Eine Abweichungsursache ist für einen Entscheidungsträger kontrollierbar, wenn er die Abweichung, die durch diese Ursache bewirkt wurde, hätte vermeiden können. Das bedeutet, wird eine kontrollierbare Abweichung gleich nach ihrem Auftreten festgestellt und analysiert, so kann ein möglicher Schaden vermieden werden, weil Korrekturmaßnahmen zur Verfügung stehen. Bei der Analyse einer nicht kontrollierbaren Abweichung dagegen besteht der Auswertungsertrag höchstens in einem Lerneffekt, der bei zukünftigen Planungen, insbesondere bei zukünftigen Auswertungsentscheidungen eine positive Wirkung haben kann.

Eine Reihe von Autoren, die sich mit diesem Problem beschäftigt haben, unterstellt, daß der Auswertungsertrag von der Höhe der festgestellten Abweichung abhängt [*Bierman/Fouraker/Jaedicke; Duvall; Lüder,* 1970]. Dies erscheint grundsätzlich sinnvoll, soll jedoch weiter unten im einzelnen erörtert werden. Nach *Lüder* [1970, S. 640f.] kommt es auf die absolute Höhe der ermittelten Abweichung an und nicht auf die relative Abweichung. Das in der Praxis verbreitete Vorgehen, nach dem Abweichungen von einer bestimmten prozentualen Höhe an (z.B. 10%) analysiert werden, ist deshalb nicht unbedingt zweckmäßig.

Der Auswertungsertrag kann auch davon abhängen, ob jede Abweichung einzeln oder ob mehrere Abweichungen in Gruppen analysiert werden. Bestehen für die Auswertung kurzfristig Nebenbedingungen, wie z.B. begrenzt verfügbare finanzielle Mittel oder begrenzt vorhandenes ausgebildetes Personal, so steht man vor dem Problem, ein optimales Auswertungsprogramm zu ermitteln. Es können dann möglicherweise nicht mehr alle Abweichungen, für deren Auswertung ein positiver Erfolg geschätzt wurde, ausgewertet werden.

Die obigen Ausführungen machen deutlich, welche Schwierigkeiten bei der Auswertungsentscheidung auftreten. In der betrieblichen Praxis werden solche Entscheidungen jeden Tag getroffen. Die Betriebswirtschaftslehre hat bisher wenig dazu beigetragen, den Entscheidungsträgern in der Praxis Hilfsmittel für diese Entscheidung an die Hand zu geben.

2.3.3 Aufgabe und Bedeutung der Analyse

Hat man sich für die Auswertung einer Abweichung entschieden, dann muß festgelegt werden, wie die Analyse im einzelnen durchgeführt werden soll. Die Aufgabe der Analyse besteht darin, die Ursachen für die festgestellten Abweichungen zu ermitteln. Sie liefert damit die Grundlage für die Konsequenzen, die etwa in Korrekturmaßnahmen oder bei einem abgeschlossenen Planungszeitraum z.B. in einer Änderung des verwendeten Planungsverfahrens bestehen können.

Im Rahmen der Betriebsführung kommt der Ermittlung von Abweichungsursachen eine große Bedeutung zu. Denn eine effektive, wirksame Betriebsführung ist nur möglich, wenn die Entscheidungsträger im Betrieb

1. möglichst genau über die im Betrieb tatsächlich gegebenen Verhältnisse informiert sind
2. realisierbare Pläne erarbeiten und vorgeben und
3. die Vorgaben und Pläne von den hierarchisch nachgeordneten Stellen akzeptiert und so weit wie möglich verwirklicht werden.

Die Abweichungsanalyse ist ein wichtiges, vielleicht das wichtigste Instrument der Betriebsführung zur Verwirklichung dieser 3 Bedingungen. Denn wenn ein Entscheidungsträger möglichst genau über die tatsächlich gegebenen Verhältnisse informiert sein will, dann genügt es nicht, die tatsächliche Entwicklung festzustellen. Er muß vielmehr so weit wie möglich bestehende Kausalitäten, Ursache- und Wirkungsbeziehungen erkennen und in seinen Planungen berücksichtigen. Die Suche nach Abweichungsursachen ermöglicht die Erarbeitung solcher Erkenntnisse, das Erkennen solcher Zusammenhänge. Dies wiederum ist die Voraussetzung für die Erarbeitung guter Prognosen und das Erstellen realisierbarer Pläne. Ferner ist für nachgeordnete Planungs- und Kontrollprozesse auch während des Planungszeitraumes die Analyse aufgetretener Plan-Ist-Abweichungen die Voraussetzung für das Ergreifen von Korrekturmaßnahmen. Schließlich ist hinsichtlich der 3. der oben angeführten Bedingungen festzustellen, daß Abweichungsanalysen zur Aufdeckung von Manipulationen führen können. Hier ist die oben bereits erwähnte Präventivwirkung sicherlich von großer Bedeutung.

3. Die Ermittlung von Abweichungsinformationen

3.1 Vorbemerkungen

Bei der Ermittlung von Abweichungsinformationen muß festgestellt werden, von welchen Situationsmerkmalen, wann und mit welchem Verfahren solche Informationen beschafft werden sollen. Von diesen 3 Festlegungen erfordern die beiden ersten, nämlich die Festlegung der Situationsmerkmale und der Ermittlungszeitpunkte grundsätzlich eine simultane Betrachtung zusammen mit der Auswertungsentscheidung und insbesondere mit der Planung, wenn bei der Definition von Situationsmerkmalen über die Beschreibung von Situationen entschieden wird. Ist z.B. im Rahmen der Planung der Planungszeitraum und ist die Zeiteinheit festgelegt worden, dann liegen damit auch die Zeitpunkte für die Ermittlung von Abweichungsinformationen weitgehend fest.

Die Ausführungen dieses Kapitels konzentrieren sich daher fast ausschließlich auf die Frage, wie welche Abweichungsinformationen unter bestimmten Voraussetzungen beschafft und wie sie strukturiert werden können. Dabei geht es nicht um die rein technisch-organisatorischen Regelungen, die zur Abweichungsermittlung erforderlich sind. Die Erörterung so allgemeiner Fragen würde hier von der aktuellen Problemstellung zu weit wegführen. Vielmehr müssen hier die im Hinblick auf die Analyse unterschiedlichen Möglichkeiten der Ermittlung von Abweichungen bzw. Abweichungsinformationen aufgezeigt werden. Die Probleme, die dabei auftreten, hängen ab:

a) von der Art des Situationsmerkmales
b) von der Art der Planung.

Zu a): Der einfachste, wichtigste und häufigste Fall ist der, daß bei quantifizierbaren, elementaren Situationsmerkmalen Abweichungsinformationen in Form von Abweichungen berechnet werden. Es interessieren dabei zum einen die Einzelabweichungen der verschiedenen Situationsmerkmale, zum anderen ist aber wichtig, inwieweit diese Einzelabweichungen zu übergeordneten Gesamtabweichungen wie etwa der Abweichung des Zielerreichungsgrades geführt haben. Geht man von der Gesamtabweichung aus, so stellt sich die Frage, wie die Teilabweichungen der Gesamtabweichung ermittelt werden können, welche auf die verschiedenen Einzelabweichungen zurückzuführen sind. Diese Problemstellungen werden in den Abschnitten 3.2.1.1 und 3.2.2.4 ausführlich behandelt.
Bei nicht quantifizierbaren, elementaren Situationsmerkmalen und bei Strukturmerkmalen ist die Berechnung einer Abweichung grundsätzlich nicht möglich. Es

ist auch, zumindest beim gegenwärtigen Stand der Entwicklung, nicht möglich, eine allgemeine Vorgehensweise zur Ermittlung einer Abweichungsgröße in diesem Fall anzugeben. Man ist in einem solchen Fall vielmehr meist darauf angewiesen, die Abweichungsinformation in der Weise zu formulieren, daß sowohl die geplante Ausprägung als auch die erzielte Ausprägung angegeben werden. Für einen insbesondere aus betriebswirtschaftlicher Sicht interessanten Spezialfall *eines* Strukturmerkmales hat *Theil* [1969, 25–37] auf informationstheoretischer Basis einen Vorschlag zur Ermittlung einer Abweichungsgröße gemacht. Sein Konzept wird in Abschnitt 3.3 dargestellt und diskutiert.

Zu b): Für die Ermittlung von Abweichungsinformationen ist wesentlich, ob deterministisch oder stochastisch geplant wurde. Bei deterministischer Planung quantifizierbarer, elementarer Situationsmerkmale bestehen die Abweichungsinformationen in Plan-Ist-Abweichungen, wie sie im vorangegangenen Kapitel definiert wurden. Ob man dabei die Plan-Ist-Abweichungen oder bei bekannten Planwerten nur die Istwerte als Abweichungsinformationen bezeichnet [siehe *Laux*, 1974b, S. 512], ist m.E. gleichgültig.

Bei stochastischer Planung ist die Berechnung einer Abweichung grundsätzlich nicht möglich. Vielmehr hat man in einem solchen Fall eine Plan-Wahrscheinlichkeitsverteilung, die mit einem oder mehreren Ist-Realisationswerten verglichen werden muß, um die Abweichungsinformationen zu gewinnen. Liegt nur ein Ist-Realisationswert vor, so stellt dieser Wert zusammen mit der Plan-Wahrscheinlichkeitsverteilung unmittelbar die Abweichungsinformation dar, auf deren Grundlage dann über Auswertung oder Nichtauswertung entschieden werden soll. Ein Auswertungsverfahren für einen solchen Fall ist das einfache Kontrollkartenverfahren, welches im Abschnitt 4.2.1.1.1 dargestellt und diskutiert wird.

Liegen mehrere Ist-Realisationswerte vor, so kann man eine Ist-Wahrscheinlichkeitsverteilung schätzen und diese mit der Plan-Wahrscheinlichkeitsverteilung vergleichen. Dabei erscheint es zweckmäßig, als Abweichungsinformation eine stochastische Größe zu berechnen, welche das Vergleichsergebnis ausdrückt. Wie eine solche Größe bei der Normalverteilung und bei nichtparametrischen Verteilungen berechnet werden kann, wird im Abschnitt 3.2.2 gezeigt.

Zum Abschluß des 3. Kapitels wird im Abschnitt 3.4 die Bewertung von Abweichungsinformationen erörtert. Dabei wird ein von *Laux* [1974a, 433–450] entwickeltes Modell dargestellt und kritisch gewürdigt.

3.2 Die Ermittlung und Strukturierung von Abweichungen bei quantifizierbaren, elementaren Situationsmerkmalen

3.2.1 Deterministische Planung

3.2.1.1 Gesamtabweichung und Teilabweichungen

3.2.1.1.1 Vorbemerkungen

Bei vollkommener Information und Sicherheit über den Ablauf des zukünftigen Geschehens können keine Plan-Ist-Abweichungen auftreten. Plant man jedoch bei unvollkommener Information und unsicherer Umwelt deterministisch, d.h. daß ein bestimmter

Zielerreichungsgrad, ein Zielpfad angestrebt wird, dann kann die unsichere Umwelt zu Abweichungen führen. Besteht das Ziel in der Verwirklichung einer bestimmten Kostensituation, dann läßt sich der Zielerreichungsgrad in Kosten ausdrücken und ebenso die Abweichung des Istkostenwertes vom Plankostenwert. Wird der Zielpfad durch mehrere Situationsmerkmale beschrieben, so hat das nur dann einen Sinn, wenn auch für diese Situationen und ihre Merkmale Planwerte und Istwerte ermittelt werden. Bei einem Kostenziel können z.B. bestimmte Verbrauchsmengen an Stoffen, Einkaufspreise oder bestimmte Leistungsintensitäten und Beschäftigungsgrade von Betriebsmitteln Situationsmerkmale sein. Im Prinzip müssen die Situationsmerkmale immer Größen sein, welche für die Zielerreichung von Bedeutung sind, d.h. es gibt für den Entscheidungsträger einen funktionalen Zusammenhang zwischen dem Zielwert und den Situationsmerkmalen. Dieser funktionale Zusammenhang wird allgemein als die Zielfunktion, die Nutzenfunktion oder Präferenzfunktion bezeichnet. Es gilt also, für den Zielerreichungsgrad ZEG eines Pfades z^k:

$$\text{ZEG}\,(z^k) = f\,(d^1; d^2; \ldots; d^T).\tag{3.1}$$

Besteht der Pfad aus nur einer einzigen Situation, weil der Planungszeitraum gerade eine Zeiteinheit beträgt, dann wird (3.1) zu:

$$\text{ZEG}\,(z^k) = f\,(m_1^{b_1}; \ldots; m_n^{b_n}).\tag{3.2}$$

Ist der geplante Pfad $^p z$ nicht identisch mit dem realisierten Pfad $^i z$, dann ergibt sich eine absolute Abweichung A von:

$$A = \text{ZEG}\,(^i z) - \text{ZEG}\,(^p z).\tag{3.3}$$

Eine solche Abweichung nennt man Gesamtabweichung.

Die Ermittlung einer solchen Gesamtabweichung ist insbesondere dann sinnvoll, wenn im Rahmen einer simultanen Planung ein Plan-Zielerreichungsgrad festgelegt wurde, also z.B. bei einer Gewinnplanung, Rentabilitätsplanung, Kostenplanung. Berücksichtigt die Zielfunktion wirklich alle Bestimmungsgrößen des Zielerreichungsgrades und das auch in der richtigen Weise, dann könnte man theoretisch bei der Situationsbeschreibung mit dem Zielerreichungsgrad als Situationsmerkmal und den notwendigen Handlungsmerkmalen auskommen. Eine nach (3.3) berechnete Gesamtabweichung gibt dann darüber Auskunft, inwieweit das Ziel erreicht, der Zielpfad verwirklicht wurde. Im Rahmen der Abweichungsanalyse wird man versuchen festzustellen, inwieweit die Abweichung des Zielerreichungsgrades auf Abweichungen einzelner Argumente (Variablen) der Zielfunktion zurückzuführen ist. Die Gesamtabweichung des Zielerreichungsgrades wird dabei für die verschiedenen Variablen in Teilabweichungen aufgespalten. Das ist natürlich nur dann ohne eine weitergehende Analyse möglich, wenn sowohl die Zielfunktion, als auch die geplanten und realisierten Werte ihrer Variablen bekannt sind. Aber selbst dann ergeben sich einige Schwierigkeiten, wie sich im folgenden zeigen wird.

Setzt man (3.2) in (3.3) ein, so findet man für die Gesamtabweichung bei detaillierter Betrachtung in dem Fall, daß der Planungszeitraum gerade eine Zeiteinheit beträgt:

$$A = f\,(^i m_1; \ldots; ^i m_n) - f\,(^p m_1; \ldots; ^p m_n).\tag{3.4}$$

Darin sind $^i m_j\ (j = 1, \ldots, n)$ die beobachteten Istwerte der Situationsmerkmale m_j und es sind die $^p m_j\ (j = 1, \ldots, n)$ die Planwerte der Situationsmerkmale. Für den allgemeineren Fall, in dem der Planungszeitraum mehrere Zeiteinheiten umfaßt, findet man mit Hilfe von (3.1):

$$
\begin{aligned}
A = f({}^i m_{11}, {}^i m_{21}, \ldots, {}^i m_{n1}, {}^i m_{12}, {}^i m_{22}, \ldots, {}^i m_{n2}, \\
{}^i m_{13}, \ldots, {}^i m_{n3}, \ldots, {}^i m_{1T}, \ldots, {}^i m_{nT}) - f({}^p m_{11}, {}^p m_{21}, \\
\ldots, {}^p m_{n1}, {}^p m_{12}, {}^p m_{22}, \ldots, {}^p m_{n2}, {}^p m_{13}, \ldots, {}^p m_{n3}, \\
\ldots, {}^p m_{1T}, \ldots, {}^p m_{nT}).
\end{aligned} \tag{3.5}
$$

Die Größen ${}^i m_{jt}$ ($j = 1, \ldots, n; t = 1, \ldots, T$) sind in (3.5) die im Zeitintervall t tatsächlich realisierten Werte des Situationsmerkmales j und die Werte ${}^p m_{jt}$ ($j = 1, \ldots, n;$ $t = 1, \ldots, T$), sind die entsprechenden Planwerte.

Um die Gesamtabweichung für einen Planungszeitraum zum Teil oder vollständig auf Teilabweichungen zurückzuführen, müssen die Abweichungen der einzelnen Situationsmerkmale ermittelt werden. Ist

$$
{}^a m_{jt} = {}^i m_{jt} - {}^p m_{jt}; \quad (j = 1, \ldots, n; t = 1, \ldots, T), \tag{3.6}
$$

die Abweichung des Situationsmerkmales j im Zeitintervall t, so wird man versuchen herauszufinden, in welchem Ausmaß jede dieser $n \cdot T$ Situationsmerkmal-Abweichungen zur Entstehung der Gesamtabweichung beigetragen hat. Hierzu dienen die Verfahren der Abweichungsaufspaltung [vgl. *Kilger*, 1981, S. 171ff.; *Jankowski*, S. 104ff.; *Saatmann*, S. 123ff.].

In der Literatur werden zur Abweichungsaufspaltung im wesentlichen zwei Verfahren vorgeschlagen:

1. Die alternative Abweichungsaufspaltung
2. Die kumulative Abweichungsaufspaltung.

Nach der ausführlichen Darstellung dieser beiden Verfahren und nach der Erörterung zweier wichtiger Anwendungen – Plankostenrechnung, Investitionskontrolle – soll hier noch der Grundgedanke für eine bisher in der Literatur nicht erörterte, hierarchische Abweichungsaufspaltung erläutert werden.

3.2.1.1.2 Die alternative Abweichungsaufspaltung

Bei der alternativen Abweichungsaufspaltung berechnet man die Teilabweichung, welche auf ein bestimmtes Situationsmerkmal in einem bestimmten Zeitintervall zurückzuführen ist, unter der Prämisse, daß nur bei diesem Situationsmerkmal und in diesem Zeitintervall eine Abweichung zwischen Istwert und Planwert aufgetreten sei. Für alle anderen Situationsmerkmale und Zeitintervalle unterstellt man, daß die tatsächlich eingetretenen Istwerte schon bei der Planung als Planwerte festgelegt worden seien. Die Teilabweichung des Zielerreichungsgrades, die auf das Situationsmerkmal M_{jt} zurückzuführen ist, berechnet man daher nach der Beziehung

$$
\begin{aligned}
TA_{jt} = f({}^i m_{11}, {}^i m_{21}, \ldots, {}^i m_{n1}, {}^i m_{12}, \ldots, {}^i m_{jt}, \ldots \\
\ldots, {}^i m_{nT}) - f({}^i m_{11}, {}^i m_{21}, \ldots, {}^i m_{n1}, {}^i m_{12}, \ldots \\
\ldots, {}^p m_{jt}, \ldots, {}^i m_{nT}); \\
(j = 1, \ldots, n; t = 1, \ldots, T).
\end{aligned} \tag{3.7}
$$

Ist eine zeitliche Indizierung nicht notwendig, weil der Planungszeitraum nur eine Zeiteinheit beträgt, dann ergibt sich entsprechend

$$TA_j = f(^im_1, \ldots, {}^im_j, \ldots, {}^im_n) - f(^im_1, \ldots, {}^Pm_j, \ldots, {}^im_n); \quad (j = 1, \ldots, n).$$
(3.8)

Nach (3.7) bzw. (3.8) kann man für jede Abweichung eines Situationsmerkmales zu einem Zeitpunkt eine Teilabweichung berechnen und damit die Gesamtabweichung in Teilabweichungen aufspalten. Dies ist formal dieselbe Vorgehensweise, wie sie im Rahmen der Planung angewandt wird, wenn für einzelne Situationsmerkmale kritische Werte ermittelt werden, die eine bestimmte, vorzugebende Zielerreichungsgradabweichung bewirken.

Das Problematische an diesem Aufspaltungsverfahren ist, daß die Summe aller Teilabweichungen nicht notwendig gleich der Gesamtabweichung sein muß. Letzteres ist nur dann der Fall, wenn die Zielfunktion $f(\cdot)$ separierbar ist. Es muß dann z.B. für den Fall, daß der Zielpfad aus nur einer Situation besteht, n Funktionen h_j geben, so daß gilt:

$$f(m_1, \ldots, m_n) = \sum_{j=1}^{n} h_j(m_j).$$
(3.9)

In einem solchen Fall gilt für die Teilabweichung TA_j bei alternativer Aufspaltung:

$$TA_j = f(^im_1, \ldots, {}^im_j, \ldots, {}^im_n) - f(^im_1, \ldots, {}^Pm_j, \ldots, {}^im_n)$$

$$= \sum_{k=1}^{n} h_k(^im_k) - \sum_{k=1}^{j-1} h_k(^im_k) - h_j(^Pm_j) - \sum_{k=j+1}^{n} h_k(^im_k)$$

$$= h_j(^im_j) - h_j(^Pm_j); \quad (j = 1, \ldots, n).$$
(3.10)

Und es ergibt sich für die Gesamtabweichung:

$$A = f(^iz) - f(^Pz)$$

$$= \sum_{j=1}^{n} h_j(^im_j) - \sum_{j=1}^{n} h_j(^Pm_j)$$

$$= \sum_{j=1}^{n} (h_j(^im_j) - h_j(^Pm_j)) = \sum_{j=1}^{n} TA_j.$$
(3.11)

Ist die Zielfunktion nicht separierbar, dann kann die Summe der Teilabweichungen gleich, größer oder kleiner als die Gesamtabweichung sein. Dies soll an einem einfachen Beispiel erläutert werden [vgl, *Amerman*, 1953a, S. 267].

Die Zielfunktion eines Einprodukt-Betriebes sei die Maximierung des Deckungsbeitrages D.

$$D = d \cdot x.$$
(3.12)

Die beiden Situationsmerkmale sind d = Deckungsspanne = Preis minus variable Stückkosten und x = abgesetzte Menge. Die Werte ^Pd und ^Px sind die geplante und die Werte ^id und ^ix sind die tatsächlich realisierte Deckungsspanne bzw. die tatsächlich abgesetzte Menge. Für die Gesamtabweichung gilt:

$$A = {}^iD - {}^PD = {}^id \cdot {}^ix - {}^Pd \cdot {}^Px.$$
(3.13)

Die Teilabweichung, die sich bei alternativer Abweichungsaufspaltung für die Deckungsspanne ergibt, ist:

$$TA_d = {}^id \cdot \dot{x} - {}^pd \cdot {}^ix.$$ (3.14)

Die Teilabweichung, die auf eine Mengenabweichung zurückzuführen ist, ist:

$$TA_x = {}^id \cdot {}^ix - {}^id \cdot {}^px.$$ (3.15)

Die Summe dieser beiden Teilabweichungen führt zu dem Ergebnis:

$$\begin{aligned}
TA_d + TA_x &= {}^id \cdot {}^ix - {}^pd \cdot {}^ix + {}^id \cdot {}^ix - {}^id \cdot {}^px \\
&= {}^id \cdot {}^ix - {}^pd \cdot {}^px - {}^pd \cdot {}^ix + {}^id \cdot {}^ix - {}^id \cdot {}^px + {}^pd \cdot {}^px \\
&= A + ({}^ix - {}^px) \cdot ({}^id - {}^pd).
\end{aligned}$$ (3.16)

Aus (3.16) erkennt man, daß bei dieser nicht separierbaren Zielfunktion die Summe der Teilabweichungen nur dann die Gesamtabweichung ergibt, wenn die geplante Menge und/oder der geplante Preis tatsächlich realisiert wird. Ferner ist aus (3.16) unmittelbar ersichtlich, daß die Summe der Teilabweichung sowohl größer als auch kleiner als die Gesamtabweichung sein kann, je nachdem ob die Deckungsspannenabweichung und die Absatzmengenabweichung dasselbe Vorzeichen haben oder nicht. *Kilger* [1959, S. 463; ähnlich auch 1981, S. 172] übersieht dies, wenn er schreibt: „. . . so daß die Summe der Teilabweichungen stets größer als die Gesamtabweichung $K_{(i)} - K_{(p)}$ sein muß".

In Abb. 5 ist der Zusammenhang zwischen der Gesamtabweichung und den Teilabweichungen bei alternativer Abweichungsaufspaltung graphisch dargestellt.

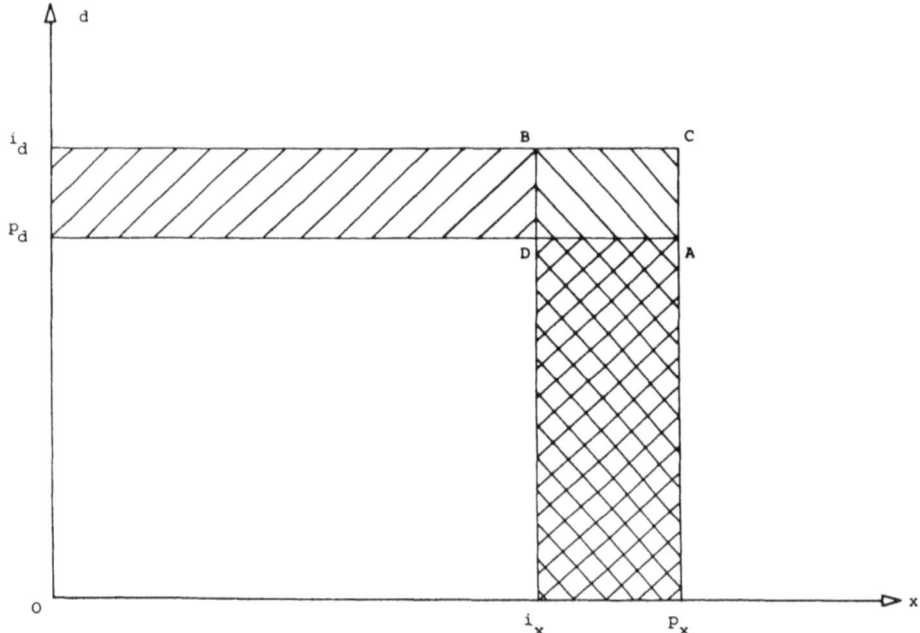

Abb. 5: Sekundärabweichungen

Das Rechteck $0, {}^pd, A, {}^px$ in Abb. 5 gibt den Plandeckungsbeitrag, das Rechteck $0, {}^id, B, {}^ix$ den Istdeckungsbeitrag an. Das Rechteck ${}^id, B, D, {}^pd$ entspricht der Deckungsspannenabweichung bei alternativer Abweichungsaufspaltung und das Rechteck $^i x$, $^p x$, C, B der Absatzmengenabweichung. Da in dem dargestellten Beispiel die Deckungsspannenabweichung positiv, die Absatzmengenabweichung dagegen negativ ist, ist in diesem Fall die Summe der Teilabweichungen — nach (3.16) — um das Rechteck $\overline{B, C, A, D}$ kleiner als die Gesamtabweichung.

In der betriebswirtschaftlichen Literatur wird der geschilderte Sachverhalt als „Abweichungs-Interdependenz" bezeichnet [*Kilger*, 1981, S. 169] und die Abweichungsprodukte, durch die dieses Problem entsteht, werden „incidental variation" [*Camman*, S. 60] „Sekundärabweichungen" [*Weber*, S. 435f.] oder „Abweichungen zweiten Grades" [*Kilger*, 1981, S. 170] genannt. Wie oben gezeigt, hängt dieser Sachverhalt unmittelbar mit der Separierbarkeit der Zielfunktion zusammen. Werden in der Zielfunktion nicht nur zwei sondern 3 Situationsmerkmale miteinander multipliziert, dann können Abweichungen dritten Grades auftreten usf. Ferner können sich noch wesentlich komplizitertere Interdependenzen ergeben, wenn die Zielfunktion nicht separierbare Funktionen höheren Grades oder Exponentialfunktionen als Teilfunktionen enthält. Als Nachteil der alternativen Abweichungsaufspaltung wird in der Literatur genannt [*Kilger*, 1981, S. 172], daß für jede Abweichung eines Situationsmerkmales ein Zielerreichungsgrad als Maßgröße berechnet werden muß; jeweils der Subtrahent in (3.7).

3.2.1.1.3 Die kumulative Abweichungsaufspaltung

Ist die Zielfunktion nicht separierbar und ist es auch nicht möglich, sie näherungsweise durch eine separierbare Funktion zu ersetzen, dann gibt es zwei Möglichkeiten für die Abweichungsaufspaltung:

a) Man vernachlässigt die Abweichungen höheren Grades, die sich durch die funktionale Abhängigkeit mehrerer Situationsmerkmale ergeben und berechnet wie oben erläutert alternative Teilabweichungen. Es wird dann bewußt darauf verzichtet, daß die Summe der Teilabweichungen die Gesamtabweichung ergeben muß.

b) Man rechnet die Abweichung höheren Grades auf irgendeine, letztlich willkürliche Weise, bestimmten Teilabweichungen zu, so daß die Summe dieser Teilabweichungen die Gesamtabweichung ergibt.

Bei der kumulativen Abweichungsaufspaltung wird die in b) genannte Möglichkeit gewählt. Für eine bestimmte Reihenfolge der Abweichungsermittlung werden die Abweichungen höheren Grades immer der zuletzt ermittelten Abweichung zugerechnet. Man erhält so für den Fall, daß der Planungszeitraum nur eine Zeiteinheit umfaßt, folgende Teilabweichungen:

$$TA_1 = f(^i m_1, {}^i m_2, {}^i m_3, \ldots, {}^i m_{n-1}, {}^i m_n) -$$
$$f(^p m_1, {}^i m_2, {}^i m_3, \ldots, {}^i m_{n-1}, {}^i m_n)$$

$$TA_2 = f(^p m_1, {}^i m_2, {}^i m_3, \ldots, {}^i m_{n-1}, {}^i m_n) -$$
$$f(^p m_1, {}^p m_2, {}^i m_3, \ldots, {}^i m_{n-1}, {}^i m_n)$$

$$\text{TA}_3 \quad = f({}^p m_1, {}^p m_2, {}^i m_3, \ldots, {}^i m_{n-1}, {}^i m_n) -$$
$$f({}^p m_1, {}^p m_2, {}^p m_3, \ldots, {}^i m_{n-1}, {}^i m_n)$$

$$\text{TA}_{n-1} = f({}^p m_1, {}^p m_2, {}^p m_3, \ldots, {}^i m_{n-1}, {}^i m_n) -$$
$$f({}^p m_1, {}^p m_2, {}^p m_3, \ldots, {}^p m_{n-1}, {}^i m_n)$$
$$\text{TA}_n \quad = f({}^p m_1, {}^p m_2, {}^p m_3, \ldots, {}^p m_{n-1}, {}^i m_n) -$$
$$f({}^p m_1, {}^p m_2, {}^p m_3, \ldots, {}^p m_{n-1}, {}^p m_n).$$

(3.17)

Für einen größeren Planungszeitraum gilt das Gleichungssystem (3.17) analog. Aus (3.17) erkennt man, daß die zuerst ermittelte Teilabweichung genau so groß ist, wie bei der alternativen Aufspaltung. Sie enthält daher auch keine Abweichungen höheren Grades, in denen das betroffene Situationsmerkmal auftritt. Bei der Berechnung der zweiten Teilabweichung wird das Situationsmerkmal, für das die erste Teilabweichung berechnet wurde, nicht wie bei der alternativen Aufspaltung mit seinem Istwert, sondern mit seinem Planwert eingesetzt. Dadurch werden Abweichungen höheren Grades, in denen diese beiden Situationsmerkmale erscheinen, berücksichtigt. Es werden daher der zweiten Teilabweichung alle Abweichungen höheren Grades zugerechnet, in denen das zweite Situationsmerkmal und das erste erscheint, usw. Die Höhe der jeweiligen Teilabweichung hängt deshalb von der Reihenfolge ab, in der die Teilabweichungen berechnet werden. Man ersieht aus (3.17) sofort, daß bei diesem Vorgehen die Summe aller Teilabweichungen gerade gleich der Gesamtabweichung sein muß.

Für das Beispiel, an dem im vorangegangenen Abschnitt das Problem der Abweichungs-Interdependenzen erläutert wurde, sollen jetzt die Teilabweichungen nach der kumulativen Aufspaltung berechnet werden. Es wurde dort ein Einprodukt-Betrieb betrachtet, der seinen Deckungsbeitrag $D = d \cdot x$ maximieren will. Bei der kumulativen Abweichungsaufspaltung soll zuerst die Deckungsspannenabweichung und dann die Absatzmengenabweichung berechnet werden. Man erhält:

$$\text{TA}_d = {}^i d \cdot {}^i x - {}^p d \cdot {}^i x$$
$$\text{TA}_x = {}^p d \cdot {}^i x - {}^p d \cdot {}^p x.$$

(3.18)

Da der Istwert der Deckungsspanne größer ist als der Planwert, ist die Deckungsspannenabweichung positiv. Dagegen ist die Absatzmengenabweichung negativ, weil der Istwert der Absatzmenge kleiner ist als der Planwert. In der Abb. 4 ist die Deckungsspannenabweichung wieder durch das Rechteck ${}^i d, B, D, {}^p d$ gegeben, während die Absatzmengenabweichung dem Rechteck ${}^i x, D, A, {}^p x$ entspricht. Die Absatzmengenabweichung ist demnach bei der kumulativen Abweichungsaufspaltung um das Rechteck $\overline{D, B, C, A}$ größer als bei der alternativen Abweichungsaufspaltung. Die Summe der beiden Teilabweichungen ergibt bei der kumulativen Aufspaltung offensichtlich gerade die Gesamtabweichung.

Es sind von *Vance* [1950, S. 625ff.] weitere Vorschläge gemacht worden, wie man die Abweichungen höheren Grades auf die Teilabweichungen aufteilen soll. Für bestimmte Abweichungsanalysen kann eine andere Zurechnung als die oben beschriebenen zweckmäßig sein. Da es aber wegen der Willkür der Zurechnung im Grunde beliebig viele Möglichkeiten gibt, soll die obige Darstellung der in der Praxis verbreitetsten Methoden hier genügen.

3.2.1.2 Zwei wichtige Anwendungsfälle

3.2.1.2.1 Die Ermittlung von Abweichungen in der Plankostenrechnung

Im Rahmen der Plankostenrechnung eines Betriebes werden die geplanten Kostenbeträge mit den in der Istkostenrechnung ermittelten Istwerten verglichen und es werden Abweichungen berechnet. Bei der starren Plankostenrechnung wird grundsätzlich nur eine Gesamtabweichung berechnet, die nicht in Teilabweichungen aufgespalten wird. Die Situationsbeschreibung ist bei diesem Verfahren sehr stark aggregiert. Es wird nur der Zielerreichungsgrad (Plankosten) geplant. Andere Situationsmerkmale werden nicht geplant. Die Analyse der notwendigerweise sehr heterogenen Gesamtabweichung ist dadurch sehr schwierig und wegen des hohen Aggregationsgrades des Planungs- und Kontrollprozesses sind die Steuerungsmöglichkeiten sehr gering. Zwar sind bei diesem Verfahren auch die Aufwendungen für die Planung gering, aber die Tatsache, daß es in der Praxis ohne Bedeutung ist, zeigt, daß der Aggregationsgrad allgemein gesehen zu groß ist.

Verbreitet ist dagegen das Verfahren der flexiblen Plankostenrechnung. Es ist dadurch gekennzeichnet, daß zumindest die Beschäftigung als Situationsmerkmal definiert und geplant wird. Die flexible Plankostenrechnung erfordert daher einen detaillierteren Planungs- und Kontrollprozeß. Häufig werden neben der Beschäftigung auch einzusetzende Mengen von Material je Einheit eines Fertigproduktes, Materialpreise, Intensitätsgrade von Aggregaten usw. als Situationsmerkmale definiert. Je detaillierter die Situationsbeschreibung ist, um so mehr Teilabweichungen können berechnet werden.

Werden Faktorpreise und Einsatzmengen pro Produkteinheit als Situationsmerkmale definiert, dann ist die Zielfunktion nicht separierbar, weil sich die Kosten durch das Produkt von Faktorpreisen und Einsatzmengen ergeben. Zur Aufspaltung der Gesamtabweichung in Teilabweichungen wird in der flexiblen Plankostenrechnung grundsätzlich die kumulative Abweichungsaufspaltung angewandt. Die Höhe der einzelnen Teilabweichungen hängt daher von der Reihenfolge ab, in der die Teilabweichungen berechnet werden.

Es sei:

$$C(v, r, x) = FK + v \cdot r \cdot x. \tag{3.19}$$

die Kostenfunktion eines Einprodukt-Einfaktor-Betriebes in Abhängigkeit von dem Faktorpreis v, von der pro Einheit des Fertigproduktes erforderlichen Materialmenge r und von der Beschäftigung x, gemessen in Stück der hergestellten Fertigprodukte. FK seien die fixen Kosten des Planungszeitraumes, der aus nur einer Zeiteinheit bestehen soll. Nach herrschender Lehre werden die Teilabweichungen bei der flexiblen Plankostenrechnung grundsätzlich in folgender Reihenfolge berechnet:

$$TA_v = C(^iv, {}^ir, {}^ix) - C(^pv, {}^ir, {}^ix) \quad (= \text{Preisabweichung}) \tag{3.20}$$

$$TA_r = C(^pv, {}^ir, {}^ix) - C(^pv, {}^pr, {}^ix) \quad (= \text{Verbrauchsabweichung})$$

$$TA_x = C(^pv, {}^pr, {}^ix) - C(^pv, {}^pr, {}^px) \quad (= \text{Beschäftigungsteilabweichung})$$

46

Diese Reihenfolge der Ermittlung von Teilabweichungen wird hauptsächlich im Hinblick auf eine „richtige" Berechnung der Verbrauchsabweichung gewählt. Die Verbrauchsabweichung soll zum einen beim realisierten Istbeschäftigungsgrad ($^i x$) berechnet werden, weil die in der Produktion für den Verbrauch Verantwortlichen in der Regel keinen Einfluß auf den Beschäftigungsgrad besitzen. Andererseits soll die Verbrauchsabweichung bei Plan-Faktorpreisen berechnet werden, damit sie keine Kostenanteile enthält, die auf geänderte Faktorpreise zurückzuführen sind. Die Abb. 6 soll diesen Sachverhalt für ein einfaches Zahlenbeispiel veranschaulichen.

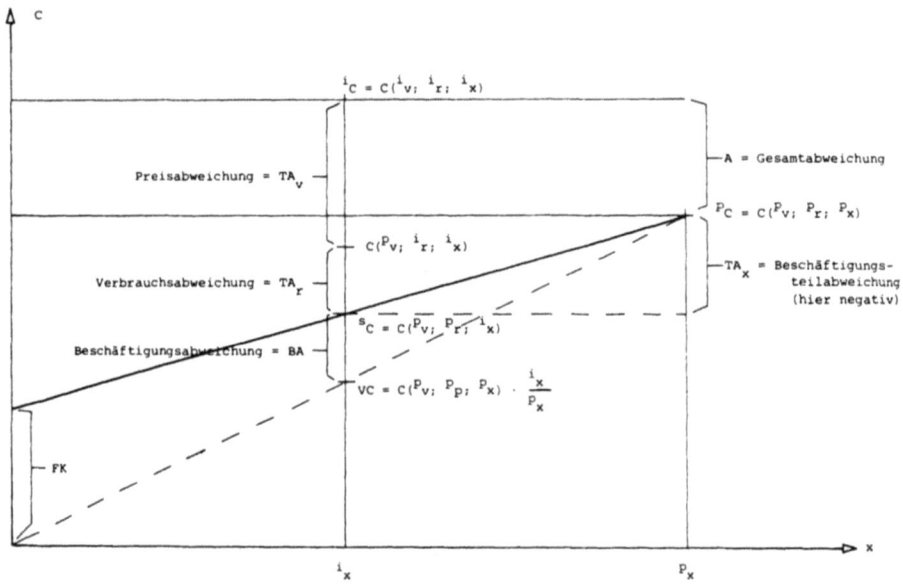

Abb. 6: Abweichungen bei der flexiblen PKR

Die Reihenfolge, in der die Teilabweichungen in (3.20) aufgeführt sind, wurde entsprechend der Systematik von (3.17) gewählt. Es ist selbstverständlich, daß die Abweichungen in beliebiger Reihenfolge berechnet werden können. Bei einer weiteren Detaillierung des Planungs- und Kontrollprozesses würden bei der in (3.20) gewählten Systematik z.B. eine Vorgabezeitabweichung, eine Intensitätsabweichung oder eine Leistungsabweichung hinter der Verbrauchsabweichung und vor der Beschäftigungsabweichung eingeordnet werden.

Es sei noch darauf hingewiesen, daß die oben definierte Beschäftigungsteilabweichung in der flexiblen Plankostenrechnung meistens nicht so bezeichnet wird und keinen spezifischen Namen hat. In der Plankostenrechnung wird als Beschäftigungsabweichung eine Abweichung definiert, die sich durch eine falsche Verrechnung fixer Kosten ergibt. Sie ist in der Abb. 6 durch die Strecke *BA* dargestellt. *VC* sind die verrechneten Kosten.

Aus Abb. 5 erkennt man, daß bei dem hier gewählten Verfahren der Abweichungsaufspaltung die Summe der Teilabweichungen gleich der Gesamtabweichung ist. Die Plankosten bei der Istbeschäftigung ($C(^p v, ^p r, ^i x)$) werden in der Kostenrechnung als Sollkosten bezeichnet (^{s}C). Dies sind die Kosten, die als Plankosten vorgegeben worden wären, wenn die Ist-Beschäftigung auch geplant worden wäre.

3.2.1.2.2 Die Berechnung von Abweichungen in der Investitionskontrolle

Von den verschiedenen Methoden der Investitionsplanung soll hier nur die Kapitalwertmethode betrachtet werden. Ist in der Planungsphase eines Planungs- und Kontrollprozesses die Entscheidung über alternative Investitionsmöglichkeiten an Hand des Kapitalwertes getroffen worden, so ist der Kapitalwert der Zielerreichungsgrad und die Kapitalwertfunktion die Zielfunktion des Entscheidungsträgers. Bei einer relativ starken Aggregation lautet die Kapitalwertfunktion:

$$\mathrm{KW} = \sum_{t=0}^{T} (\mathrm{R\ddot{u}}_{t} - I_{t}) \cdot q^{-t}. \tag{3.21}$$

Darin ist:

$\mathrm{R\ddot{u}}_{t}$ = der Rückfluß am Ende des Jahres t ($t = 1, \ldots, T$)
T = die Lebensdauer des Investitionsprojektes in Jahren
q = $(1 + i)$ = Zinsfaktor
I_{t} = Investitionssumme, die am Ende des Jahres t zu bezahlen ist. Es ist insbesondere I_{0} die Investitionssumme, die zu Beginn des Planungszeitraumes zu zahlen ist.

Da Investitionsprojekte relativ langfristige Planungszeiträume erfordern, ist es zweckmäßig, Abweichungen zwischen Planwerten und Istwerten nicht nur am Ende der Lebensdauer des jeweiligen Projektes, sondern auch schon während der Lebensdauer zu ermitteln; insbesondere um notwendige Korrekturmaßnahmen rechtzeitig einzuleiten. Darüber hinaus kann des zweckmäßig sein, nicht alle Situationsmerkmale während des gesamten Planungszeitraumes zu beobachten und nach Art und Höhe genau zu ermitteln, sondern einen Teil von ihnen im Kontrollzeitpunkt zu schätzen. Schließlich können im Kontrollzeitpunkt für die Restlebensdauer des Investitionsprojektes revidierte Planwerte berechnet werden, die im Grunde einer Anschlußplanung entsprechen. Unter Berücksichtigung dieser Möglichkeiten kann man folgende Gesamtabweichung berechnen [*Lüder,* 1969, S. 116]:

$$\mathrm{AKW}_{T}k = -(\sum_{t=0}^{T} (^{p}\mathrm{R\ddot{u}}_{t} - {}^{p}I_{t}) \cdot q^{-t}$$

$$-(\sum_{t=0}^{T^{k}} (^{i}\mathrm{R\ddot{u}}_{t} - {}^{i}I_{t}) \cdot q^{-t} + \sum_{t=0}^{T^{k}} (^{s}\mathrm{R\ddot{u}}_{t} - {}^{s}I_{t}) \cdot q^{-t}$$

$$+ \sum_{t=T^{k}+1}^{T^{r}} (^{r}\mathrm{R\ddot{u}}_{t} - {}^{r}I_{t}) \cdot q^{-t})) \tag{3.22}$$

Darin ist:

$\mathrm{AKW}_{T}k$ = die im Kontrolljahr T^{k} berechnete Abweichung des Kapitalwertes,

$^{p}\mathrm{R\ddot{u}}_{t}, (^{p}I_{t})$ = der (die) für das Ende des Jahres t geplante Rückfluß (Investitionssumme),

^{i}Rü$_t$, (^iI_t); ^{s}Rü$_t$, (^sI_t); ^{r}Rü$_t$, (^rI_t) = die entsprechenden Istwerte bzw. der tatsächlich ermittelte Anteil, der geschätzte Anteil und die revidierten Planwerte,

T^r = die revidierte Lebensdauer des Projektes.

Man erkennt aus (3.22) unmittelbar, daß diese Gesamtabweichung für die Rückflüsse, die Investitionssummen und den Planungszeitraum separierbar ist. Bei der Ermittlung der entsprechenden Teilabweichungen tritt daher das Problem der Abweichungsinterdependenz nicht auf. Das Problem tritt nur bei einer Abweichung des Kalkulationszinssatzes auf. Es erscheint dann zweckmäßig, die Abweichungen höheren Grades der Zinsabweichung zuzuordnen.

Bei einer stärkeren Detaillierung des Planungs- und Kontrollprozesses könnte die Kapitalwertfunktion lauten [*Lüder*, 1969, S. 96]:

$$KW = \sum_{t=0}^{T} ((x_t (p_t - m_t - l_t - r_t) - Rf_t - A_t)(1 - e) + A_t) \cdot q^{-t}$$

$$- \sum_{t=0}^{T} (AV_t + UV_t) \cdot q^{-t} + \sum_{t=0}^{T} UV_t \cdot q^T. \tag{3.23}$$

Darin ist:

x_t = die im Jahr t abgesetzte Menge des Produktes, das mit der zu beschaffenden Anlage produziert wird,

p_t = der Preis im Jahr t,

m_t = die Material-Stückkosten im Jahr t,

l_t = die Lohnstückkosten im Jahr t,

r_t = variable Restkosten je Stück im Jahr t,

Rf_t = fixe Restkosten im Jahr t,

A_t = die Abschreibungen im Jahr t,

e = der Ertragsteuersatz,

AV_t = Auszahlung am Ende des Jahres t für Anlagevermögen,

UV_t = Auszahlung am Ende des Jahres t für Umlaufvermögen,

T = Lebensdauer des Projektes (= Planungszeitraum),

q = $(1 + i)$ = Zinsfaktor.

Die Zielfunktion (3.23) ist nicht mehr separierbar und das Problem der Abweichungsinterdependenz ergibt sich bei der Berechnung von Teilabweichungen für die Deckungsbeiträge, für die Steuern und den Zinssatz.

In einem solchen Fall kann man keine generelle Empfehlung für die Ermittlung von Teilabweichungen geben. Es wird vielmehr im Einzelfall auf den Grad der Sensibilität des Kapitalwertes in bezug auf das einzelne Situationsmerkmal ankommen, ob man eine Teilabweichung berechnet oder nicht. Man kann dabei sowohl eine alternative Aufspaltung als auch eine kumulative Aufspaltung vornehmen. Bei der kumulativen Aufspaltung könnte man etwa zuerst die Zinsabweichung, dann die Steuerabweichung, dann die Mengenabweichung berechnen, womit alle Abweichungen höheren Grades zugerechnet wären.

3.2.1.3 Grundgedanken einer hierarchischen Abweichungsaufspaltung und der Einführung von Residualabweichungen

Sowohl die alternative, als auch die kumulative Abweichungsaufspaltung sind letztlich unbefriedigend, weil sie das Problem nur jeweils unter Zuhilfenahme von mehr oder weniger problematischen Hypothesen lösen. Bei der alternativen Aufspaltung wird so getan, als ob nur bei dem jeweils betrachteten Situationsmerkmal eine Abweichung eingetreten sei, alle anderen aber planmäßig realisiert worden wären. Bei der kumulativen Aufspaltung werden die Abweichungen höheren Grades letztlich willkürlich zugerechnet, ähnlich dem Vorgehen bei der Vollkostenkalkulation.

Analog zu dem Grundkonzept der Deckungsbeitragsrechnung kann man nun auch hier versuchen, eine Bezugsgrößenhierarchie der Art zu finden, daß die Zurechenbarkeit (Separierbarkeit) so weit wie möglich gewährleistet ist. Dies soll am Beispiel der Kapitalwertfunktion (3.23) erläutert werden. Sie ist eine Funktion von $12 \cdot T$ Variablen. Für jede Variable kann theoretisch eine Teilabweichung ermittelt werden, wobei allerdings zumindest in einigen Fällen das Interdependenzproblem auftritt. Es kann nun sinnvoll sein, jeweils einige dieser $12 \cdot T$ Variablen zu einer aggregierten Größe zusammenzufassen und für diese aggregierte Größe eine Teilabweichung zu berechnen, diese Teilabweichung anschließend wieder weiter aufzuspalten usf. So könnte man z.B. in der Kapitalwertfunktion (3.23) die T Deckungsbeiträge

$$x_t \cdot (p_t - m_t - l_t - r_t); \quad (t = 0, 1, \ldots, T) \tag{3.24}$$

als aggregierte Größen definieren und entsprechend T verschiedene Deckungsbeitrags-Teilabweichungen berechnen. In einem zweiten Schritt kann dann jede Deckungsbeitrags-Teilabweichung weiter aufgespalten werden, z.B. in eine Erlösabweichung $(x_t \cdot p_t)$ und eine Kostenabweichung $(x_t \cdot (m_t + l_t + r_t))$. Schließlich kann in einem dritten Schritt die Erlösabweichung $(x_t \cdot p_t)$ in eine Mengenabweichung und eine Preisabweichung aufgespalten werden, wobei sich erst in dieser Stufe das Interdependenzproblem ergibt. Bei der Aufspaltung der Kostenabweichung nach Kostenarten tritt das Interdependenzproblem in der 3. Stufe noch nicht auf. Erst in der 4. Stufe, wenn die einzelnen Kostenarten in Teilabweichungen aufgespalten werden, müssen Abweichungen 2. Grades berücksichtigt werden.

Durch die bei der hierarchischen Aufspaltung gewählte Vorgehensweise wird das Interdependenzproblem so weit wie möglich vermieden. Da, wo es schließlich doch auftritt, ist es gemildert, weil die Interdependenz nur noch einen Teil der Variablen betrifft. Aus der Sicht der Anwendung heraus kann es zweckmäßig sein, das Interdependenzproblem in dieser gemilderten Form auf folgende Weise zu lösen:

1. Es wird eine alternative Aufspaltung vorgenommen. Definitionsgemäß gibt dann jede Teilabweichung an, welche Abweichung durch die jeweilige Variable allein entstanden wäre, wenn alle anderen planmäßig realisiert worden wären.
2. Die Differenz zwischen der Gesamtabweichung und der Summe der Teilabweichungen wird als *Residualabweichung* definiert. Wie oben gezeigt, kann diese Residualabweichung positiv oder negativ sein. Sie gibt an, in welchem Ausmaß die Gesamtabweichung durch die verschiedenen Variablen gemeinsam verursacht worden ist und daher nicht einer von ihnen zugerechnet werden kann.

50

Bei der soeben beschriebenen Aufspaltung wird mit Hilfe der Residualabweichung der Vorteil der alternativen Aufspaltung mit dem Vorteil der kumulativen Aufspaltung verbunden. Da die Residualabweichungen ihrerseits nicht mehr sinnvoll weiter aufgespalten werden können, sollten sie jeweils nur auf der letzten Hierarchiestufe berechnet werden. Die Abb. 7 veranschaulicht die beschriebene Vorgehensweise für den Fall, daß der Zielerreichungsgrad eine Gewinngröße ist. (Für die Anregung, eine Residualabweichung einzuführen, danke ich Herrn Prof. Lüder recht herzlich).

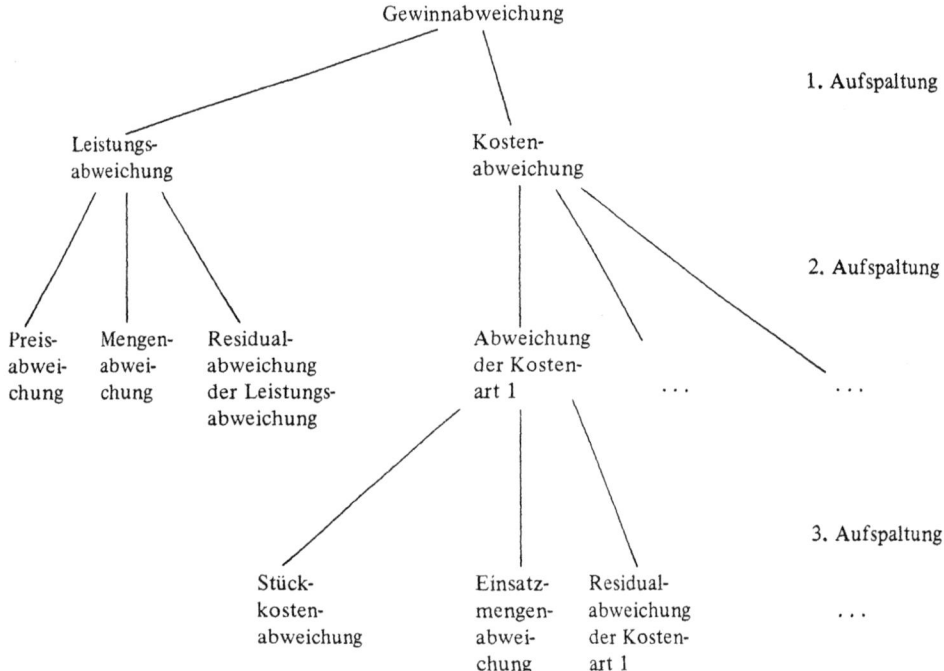

Abb. 7: Schematische Darstellung der hierarchischen Abweichungsaufspaltung

3.2.2 Die Ermittlung von Abweichungen bei stochastischer Planung

3.2.2.1 Vorbemerkungen

Berücksichtigt man in der betrieblichen Planung die Tatsache, daß zukünftige Entwicklungen nicht mit Sicherheit vorausgesagt werden können, dann kann man grundsätzlich nicht mehr einen eindeutig determinierten Zielpfad mit determiniertem Zielerreichungsgrad und determinierten Plan-Situationsmerkmalen anstreben. Der Planungs- und Kontrollprozeß, der die Zielerreichung steuert, wird durch die Berücksichtigung der Unsicherheit in der Planung zu einem stochastischen Prozeß in dem Sinne, daß der erwünschte Zielpfad stochastische Größen enthält, wodurch auch der Plan-Zielerreichungsgrad zu einer stochastischen Größe wird. Durch immer stärkere Detaillierung kann man bei einem spezifischen Gegenstand und Planungszeitraum eines Planungs- und Kontrollprozesses prinzipiell immer an einen Aggregations- und Detaillierungsgrad gelangen, von dem an eine stärkere

Detaillierung die explizite Berücksichtigung der Unsicherheit erfordert. Das geschieht dadurch, daß mindestens ein Situationsmerkmal als Zufallsvariable definiert wird, für die auf Grund der beobachteten Werte in der Vergangenheit oder auf Grund subjektiver Erwartungen eine Wahrscheinlichkeitsverteilung prognostiziert und geplant wird.

Für die Kontrolle, insbesondere für die Ermittlung von Abweichungen ergeben sich dadurch erhebliche Konsequenzen. Will man in einem solche Fall eine Abweichung im bisherigen Sinne ermitteln, dann muß man die Zufallsvariable durch einen einzelnen Wert — z.B. den Erwartungswert — ersetzen bzw. repräsentieren. Das bedeutet aber de facto, daß man wieder deterministisch plant. Denn die Informationen, die in der Wahrscheinlichkeitsverteilung enthalten sind, werden auf einen einzelnen Wert reduziert, dem man nicht ansehen kann, ob er eine Zufallsvariable repräsentiert oder ob er von vornherein deterministisch geplant wurde.

Um die durch die Wahrscheinlichkeitsverteilung bei der Planung zusätzlich vorhandenen Informationen auch bei der Kontrolle berücksichtigen zu können, muß man bei der Kontrolle die geplante Wahrscheinlichkeitsverteilung mit dem beobachteten Istwert, oder — wenn im Planungszeitraum mehrere realisierte Werte beobachtet werden — mit den beobachteten Werten vergleichen. Als Beispiel für einen Fall, bei dem mehrere realisierte Werte vorliegen, kann etwa folgender Sachverhalt gelten:
Die Betriebsführung plant für einen Zeitraum von $T = 12$ Monaten. Für jeden Monat (Zeiteinheit) werden spezifische Situationen definiert und analysiert. Die von einem bestimmten Produkt pro Monat abgesetzte Menge wird in der Planung als Zufallsvariable berücksichtigt. Auf Grund der monatlichen Absatzmengen der vergangenen Jahre wird eine Wahrscheinlichkeitsverteilung für die zu erwartenden monatlichen Absatzmengen ermittelt: Unter Berücksichtigung der spezifischen Bedingungen im Planungszeitraum wird die Plan-Wahrscheinlichkeitsverteilung für die monatliche Absatzmenge festgelegt. Nach Ablauf des Planungszeitraumes hat man 12 Realisationswerte für die Zufallsvariable „monatliche Absatzmenge" des betroffenen Produktes. Im Rahmen der Kontrollphase müssen dann die realisierten Werte mit der Plan-Wahrscheinlichkeitsverteilung verglichen werden. Dabei wird man vor allem prüfen müssen, ob die 12 beobachteten Werte unabhängige Realisationen der Zufallsvariablen waren.

Der Vergleich der Plan-Wahrscheinlichkeitsverteilung mit einem oder mehreren während der Planungsperiode realisierten Werten kann nicht wie bei deterministischer Planung zur Ermittlung eines Abweichungsbetrages mit der Dimension des Situationsmerkmales führen. Die Abweichungsinformation besteht vielmehr bei stochastischer Planung in einer stochastischen Aussage über die Beziehung zwischen der geplanten Wahrscheinlichkeitsverteilung und den realisierten Werten. Dabei wird man grundsätzlich davon ausgehen müssen, daß die exakte Wahrscheinlichkeitsverteilung der zu planenden, unsicheren Größe nicht bekannt ist. Die geplante Wahrscheinlichkeitsverteilung wird eine Schätzung dieser unbekannten, exakten Wahrscheinlichkeitsverteilung sein. Diese Schätzung kann z.B. die Wahrscheinlichkeitsverteilung einer Stichprobe sein, die vor Beginn des Planungszeitraumes gezogen wurde oder sie kann auch eine subjektiv korrigierte, objektive Wahrscheinlichkeitsverteilung sein. Ist der Verteilungstyp bekannt, dann genügt eine Schätzung der Verteilungsparameter. Andernfalls muß die gesamte Verteilung geschätzt werden.

Im folgenden soll sowohl für den Fall einer nicht-parametrischen Verteilung, als auch für den Fall einer parametrischen Verteilung — hier die Normalverteilung — gezeigt werden, wie man eine Abweichungskennzahl, bzw. eine Abweichungsinformation ermitteln kann. Die Plan-Wahrscheinlichkeitsverteilung soll auf einer Plan-Stichprobe vom Umfang $^p n$ und die Ist-Wahrscheinlichkeitsverteilung auf einer Ist-Stichprobe vom Umfang $^i n$ beruhen. Dabei werden für $^p n$ und $^i n$ relativ große Werte angenommen. In der Praxis wird $^i n$ möglicherweise häufig eins sein. Wie oben bereits erwähnt, ist es dann nicht sinnvoll, eine Abweichungskennzahl zu berechnen. Vielmehr sollte in einem solchen Fall die beobachtete Realisation zusammen mit der Plan-Verteilung unmittelbar als Abweichungsinformation verwandt werden. Sie bilden dann die Grundlage für die Auswertungsentscheidung.

3.2.2.2 Die Ermittlung einer Abweichung bei nicht-parametrischer Verteilung

Es sei zunächst der Fall betrachtet, in dem man davon ausgeht, daß die unbekannte exakte Wahrscheinlichkeitsverteilung eine nicht-parametrische Wahrscheinlichkeitsverteilung ist. Die Plan-Wahrscheinlichkeitsverteilung des betroffenen Merkmales ist dann die Wahrscheinlichkeitsverteilung einer Stichprobe — im weitesten Sinne — die vor Beginn des Planungszeitraumes gezogen wird. Die Verteilungsfunktion dieser Stichprobe sei mit $^p S_{p_n}(M_j)$ bezeichnet. Die Stichprobe sei vom Umfang $^p n$ und ihre Realisationswerte seien $(^p m_{j1}, {}^p m_{j2}, \dots, {}^p m_{j\,^p n})$.

Die Wahrscheinlichkeitsverteilung des Istwertes oder die Ist-Wahrscheinlichkeitsverteilung, die mit der Plan-Wahrscheinlichkeitsverteilung verglichen werden soll, ist die Wahrscheinlichkeitsverteilung einer Stichprobe, die während des Planungszeitraumes gezogen wird. Die Verteilungsfunktion dieser Stichprobe sei $^i S_{i_n}(M_j)$. Sie umfaßt $^i n$ Realisationswerte $(^i m_{j1}, {}^i m_{j2}, \dots, {}^i m_{j\,^i n})$.

Zur Ermittlung einer Abweichungsinformation über das Situationsmerkmal M_j definiert man die Stichprobenfunktion [vgl. *Luh*, S. 131]:

$$A(M_j, {}^i n, {}^p n) = \max_{m_j} \left| {}^i S_{i_n}(m_j) - {}^p S_{p_n}(m_j) \right| \qquad (3.25)$$

$A(M_j, {}^i n, {}^p n)$ ist eine Zufallsvariable, die nach dem Satz von Gliwenko [*Fisz*, S. 456] mit der Wahrscheinlichkeit eins — also mit Sicherheit — gegen null konvergiert, wenn $^i n$ und $^p n$ gegen unendlich gehen. Das bedeutet, wenn die beiden Stichproben $^p S$ und $^i S$ derselben Grundgesamtheit mit der Verteilungsfunktion $F(M_j)$ entnommen werden, ergibt sich bei unbegrenzten Stichprobenumfängen mit Sicherheit keine Abweichung. In einem konkreten Fall, wenn die Stichprobenumfänge $^i n$ und $^p n$ begrenzt sind, kann sich eine Abweichung ergeben. Im Rahmen der Abweichungsanalyse ist dann zu testen, auf welche Ursachen diese Abweichung zurückzuführen ist, insbesondere ob die Abweichung systematischer oder nur zufälliger Art ist. Die Ermittlung einer Abweichung in diesem sehr allgemeinen und deshalb m.E. für die betriebliche Praxis wichtigen Fall soll an einem einfachen Beispiel erläutert werden [vgl. *Luh*, S. 125ff.].

Für die Arbeitszeit M_1, die zur Herstellung eines Produktes pro Stück erforderlich ist, seien auf Grund einer Stichprobe vom Umfang $^p n = 400$ die in der Tabelle 1 in der Spalte (1) angegebenen Werte mit den in der Spalte (2) angegebenen Häufigkeiten gemessen worden. In den Spalten (3) und (4) sind die relativen Häufigkeiten als die Schätzwerte der

Wahrscheinlichkeiten und die kumulierten relativen Häufigkeiten als die Schätzwerte für die Funktionswerte der Verteilungsfunktion angegeben. Während des Planungszeitraumes sei eine Stichprobe vom Umfang $^i n = 200$ erhoben worden. Die dabei für die verschiedenen Arbeitszeiten ermittelten Häufigkeiten sind in der Tabelle 1 in Spalte (5) angegeben. Die Spalten (6) und (7) zeigen die zugehörigen relativen Häufigkeiten und die kumulierten relativen Häufigkeiten als die Verteilungsfunktion der Ist-Stichprobe. Schließlich enthät die Spalte (8) die Absolutbeträge der Abweichungen der Verteilungsfunktionen der Ist-Stichprobe und der Plan-Stichprobe. Als Abweichung erhält man in dem Beispiel:

$$A(M_1, 200, 400) = \max_{45 \leqslant m_1 \leqslant 64} \left| {}^i S_{200}(m_1) - {}^p S_{400}(m_1) \right|$$

$$= \left| {}^i S_{200}(54) - {}^p S_{400}(54) \right|$$

$$= \underline{\underline{0,09}}$$

Es ist klar, daß diese Abweichung eine Zufallsvariable ist. Denn sowohl die bei der Plan-Stichprobe, als auch die bei der Ist-Stichprobe beobachteten Häufigkeiten sind zufallsabhängige Größen. Die ermittelte Abweichungsinformation lautet in diesem Fall: Die maximale absolute Abweichung zwischen der Ist-Verteilungsfunktion und der Plan-Verteilungsfunktion der Stück-Arbeitszeit beträgt 9%.

3.2.2.3 Die Ermittlung einer Abweichung im Falle einer normalverteilten Zufallsvariablen

Es sei nun unterstellt, daß die unbekannte Verteilungsfunktion der zu planenden Zufallsvariablen eine parametrische Verteilung, und zwar eine Normalverteilung sei. Die Parameter der Verteilung — in diesem Falle der Erwartungswert und die Streuung — seien unbekannt. Vor Beginn des Planungszeitraumes wird eine Stichprobe vom Umfang $^p n$ gezogen, wobei sich die Realisationswerte $(^p m_{j1}, {}^p m_{j2}, \ldots, {}^p m_{j\,p_n})$ ergeben. Während des Planungszeitraumes wird eine Ist-Stichprobe gezogen. Diese hat den Umfang $^i n$ und die Realisationswerte $(^i m_{j1}, {}^i m_{j2}, \ldots, {}^i m_{j\,i_n})$.

Zunächst werden aus der Plan-Stichprobe Planwerte für die Verteilungsparameter μ und σ bzw. σ^2 ermittelt. Als erwartungstreue Schätzungen erhält man für den Erwartungswert:

$$\overline{^p M_j} = \frac{1}{^p n} \cdot \sum_{k=1}^{^p n} {}^p m_{jk} \tag{3.26}$$

und für die Varianz:

$$^p S_j^2 = \frac{1}{^p n - 1} \cdot \sum_{k=1}^{^p n} (^p m_{jk} - \overline{^p M_j})^2. \tag{3.27}$$

Als Plan-Verteilung wird dann die Dichtefunktion

$$^p f(M_j) = \frac{1}{^p S_j \cdot \sqrt{2\pi}} \cdot \exp\left(- \frac{(M_j - \overline{^p M_j})^2}{2 \cdot {}^p S_j^2} \right) \tag{3.28}$$

	Planwerte			Istwerte			
gemessene Arbeitszeit in Minuten (m_1)	absolute Häufigkeit bei der Plan-Stichprobe	relative Häufigkeit bei der Plan-Stichprobe	Verteilungsfunktion $PS_{400}(m_1)$	absolute Häufigkeit bei der Ist-Stichprobe	relative Häufigkeit bei der Ist-Stichprobe	Verteilungsfunktion $iS_{200}(m_1)$	Abweichungen $\lvert iS_{200}(m_1) - PS_{400}(m_1) \rvert$
(1)	(2)	(3)	(4)	(5)	(6)	(7)	(8)
45	2	0,005	0,005	1	0,005	0,005	0
46	2	0,005	0,010	1	0,005	0,010	0
47	4	0,010	0,020	2	0,010	0,020	0
48	4	0,010	0,030	3	0,015	0,035	0,005
49	6	0,015	0,045	4	0,020	0,055	0,010
50	8	0,020	0,065	6	0,030	0,085	0,020
51	16	0,040	0,105	12	0,060	0,145	0,040
52	24	0,060	0,165	16	0,080	0,225	0,060
53	40	0,100	0,265	24	0,120	0,345	0,080
54	60	0,150	0,415	32	0,160	0,505	0,090
55	80	0,200	0,615	34	0,170	0,675	0,060
56	60	0,150	0,765	26	0,130	0,805	0,040
57	40	0,100	0,865	17	0,085	0,890	0,025
58	24	0,060	0,925	10	0,050	0,940	0,015
59	14	0,035	0,960	5	0,025	0,965	0,005
60	6	0,015	0,975	2	0,010	0,975	0
61	4	0,010	0,985	2	0,010	0,985	0
62	2	0,005	0,990	1	0,005	0,990	0
63	2	0,005	0,995	1	0,005	0,995	0
64	2	0,005	1,000	1	0,005	1,000	0
Summen	400	1,000	–	200	1,000	–	–

Tab. 1: Ermittlung der Abweichung bei nicht-parametrischer Verteilung

festgelegt. Nach Abschluß des Planungszeitraumes hat man auf Grund der Ist-Stichprobe folgende Ist-Schätzwerte für die Verteilungsparameter:

$$\overline{^iM_j} = \frac{1}{^in} \cdot \sum_{k=1}^{^in} {}^im_{jk} \tag{3.29}$$

$$^iS_j^2 = \frac{1}{^in - 1} \cdot \sum_{k=1}^{^in} ({}^im_{jk} - \overline{^iM_j})^2. \tag{3.30}$$

Als Abweichung definiert man zweckmäßigerweise [vgl. *Luh*, S. 131] die Größe:

$$A(M_j) = \frac{\overline{^iM_j} - \overline{^pM_j}}{\sqrt{(((^pn - 1) \cdot {}^pS_j^2 + (^in - 1) \cdot {}^iS_j^2)/(^pn + {}^in - 2)) \cdot (1/^pn + 1/^in)}}. \tag{3.31}$$

Die Abweichung $A(M_j)$ ist auch in diesem Falle eine Zufallsvariable. Sie ist t-verteilt mit dem Freiheitsgrad $^pn + {}^in - 2$. Bei einer Anwendung dieses Konzepts wird man verlangen müssen, daß sowohl ^pn als auch ^in größer als 1 ist. Denn für $^pn = 1$ oder $^in = 1$ haben die Varianz-Schätzfunktionen (3.27) bzw. (3.30) eine Polstelle und der Wert für $A(M_j)$ ist ein nicht allgemein definierter Grenzwert.

3.2.2.4 Gesamtabweichung und Teilabweichungen

Bei stochastischer Planung ist die Gesamtabweichung grundsätzlich keine betragsmäßige Abweichung wie im deterministischen Fall, sondern eine statistische Abweichungsinformation der Art, wie sie in den beiden letzten Abschnitten definiert worden sind. Die Aufspaltung einer solchen Gesamtabweichung in Teilabweichungen, die einzelnen Situationsmerkmalen zugeordnet werden können, ist in diesem Fall noch schwieriger als bei deterministischer Planung. Beispielsweise ist bei einer Abweichung wie sie in (3.25) für nichtparametrische Verteilungen definiert wurde, eine Aufspaltung praktisch unmöglich, weil zwischen der maximalen absoluten Abweichung der Verteilungsfunktionen des Zielerreichungsgrades und den maximalen absoluten Abweichungen der Verteilungsfunktionen einzelner Situationsmerkmale kein funktionaler Zusammenhang bestehen muß. Es können deshalb hier im Grunde nur Spezialfälle behandelt werden.

In der Regel werden nicht alle Situationsmerkmale als Zufallsvariable geplant. Man wird deshalb in einem ersten Schritt versuchen, die Gesamtabweichung in einen deterministischen Teil und in einen stochastischen Teil aufzuspalten. Voraussetzung für eine solche Aufspaltung ist, daß die Zielfunktion bezüglich der beiden Gruppen von Situationsmerkmalen — stochastisch geplante, deterministisch geplante — separierbar ist. Der Einfachheit halber sei hier nur der Fall betrachtet, daß der Planungszeitraum nur aus einer Zeiteinheit besteht. Es muß dann für die Zielfunktion gelten:

$$\text{ZEG}(z^k) = h_1(m_1^{b1}, \ldots, m_l^{bl}) + h_2(m_{l+1}^{bl+1}, \ldots, m_n^{bn}). \tag{3.32}$$

In (3.32) sollen die Situationsmerkmale $M_1, \ldots, M_l$ die deterministisch geplanten Situationsmerkmale sein, während die Situationsmerkmale $M_{l+1}, \ldots, M_n$ die Gruppe der stochastisch geplanten Situationsmerkmale ist. Die Funktionen $h_1(\cdot)$ und $h_2(\cdot)$ sind die beiden Teilfunktionen der Zielfunktion. Da der Funktionswert $h_1(\cdot)$ in (3.32) eine Konstante ist, bewirkt er hinsichtlich der Wahrscheinlichkeitsverteilung des Zielerreichungsgrades nur eine Verschiebung, ohne die Verteilung selbst zu verändern. Es gilt:

$$
\begin{aligned}
F(\text{ZEG}(z^k)) &= F(h_1(m_1^{b_1}, \ldots, (m_l^{b_l}) + h_2(m_{l+1}^{b_{l+1}}, \ldots, m_n^{b_n})) \\
&= P(h_1(m_1^{b_1}, \ldots, m_l^{b_l}) + h_2(m_{l+1}^{b_{l+1}}, \ldots, m_n^{b_n}) \leqslant \text{ZEG}(z^k)) \\
&= P(h_2(m_{l+1}^{b_{l+1}}, \ldots, m_n^{b_n}) \leqslant \text{ZEG}(z^k) - h_1(m_1^{b_1}, \ldots, m_l^{b_l})) \\
&= F(\text{ZEG}(z^k) - h_1(m_1^{b_1}, \ldots, m_l^{b_l})).
\end{aligned}
\tag{3.33}
$$

Das bedeutet, daß man die stochastische Abweichung von der deterministischen Abweichung trennen kann. Hat man eine nichtparametrische Verteilungsfunktion, dann berechnet man für den stochastischen Teil der Zielfunktion die Abweichung nach (3.25), indem man für den deterministischen Teil sowohl bei der Planverteilung als auch bei der Istverteilung die Planwerte einsetzt. Bei einer Normalverteilung, wie sie im vorangegangenen Abschnitt behandelt wurde, geht man analog vor. Man berechnet sowohl die Erwartungswert-Schätzungen als auch die Varianzschätzungen, indem man für die deterministisch geplanten Situationsmerkmale die Planwerte einsetzt.

Wie oben bereits erwähnt, kann eine stochastische Abweichung der Art (3.25), die für eine nicht-parametrische Verteilungsfunktion ermittelt wurde, praktisch nicht aufgespalten werden. Das ist zumindest nicht in dem Sinne möglich, daß die Summe der Teilabweichungen die Gesamtabweichung ergeben soll. Allerdings wird man in der Regel die Abweichung von $h_2(\cdot)$ durch die Verknüpfung der Verteilungsfunktionen der einzelnen Situationsmerkmale ermitteln und kann dabei unmittelbar die Wirkung der Einzelabweichung $A(M_j)$ auf die Gesamtabweichung von $h_2(\cdot)$ analysieren.

Im Fall einer normalverteilten Zufallsvariablen ist die Aufspaltung von $h_2(\cdot)$ leicht, wenn $h_2(\cdot)$ für alle Situationsmerkmale separierbar ist. Es gilt dann für den Erwartungswert und die Varianz von h_2:

$$
\mu(h_2) = \sum_{j=l+1}^{n} \mu(g_j(m_j))
\tag{3.34}
$$

$$
\sigma^2(h_2) = \sum_{k,j=l+1}^{n} (\mu(g_k(m_k) \cdot g_j(m_j)) - \mu(g_k(m_k)) \cdot \mu(g_j(m_j))).
\tag{3.35}
$$

Darin sind die Funktionen $g_j(\cdot) \, j = l+1, \ldots, n$ die Teilfunktionen von $h_2(\cdot)$. Ist die Voraussetzung der Separierbarkeit nicht gegeben, dann ist auch in diesem Fall eine Aufspaltung grundsätzlich nicht möglich. Hinsichtlich der Aufspaltung nach (3.34) und (3.35) ist noch zu bemerken, daß für die Erwartungswerte die Summe der Teilabweichungen gleich der Gesamtabweichung ist. Bei der Varianz treten aber auf Grund der Korrelationen der verschiedenen Zufallsvariablen miteinander Interpretationsschwierigkeiten auf. Es ist hier im allgemeinen nicht mehr möglich, die Einflüsse der verschiedenen Einzelabweichungen zu trennen.

3.3 Die Ermittlung einer Abweichungsinformation bei einem spezifischen Struktur-merkmal

3.3.1 Problemstellung und Grundlagen

Die Zentrale einer dezentral organisierten Unternehmung steuert mit Hilfe eines Planungs- und Kontrollprozesses das Finanzbudget. Im vergangenen Jahr seien für die Divisions A, B, C, D, E und innerhalb dieser für die einzelnen Abteilungen die in der Tabelle 2 angegebenen Planwerte festgelegt und Istwerte ermittelt worden.

		Planwerte	Istwerte
Division A		120	180
Abteilung	A1	72	108
	A2	48	72
Division B		240	324
Abteilung	B1	84	108
	B2	48	72
	B3	60	72
	B4	48	72
Division C		420	504
Abteilung	C1	120	144
	C2	84	72
	C3	48	72
	C4	72	108
	C5	96	108
Division D		180	180
Abteilung	D1	72	72
	D2	60	36
	D3	48	72
Division E		240	252
Abteilung	E1	120	108
	E2	72	72
	E3	48	72
		1200	1440

Tab. 2: Planwerte und Istwerte der Finanzbudgets von Divisions und Abteilungen
in Millionen DM

Betrachtet man die Plan- und Istwerte in der Tabelle 2, so kann man als eine Abweichungsinformation feststellen, daß das Gesamtbudget um 20% überschritten wurde, wobei die Einzelbudgets unterschiedliche Abweichungen aufweisen. Die Zentrale möchte nun an Hand einer einzelnen Größe möglichst unmittelbar und anschaulich beurteilen können, in welchem Ausmaß die realisierte Budgetstruktur von der geplanten Budgetstruktur abweicht.

Zur Lösung dieses Problems hat *Theil* [1969, S. 32] vorgeschlagen, die Budgetstruktur durch einen Anteilsvektor zu beschreiben. Beim vorliegenden Beispiel ist der Plan-Anteilsvektor für die Divisions, welcher die Plan-Budgetstruktur beschreibt:

58

$$p_{av} = \frac{120}{1200}; \frac{240}{1200}; \frac{420}{1200}; \frac{180}{1200}; \frac{240}{1200} = (0,1; 0,2; 0,35; 0,15; 0,2).$$

Der realisierte Ist-Anteilsvektor ist entsprechend:

$$i_{av} = \frac{180}{1440}; \frac{324}{1440}; \frac{504}{1440}; \frac{180}{1440}; \frac{252}{1440} = (0,125; 0,225; 0,35; 0,125; 0,175).$$

Die Summe der Elemente der Anteilsvektoren muß immer gleich eins sein. Die einzelnen Elemente können als Wahrscheinlichkeiten interpretiert werden. So würde etwa das erste Element im Vektor p_{av} besagen: Eine beliebige, von der Unternehmung im Planjahr auszugebende DM soll mit der Wahrscheinlichkeit 0,1 von der Division A ausgegeben werden.

Theil [1969, 27–37] schlägt nun in seiner Arbeit vor, als Abweichungsinformation für das Strukturmerkmal „Anteilsvektor" einen Informationsgehalt im Sinne der Informationstheorie zu berechnen. Einen Vorschlag von *Shannon* [1948, 379–423, 623–656] folgend, wird in der Informationstheorie der Gehalt einer Information durch die Größe

$$h\,(p) = -\log p = \log\frac{1}{p} \qquad\qquad (3.36)$$

gemessen. Darin ist p die a-priori-Wahrscheinlichkeit eines Entscheidungsträgers dafür, daß ein bestimmtes Ereignis eintreten wird. Liegt diese Wahrscheinlichkeit nahe bei Null und wird der Entscheidungsträger darüber informiert, daß das Ergebnis eingetreten ist, so hat er eine Information mit hohem Gehalt erhalten. Ist dagegen die a-priori-Wahrscheinlichkeit des Entscheidungsträgers für das Eintreten des Ereignisses groß, also nahe bei 1, dann ist für ihn die Information darüber, daß das Ereignis eingetreten ist, nur von geringem Gehalt. Wie die Abb. 8 zeigt, verläuft die Funktion des Informationsgehaltes von ∞ bis 0,

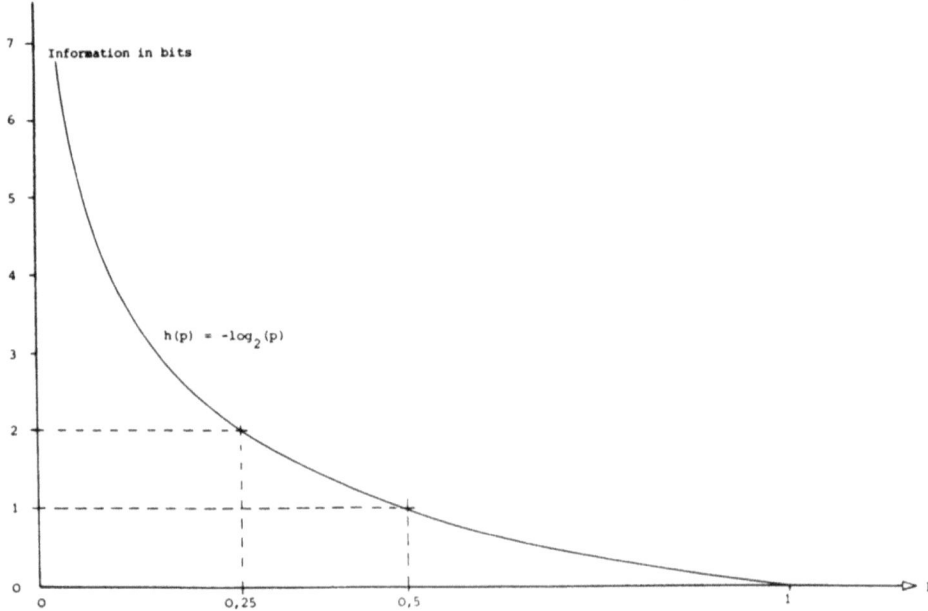

Abb. 8: Funktion des Informationsgehaltes

wenn die Wahrscheinlichkeit p von 0 bis 1 steigt. Auf der Ordinate ist in der Abb. 8 die Information in bits (binary digits) angegeben. Ein bit ist die Einheit des Informationsgehaltes, wenn man in (3.36) den Logarithmus zur Basis 2 berechnet. Berechnet man den natürlichen Logarithmus, also zur Basis e, so bezeichnet man die Einheit des Informationsgehaltes als nit [*Theil*, 1972, S. 2]. Bei der Verwendung des Logarithmus zur Basis 2 ergibt sich für eine a-priori Wahrscheinlichkeit von $p = 0,5$ ein Informationsgehalt von

$$h\,(0,5) = \log_2(0,5) = -(-1) = 1 \text{ bit.}$$

Erhält der Entscheidungsträger die Information, daß das in Frage stehende Ereignis nicht eingetreten ist, und hat er den Eintritt des Ereignisses mit der a-priori-Wahrscheinlichkeit p erwartet, dann hat diese Information für ihn den Gehalt:

$$h\,(1-p) = \log\frac{1}{1-p}.$$

Die beiden unterschiedlichen Informationen haben in der Regel einen unterschiedlichen Gehalt und sind nur für $p = 0,5$ gleichwertig. Vor dem Eintritt oder Nichteintritt des Ereignisses hat der Entscheidungsträger einen Erwartungswert des Informationsgehaltes von:

$$H = p \cdot h\,(p) + (1-p) \cdot h\,(1-p)$$

$$= p \cdot \log\frac{1}{p} + (1-p) \cdot \log\frac{1}{1-p}. \tag{3.37}$$

Die Größe H wird auch als die Entropie der Wahrscheinlichkeitsverteilung für das in Frage stehende Ereignis bezeichnet.

Erhält der Entscheidungsträger vor Eintritt oder Nichteintritt des Ereignisses eine Information der Art, daß sich seine a-priori-Wahrscheinlichkeit von p in eine a-posteriori-Wahrscheinlichkeit von q verändert, so läßt sich der Gehalt der erhaltenen Information in bezug auf den Eintritt des Ereignisses berechnen als:

$$I\,(p, q) = h\,(p) - h\,(q) = -\log p + \log q = \log\frac{q}{p}. \tag{3.38}$$

Bezüglich des Nichteintrittes gilt entsprechend:

$$I\,((1-p), (1-q)) = h\,(1-p) - h\,(1-q) = \log\frac{1-q}{1-p}. \tag{3.39}$$

Und für den Erwartungswert der Veränderung des Informationsgehaltes erhält man:

$$H\,(p, q) = q \cdot \log\frac{q}{p} + (1-q) \cdot \log\frac{1-q}{1-p}. \tag{3.40}$$

Sind allgemein n verschiedene, sich gegenseitig ausschließende Ereignisse mit den a-priori-Wahrscheinlichkeiten p_j ($j = 1, \ldots, n$) möglich, so wird (3.37) zu

$$H = -\sum_{j=1}^{n} p_j \cdot \log p_j \tag{3.41}$$

und (3.40) zu:

$$H\,(p, q) = \sum_{j=1}^{n} q_j \cdot \log\frac{q_j}{p_j}, \tag{3.42}$$

wobei $p = (p_1, p_2, \ldots, p_n)$ die a-priori-Wahrscheinlichkeiten des Entscheidungsträgers und $q = (q_1, q_2, \ldots, q_n)$ die a-posteriori-Wahrscheinlichkeiten des Entscheidungsträgers sind.

3.3.2 Der Erwartungswert des Informationsgehaltes als Abweichungsinformation

Wie *Theil* [1969, S. 31] feststellt, ist das informationstheoretische Konzept zur Berechnung von Entropie und Informationsgehalt allgemein anwendbar, wenn die Aufteilung einer Gesamtheit in Anteile betrachtet wird (,, . . . a general theory of measurement for decompositions of totals into parts" [*Theil*, 1969, S. 31]). Die Interpretation von p_j und q_j als Wahrscheinlichkeiten ist nicht wesentlich. Man kann deshalb das Konzept auch zur Lösung des hier vorliegenden Problems der Berechnung einer Abweichung für das Strukturmerkmal ,,Anteilsvektor" verwenden. Die Plan-Anteile $^p av$ entsprechen dann den a-priori-Wahrscheinlichkeiten und die Ist-Anteile $^i av$ den a-posteriori-Wahrscheinlichkeiten. Die Abweichung der Ist-Ausgabestruktur von der Plan-Ausgabestruktur der Divisions kann dann an Hand der folgenden Größe beurteilt werden:

$$AD = \sum_{j=1}^{n} {}^i av_j \cdot \log_2 \frac{{}^i av_j}{{}^p av_j}. \tag{3.43}$$

Im obigen Zahlenbeispiel ergibt sich:

$$AD = 0{,}125 \cdot \log_2 \frac{0{,}125}{0{,}1} + 0{,}225 \cdot \log_2 \frac{0{,}225}{0{,}2} + 0{,}35 \cdot \log_2 \frac{0{,}35}{0{,}35}$$

$$+ 0{,}125 \log_2 \frac{0{,}125}{0{,}15} + 0{,}175 \cdot \log_2 \frac{0{,}175}{0{,}2}$$

$$= 0{,}125 \cdot 0{,}3 + 0{,}225 \cdot 0{,}17 + 0{,}35 \cdot 0$$

$$+ 0{,}125 \cdot (-0{,}26) + 0{,}175 \cdot (-0{,}19)$$

$$= \underline{\underline{0{,}012 \text{ bit}}} \ .$$

Die Abweichungsgröße AD entspricht dem Informationswert (3.42). Während die einzelnen Summanden positiv oder negativ sein können, muß AD immer positiv sein und wird genau dann gleich null, wenn die Plan-Ausgabestruktur mit der Ist-Ausgabestruktur übereinstimmt.

Die einzelnen Summanden von AD geben an, in welchem Ausmaß die verschiedenen Divisions zur Strukturabweichung beitragen. Der Wert von

$${}^i av_j \cdot \log_2 \frac{{}^i av_j}{{}^p av_j}; \quad j = 1, \ldots, n \tag{3.44}$$

ist positiv, wenn der Quotient ${}^i av_j / {}^p av_j$ größer als eins ist.

Für die Division j ist dann der realisierte Anteil am Gesamtbudget größer als der geplante Anteil. Das bedeutet, daß das Planbudget der Division j in stärkerem (geringerem) Ausmaß überschritten (unterschritten) wurde als das Gesamtbudget. Ist der Quotient kleiner als eins, so ist der Ausdruck (3.44) negativ und der Ist-Anteil der betroffenen Division am Gesamtbudget ist kleiner als der Plan-Anteil. Entsprechend hat die Division j ihr Planbudget in stärkerem (geringerem) Ausmaß unterschritten (überschritten) als das Gesamt-Planbudget unterschritten (überschritten) wurde. Da der Logarithmus des Quotienten jeweils mit dem Ist-Anteil ^iav_j gewichtet wird, werden relativ große Divisions bei der Gesamtabweichung AD stärker berücksichtigt als kleine, was ebenfalls sinnvoll erscheint.

So wie mit AD eine Abweichung für die Budgetstruktur der Divisions berechnet wurde, kann man für jede Division in bezug auf ihre Abteilungen und für die Gesamtunternehmung in bezug auf ihre Abteilungen eine Abweichung berechnen. Es seien da_j ($j = 1, \ldots, n$) die Vektoren für die Anteile der Budgets der Abteilungen der Division j am Gesamtbudget dieser Division. Für die Plan- und Ist-Vektoren im obigen Beispiel gilt:

$$^pda_1 = (0,6; 0,4) \qquad\qquad {}^ida_1 = (0,6; 0,4)$$

$$^pda_2 = (0,35; 0,2; 0,25; 0,2) \qquad {}^ida_2 = (0,33; 0,22; 0,22; 0,22)$$

$$^pda_3 = (0,286; 0,2; 0,114; 0,17; 0,23) \quad {}^ida_3 = (0,286; 0,143; 0,214; 0,214)$$

$$^pda_4 = (0,4; 0,33; 0,26) \qquad\qquad {}^ida_4 = (0,4; 0,2; 0,4)$$

$$^pda_5 = (0,5; 0,2; 0,3) \qquad\qquad {}^ida_5 = (0,428; 0,286; 0,286)$$

Ferner sei ab der Vektor der Budgetanteile der Abteilungen am Gesamtbudget der Unternehmung. Im obigen Beispiel ist:

$$^pab = (0,06; 0,04; 0,07; 0,04; 0,05; 0,04; 0,1; 0,07; 0,04; 0,06; 0,08; 0,06;$$
$$0,05; 0,04; 0,1; 0,06; 0,04)$$

$$^iab = (0,075; 0,05; 0,075; 0,05; 0,05; 0,05; 0,1; 0,05; 0,05; 0,075; 0,075;$$
$$0,05; 0,025; 0,05; 0,075; 0,05; 0,05).$$

Analog zur Berechnung von AD kann man nun mit der Formel für den Erwartungswert des Informationswertes nach (3.42) fünf Abweichungen DA_j ($j = 1, \ldots, 5$) für die Budgetstrukturen der 5 Divisions und eine Abweichung AB für die Abteilungs-Budgetstruktur der gesamten Unternehmung berechnen. Bei dem vorliegenden Beispiel erhält man:

$$DA_1 = \sum_{k=1}^{2} {}^ida_{1k} \cdot \log_2 \frac{{}^ida_{1k}}{{}^pda_{1k}}$$

$$= 0,6 \cdot \log_2 \frac{0,6}{0,6} + 0,4 \cdot \log_2 \frac{0,4}{0,4} = \underline{0 \text{ bit}}$$

$$DA_2 = \sum_{k=1}^{4} {}^{i}da_{2k} \cdot \log_2 \frac{{}^{i}da_{2k}}{{}^{p}da_{2k}}$$

$$= 0,3\dot{3} \cdot \log_2 \frac{0,3\dot{3}}{0,35} + 0,2\dot{2} \cdot \log_2 \frac{0,2\dot{2}}{0,2} + 0,22 \cdot \log_2 \frac{0,2\dot{2}}{0,25}$$

$$= + 0,2\dot{2} \cdot \log_2 \frac{0,2\dot{2}}{0,2} = \underline{\underline{0,006 \text{ bit}}}$$

$$DA_3 = \sum_{k=1}^{5} {}^{i}da_{3k} \cdot \log_2 \frac{{}^{i}da_{3k}}{{}^{p}da_{3k}}$$

$$= 0,286 \cdot \log_2 \frac{0,286}{0,286} + 0,143 \cdot \log_2 \frac{0,143}{0,2} + 0,143 \cdot \log_2 \frac{0,143}{0,114}$$

$$+ 0,214 \cdot \log_2 \frac{0,214}{0,17} + 0,214 \cdot \log_2 \frac{0,214}{0,23} = \underline{\underline{0,026 \text{ bit}}}$$

$$DA_4 = \sum_{k=1}^{3} {}^{i}da_{4k} \cdot \log_2 \frac{{}^{i}da_{4k}}{{}^{p}da_{4k}}$$

$$= 0,4 \cdot \log_2 \frac{0,4}{0,4} + 0,2 \cdot \log_2 \frac{0,2}{0,3\dot{3}} + 0,4 \cdot \log_2 \frac{0,4}{0,26} = \underline{\underline{0,087 \text{ bit}}}$$

$$DA_5 = \sum_{k=1}^{3} {}^{i}da_{5k} \cdot \log_2 \frac{{}^{i}da_{5k}}{{}^{p}da_{5k}}$$

$$= 0,428 \cdot \log_2 \frac{0,428}{0,5} + 0,286 \cdot \log_2 \frac{0,286}{0,2} + 0,286 \cdot \log_2 \frac{0,286}{0,3}$$

$$= \underline{\underline{0,032 \text{ bit}}} \; .$$

Schließlich ergibt sich für die Abweichung der Struktur der Abteilungsbudgets der Gesamtunternehmung:

$$AB = \sum_{k=1}^{17} {}^{i}ab_k \cdot \log_2 \frac{{}^{i}ab_k}{{}^{p}ab_k} = \underline{\underline{0,039 \text{ bit}}} \; .$$

Die Überlegungen, die bei der Struktur der Division-Budgets bezüglich der Gesamtunternehmung weiter oben angestellt wurden, gelten hier jeweils analog. Es ist auch unmittelbar einleuchtend, daß diese Vorgehensweise fortgesetzt werden kann, wenn die Abteilungen ihrerseits Budgets für Unterabteilungen erstellen usw.

Interessant ist, daß zwischen den Größen AD, DA_j $(j = 1, \ldots, n)$ und AB folgende Beziehung gilt:

$$AB = AD + \sum_{j=1}^{m} {}^i av_j \cdot DA_j. \tag{3.45}$$

Die Ableitung dieser Beziehung ergibt sich unmittelbar aus der Definition des Erwartungswertes des Informationswertes nach (3.42). Da sowohl die Anteile ${}^i av_j$ $(j = 1, \ldots, n)$ als auch die Abweichungen DA_j $(j = 1, \ldots, n)$ nicht negative Größen sind, ist AB grundsätzlich größer als AD. Gleich groß sind die beiden Abweichungen nur genau dann, wenn die DA_j $(j = 1, \ldots, n)$ alle null sind. Das ist nur der Fall, wenn in allen Divisions die geplante Abteilungs-Budgetstruktur realisiert wird, wobei die Budgets selbst größer, gleich oder kleiner als geplant sein können.

3.3.3 Diskussion des Ansatzes

Das von Theil vorgeschlagene Konzept zur Berechnung einer Abweichung der Budgetstruktur ist nicht auf diesen zur Darstellung als Beispiel herangezogenen Fall beschränkt. Es ist vielmehr allgemein anwendbar, wenn eine Gesamtgröße in nicht-negative Anteilsgrößen zerlegt (strukturiert) wird. So könnte man etwa den Umsatz nach Produkten gliedern, die Kosten nach Kostenarten usw. Es ist auch unmittelbar einsichtig, daß eine Abweichungsinformation in Form einer einzelnen Zahl praktikabler ist, als etwa die oben angegebenen Plan- und Ist-Struktur-Vektoren ${}^p ab$ und ${}^i ab$ mit jeweils 17 Komponenten. Es stellt sich jedoch die Frage, wieviel Information bei der Konzentration der allgemein $2m$ Werte auf einen einzelnen Abweichungswert verloren geht, und ob dieser Verlust vertretbar ist.

Diese Frage kann nicht allgemeingültig beantwortet werden. Im folgenden sollen jedoch einige Vor- und Nachteile der von Theil vorgeschlagenen Abweichungsgröße aufgezeigt und diskutiert werden.

Vorteilhaft an der von Theil vorgeschlagenen Abweichungsgröße ist, daß sie dann und nur dann den Wert null annimmt, wenn die Planstruktur genau mit der Iststruktur übereinstimmt. Das liegt an der Logarithmusfunktion, durch die große Abweichungen weniger stark gewichtet werden als kleine Abweichungen. Ferner werden durch die Gewichtung mit dem Istanteil negative Abweichungen weniger stark berücksichtigt als positive Abweichungen [vgl. *Coenenberg*, 1976, S. 212]. Würde man an Stelle der von Theil vorgeschlagenen Abweichungsgröße die Summe der relativen Anteilsabweichungen verwenden, so wäre diese Eigenschaft nicht gegeben.

Vorteilhaft ist nach der Ansicht von Theil, daß große Ist-Anteile in der vorgeschlagenen Abweichungsgröße stärker berücksichtigt werden als kleine. Eine unmittelbare Folge davon ist, daß eine starke Struktur in dem Sinne, daß die Gesamtheit in mehr Anteile zerlegt wird, einen grundsätzlich höheren Abweichungswert ergibt. Dieser Sachverhalt wurde im obigen Beispiel beim Übergang von der Divisions-Struktur zur Abteilungsstruktur deutlich. Er findet seinen mathematischen Ausdruck in der Beziehung (3.45).

Ein Nachteil dieser Abweichungsgröße ist es, daß eine Über- oder Unterschreitung der Gesamtgröße (z.B. des Gesamtbudgets) durch die Abweichungsgröße nicht angezeigt wird. Sie macht nur über die Abweichung der Struktur eine Aussage. Um eine Über- oder Unterschreitung zu erkennen, muß für die Gesamtgröße eine zusätzliche Abweichung ermittelt werden. *Theil* [1969, S. 33] vertritt die Meinung, daß etwa bei der Budgetplanung und Kontrolle die Abweichung der Gesamtgröße von der jeweils übergeordneten Stelle zu verantworten sei, während die Strukturabweichung von den nachgeordneten Stellen verantwortet werden muß. Dies ist problematisch. Dennoch ist dieser Nachteil m.E. nicht schwerwiegend.

Insgesamt ist festzustellen, daß der Erwartungswert des Informationsgehaltes ein recht gutes Struktur-Abweichungsmaß darstellt. Zur endgültigen Beurteilung dieser Größe müßte man wissen, inwieweit sie ein Indikator für den Auswertungsertrag ist. Die beiden oben genannten Variablen lassen einen solchen Zusammenhang vermuten. Um ihn quantifizieren zu können, braucht man eine statistische Beobachtungsreihe von Abweichungsgröße und Auswertungsertrag, die nur schwer zu ermitteln sein wird.

3.4 Die Bewertung der Gewinnung von Abweichungsinformationen

3.4.1 Problemstellung und Grundlagen

Zur Beantwortung der Frage, ob und wenn ja, welche Abweichungsinformationen beschafft werden sollen, ist es notwendig, die zu beschaffenden Informationen zu bewerten. Wie oben bereits erwähnt, wird dieser Wert im wesentlichen durch den Erfolg der Abweichungsanalyse bestimmt. Die Schätzung dieses Erfolges noch vor der Ermittlung der Abweichungsinformation ist außerordentlich problematisch. Wie immer dann, wenn Informationen bewertet werden sollen, hat man es auch hier mit dem Problem zu tun, daß der Wert der Information eigentlich erst angeben werden kann, wenn man die Information kennt. Hat man wenigstens Wahrscheinlichkeitsvorstellungen über das mögliche Ergebnis der Informationsermittlung, dann kann man mit Hilfe des Bayes'schen Theorems den Informationswert abschätzen.

Laux [1974a, 433ff.] hat das Konzept der Informationsbewertung mit dem Bayes'schen Theorem auf das Problem der Beschaffung von Abweichungsinformationen angewandt. Er geht dabei von einem Planungs- und Kontrollprozeß aus, welcher der Erstellung eines Planes dient. Als konkretes Beispiel wählt er den Fall, in dem der Eigentümer einer Unternehmung seine Zielvorstellungen und Erwartungen der Geschäftsleitung vorgibt und die Pläne (Laux spricht von Strategien und Erwartungen) der Geschäftsleitung kontrolliert. Nach der obigen Beschreibung von Planungs- und Kontrollprozessen muß der Eigentümer bei der Kontrolle die Pläne der Geschäftsleitung mit seinen eigenen Planvorstellungen vergleichen. Dabei werden die Pläne bzw. Planvorstellungen des Eigentümers aggregierter sein, als die Pläne der Geschäftsleitung. Es ist deshalb meist nicht möglich, Abweichungen durch Differenzbildung zu ermitteln. Als Abweichungsinformation werden vielmehr Plan-Kenngrößen verwendet, die Laux als Indikatoren bezeichnet. Ein Beispiel für einen solchen Planindikator ist der Jahresgewinn, den die Geschäftsleitung mit ihrem Plan anstrebt.

Mit seinem Modell untersucht Laux die Möglichkeiten zur Ermittlung des Wertes von Abweichungsinformationen in der Gestalt solcher Plan-Indikatoren. Sein Anliegen ist dabei eine sorgfältige Problemanalyse, durch welche die Grundlage für spätere Lösungsansätze geschaffen wird.

3.4.2 Das Modell von Laux

Zur Ermittlung des Informationswertes von Abweichungs-Indikatoren müssen die beiden folgenden Fälle betrachtet werden:

a) Der Plan, den die nachgeordnete Planungsinstanz erstellt hat, wird von der übergeordneten Planungsinstanz in jedem Falle geprüft. Der Erwartungswert des Erfolges dieser Prüfung ist dann gegeben durch

$$\bar{V} := \sum_{k=1}^{\bar{K}} E_k \cdot p_k - A. \tag{3.46}$$

Darin ist

p_k: die a-priori-Wahrscheinlichkeit der übergeordneten Planungsinstanz dafür, daß die nachgeordnete Planungsinstanz den Plan k erstellt bzw. wählt. Die übergeordnete Planungsinstanz hält insgesamt $\bar{K}$ verschiedene Pläne für möglich $(k = 1, \ldots, \bar{K})$.

E_k: der Erwartungswert des Ertrages, der durch die Korrektur entsteht, wenn die übergeordnete Planungsinstanz feststellt, daß die nachgeordnete Planungsinstanz den Plan k gewählt hat und wenn dieser Plan korrigiert wird, d.h. durch einen aus der Sicht der übergeordneten Instanz besseren Plan ersetzt wird.

A: der Erwartungswert des Aufwandes, der zur Feststellung und Korrektur des von der nachgeordneten Planungsinstanz gewählten Planes erforderlich ist. Dieser Aufwand soll von dem gewählten Plan unabhängig sein.

Eine Überprüfung der nachgeordneten Planungsinstanz ist in diesem Fall vorteilhaft, wenn $\bar{V} > 0$ ist.

b) Die übergeordnete Planungsinstanz informiert sich zunächst durch Indikatoren darüber, welchen Plan die nachgeordnete Planungsinstanz erstellt hat. An Hand dieser Indikatoren wird danach darüber entschieden, ob dieser Plan geprüft werden soll oder nicht. Man hat hier also eine sequentielle Entscheidung.

Die übergeordnete Planungsinstanz hält $\bar{I}$ verschiedene Indikatorwerte (Laux spricht von Indikatorausweisen) I_i $(i = 1, \ldots, \bar{I})$ für möglich. Es ist $\bar{I} < \bar{K}$, so daß von einem Indikatorwert nicht eindeutig auf den von der nachgeordneten Planungsinstanz gewählten Plan geschlossen werden kann. Durch den beobachteten Indikatorwert werden aber die a-priori-Wahrscheinlichkeiten p_k, welche die übergeordnete Planungsinstanz dafür besitzt, daß die nachgeordnete den Plan k $(k = 1, \ldots, \bar{K})$ wählt, in a-posteriori-Wahrscheinlichkeiten transformiert. Nach dem Bayes'schen Theorem gilt:

$$p(k \mid I_i) = \frac{p(I_i \mid k) \cdot p_k}{\sum\limits_{k'=1}^{\bar{K}} p(I_i \mid k') \cdot p_{k'}}. \tag{3.47}$$

Darin ist:

$p(k \mid I_i)$: Die Wahrscheinlichkeit der übergeordneten Planungsinstanz dafür, daß die nachgeordnete Planungsinstanz den Plan k gewählt hat, wenn der Indikatorwert I_i beobachtet wurde, also die a-posteriori-Wahrscheinlichkeit.

$p\,(I_i\,|\,k)$: Die Wahrscheinlichkeit, mit der nach dem Urteil der übergeordneten Planungsinstanz der Indikatorwert I_i beobachtet wird, wenn die nachgeordnete Planungsinstanz den Plan k gewählt hat.

p_k: Wie zuvor die a-priori-Wahrscheinlichkeit der übergeordneten Planungsinstanz dafür, daß die nachgeordnete Planungsinstanz den Plan k erstellt hat.

Wird der Indikatorwert I_i beobachtet, so ist der Erwartungswert des Erfolges analog zu (3.46):

$$V_i := \sum_{k=1}^{\bar{K}} E_k \cdot p\,(k\,|\,I_i) - A; \quad i = 1, 2, \ldots, \bar{I}. \tag{3.48}$$

Ist $p\,(I_i)$ nach dem Urteil der übergeordneten Planungsinstanz die Wahrscheinlichkeit dafür, daß der Indikatorwert I_i beobachtet wird, dann erhält man für den Erwartungswert des Erfolges in diesem zweiten Fall insgesamt:

$$V = \sum_{i=1}^{\bar{I}} \max\,(V_i; 0) \cdot p\,(I_i). \tag{3.49}$$

Dabei wird durch die Maximumbildung in der Summe berücksichtigt, daß nur bei einem positiven Erwartungswert des Erfolges eine Prüfung des Planes erfolgt. Durch den Vergleich von V und $\bar{V}$ nach (3.49) bzw. (3.46) kann jetzt der Erwartungswert des Erfolges ermittelt werden, der sich durch die Zwischenstufe der Indikatoren-Beobachtung im Fall b) ergibt. Man erhält für den Informationswert der Abweichungs-Indikatoren:

$$W = V - \max\,(\bar{V}; 0)$$

$$= \sum_{i=1}^{\bar{I}} \max\,(V_i; 0) \cdot p\,(I_i) - \max\,(\bar{V}; 0) \tag{3.50}$$

Die Maximumbildung soll dabei wieder berücksichtigen, daß auch im Fall a), also ohne die Verwendung von Indikatoren, nur dann eine Prüfung durchgeführt wird, wenn der Erwartungswert des Erfolges positiv ist.

Laux diskutiert die Erfolgsfunktionen (3.46) und (3.49) sowie den Informationswert nach (3.50) ausführlich und zeigt, wie die verschiedenen Größen durch eine graphische Darstellung veranschaulicht werden können. Eine seiner Abbildungen ist in Abb. 9 wiedergegeben.

In Abb. 9 werden auf der Ordinate die möglichen bedingten Erwartungswerte des Prüferfolges (V_i) eingetragen. Auf der Abszisse werden die Wahrscheinlichkeiten der entsprechenden Indikatorwerte ($p\,(I_i)$) kumulativ eingezeichnet. Der dadurch entstehende, treppenförmige Linienzug kennzeichnet den Erwartungswert des Prüferfolges. Der Inhalt der über der Abszisse liegenden schraffierten Fläche F_1 entspricht dem Wert V nach (3.49). Die Differenz der Flächen $F_1 - F_2$ entspricht dem Wert $\bar{V}$ nach (3.46).

3.4.3 Diskussion des Modelles

Durch die Konzentration auf das Wesentliche wird bei der obigen Darstellung des Modelles seine Problematik unmittelbar deutlich. Sie liegt in den Größen $k = 1, 2, \ldots, \bar{K}$; $i = 1, 2, \ldots, \bar{I}; p_k; E_k; p\,(I_i\,|\,k)$ und $p\,(I_i)$. Kann man realistischerweise davon ausgehen, daß die übergeordnete Planungsinstanz weiß, wieviele verschiedene Pläne die nachgeord-

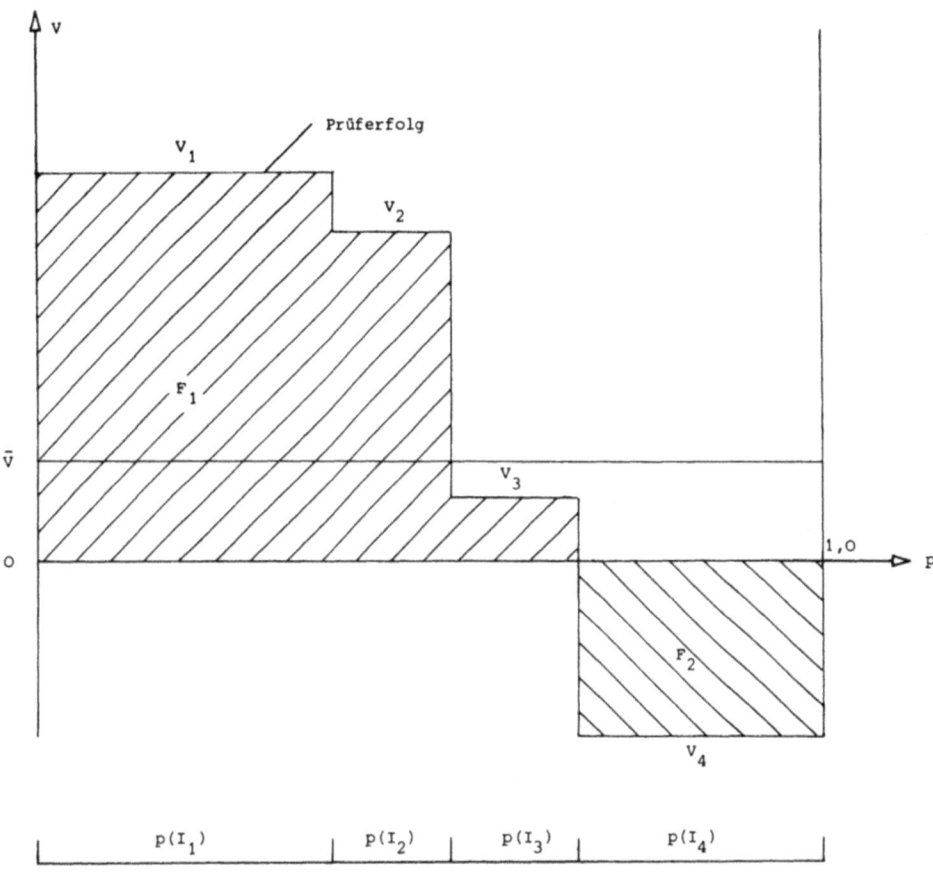

Abb. 9: Der Erwartungswert des Prüferfolges
(Quelle: *Laux* [1974a, S. 442])

nete Planungsinstanz erstellen kann? Daß sie ferner weiß, mit welcher Wahrscheinlichkeit die nachgeordnete Entscheidungsinstanz diese verschiedenen Pläne ermittelt? Mit welchen Wahrscheinlichkeiten die verschiedenen Indikatorwerte zu erwarten sind? Usf.

Vor allem bei dem von Laux gewählten, konkreten Beispiel Eigentümer-Geschäftsleitung sind diese Annahmen sehr problematisch. Wenn der Eigentümer wirklich so viel weiß, müßte er eigentlich in der Lage sein, der Geschäftsleitung schon einen fertigen, ausgearbeiteten Plan vorzulegen, was dann wohl auch insgesamt erfolgsmaximal wäre.

Überträgt man die Überlegungen auf einen Planungs- und Kontrollprozeß, welcher der Steuerung von Handlungen dient, und interpretiert man die Indikatoren als quantitative Plan-Ist-Abweichungswerte sowie die alternativ möglichen Pläne k als Abweichungsursachen, dann erscheint das Modell realistischer. Der Entscheidungsträger muß dann in der Lage sein, aus der Höhe der Abweichung auf die Abweichungsursache zu schließen. Das müßte grundsätzlich möglich sein. Vor allem dann, wenn nur 2 Ursachen wie z.B. kontrollierbare und nicht kontrollierbare Abweichungsursachen unterschieden werden. Er müßte ferner die Wahrscheinlichkeiten schätzen, mit denen er die verschiedenen Abweichungen und die verschiedenen Ursachen erwartet. (Es wird dann allerdings — anders als bei Laux — $\bar{I} > \bar{K}$ gelten). Diese und die weiteren, erforderlichen Annahmen werden auch bei einigen Ansätzen zur Planung der Auswertungsentscheidung gemacht, die im folgenden 4. Kapitel behandelt werden. (Vgl. vor allem die in den Abschnitten 4.2.2.1.2 und 4.2.2.1.3 behandelten Ansätze). Da dort die Daten zur Beantwortung der Frage nach der Auswertung benötigt werden, kann man sie zuvor auch zur Beantwortung der Frage, ob überhaupt Istwerte und Abweichungen ermittelt werden sollen, heranziehen.

Die für die Würdigung des Modelles zentrale Frage ist m.E., ob die Bewertung von Abweichungsinformationen in diesem Stadium eines Planungs- und Kontrollprozesses überhaupt sinnvoll ist. Denn, wie bereits in den Vorbemerkungen zu diesem Kapitel ausgeführt wurde, wird über die zu beschaffenden Ist-Informationen schon in einem früheren Stadium, nämlich bei der Festlegung von Situationsmerkmalen, deren Ausprägungen und der Zeiteinheit — bei der Beschreibung von Situationen entschieden. Bei diesen Festlegungen müssen die in dem soeben behandelten Modell enthaltenen Überlegungen und die aufgezeigten Zusammenhänge berücksichtigt werden. Da diese Festlegungen allerdings dynamischer Natur sind, können sie natürlich auch kurz vor der Istwertermittlung überprüft und korrigiert werden. Schwerpunktmäßig werden sie jedoch immer in der Planungsphase erfolgen müssen.

4. Möglichkeiten zur Ermittlung von Entscheidungsregeln zur Abweichungsauswertung

4.1 Grundlagen und Übersicht

Entscheidungsregeln zur Abweichungsauswertung sind Kriterien für die Auswertung oder Nichtauswertung beobachteter Abweichungen. Als Beispiel sei die Regel genannt, nach der Abweichungen unter 10% grundsätzlich nicht ausgewertet werden und Abweichungen von 10% und mehr auf ihre Ursachen hin untersucht, also ausgewertet werden sollen. Bei einer solchen Regel wird offensichtlich unterstellt, daß relativ kleine Abweichungen in der Regel zufällige Abweichungen sind, die auf vielen unterschiedlichen Ursachen beruhen, von denen keine allein als Abweichungsursache angesehen werden kann. Warum aber gilt diese Vermutung gerade bis zu einer relativen Abweichung von 10%? Und soll sie für positive und für negative Abweichungen gleichermaßen gelten oder soll bei positiven Erlösabweichungen und analog bei negativen Kostenabweichungen grundsätzlich nicht ausgewertet werden?

Bei der Ermittlung von Entscheidungsregeln zur Abweichungsauswertung müssen solche Fragen beantwortet werden. Dies geschieht auf der Grundlage von Informationen über den beobachteten Arbeitsprozeß, der durch den Planungs- und Kontrollprozeß gesteuert werden soll, und es geschieht auf Grund von Vermutungen über die Abweichungsursachen und ihre Folgen. Diese Vermutungen basieren ihrerseits wieder auf Informationen über Prozeßabläufe in der Vergangenheit.

Die Bedeutung der Auswertungsentscheidung ist abhängig von der Betriebsgröße. In einem Kleinbetrieb ist es zum Teil gar nicht erforderlich, Gesamt- und/oder Teilabweichungen systematisch zu erfassen und zu analysieren. Vielmehr können die Abweichungsursachen unmittelbar beobachtet werden; in der Regel ohne besonderen Informationsaufwand. Mit wachsender Betriebsgröße steigt jedoch die Komplexität der Verflechtungen zwischen den verschiedenen Entscheidungseinheiten und es steigt der Aggregationsgrad von Planungs- und Kontrollprozessen, wenn man von nachgeordneten zu übergeordneten Hierarchieebenen übergeht. Je größer aber der Aggregationsgrad eines Planungs- und Kontrollprozesses ist, um so schwieriger ist es, aus einer ermittelten Abweichung unmittelbar die Ursachen zu ersehen, die zu dieser Abweichung geführt haben. Das bedeutet, daß die Analyse solcher Abweichungen notwendig wird, um die Abweichungsursachen zu beseitigen oder um sie wenigstens bei Folgeplanungen berücksichtigen zu können. Ferner steigt mit wachsender Anzahl von Hierarchieebenen die Notwendigkeit, die Abweichungsanalysen auf den verschiedenen Ebenen zu koordinieren, zu systematisieren und organisatorischen Regelungen zu unterwerfen.

Im folgenden sollen die bisher entwickelten Ansätze zur Planung der Auswertungsentscheidung dargestellt und einer kritischen Würdigung unterzogen werden. Es wird dabei entsprechend der in Abb. 10 angegebenen Systematisierung der Verfahren mit relativ einfachen Ansätzen begonnen und zu komplexeren Ansätzen fortgeschritten. Die Systematisierung erfolgt nach den folgenden vier Kriterien:

a) Als oberstes Kriterium wird die Anzahl der simultan berücksichtigten Situationsmerkmale verwendet. Dabei werden allerdings nur zwei Gruppen von Verfahren gebildet. Die eine Gruppe berücksichtigt jeweils nur ein Situationsmerkmal, die andere berücksichtigt mehrere Situationsmerkmale. Für den schwierigeren Fall der Berücksichtigung mehrerer Situationsmerkmale gibt es bisher nur einen Ansatz, der am Ende des Kapitels behandelt wird.

b) Zweites Kriterium ist die Informationsgrundlage für die Auswertungsentscheidung. Dabei werden Modelle, bei denen die Auswertungsentscheidung aufgrund einer einzelnen, isolierten Beobachtung getroffen wird, von solchen unterschieden, bei denen die Entscheidung auf mehrperiodigen Beobachtungen beruht.

c) Drittes Systematisierungskriterium ist die Art der Einbeziehung von Auswertungsertrag und Auswertungsaufwand. Ansätze, bei denen der Auswertungsertrag und der Auswertungsaufwand explizit Berücksichtigung finden, werden von solchen unterschieden, bei denen dies nicht der Fall ist.

d) Schließlich wird bei einigen Modellen, die den Auswertungsaufwand und den Auswertungsertrag explizit berücksichtigen, danach unterschieden, ob diese Größen als deterministische oder als stochastische Variable in das Modell eingehen.

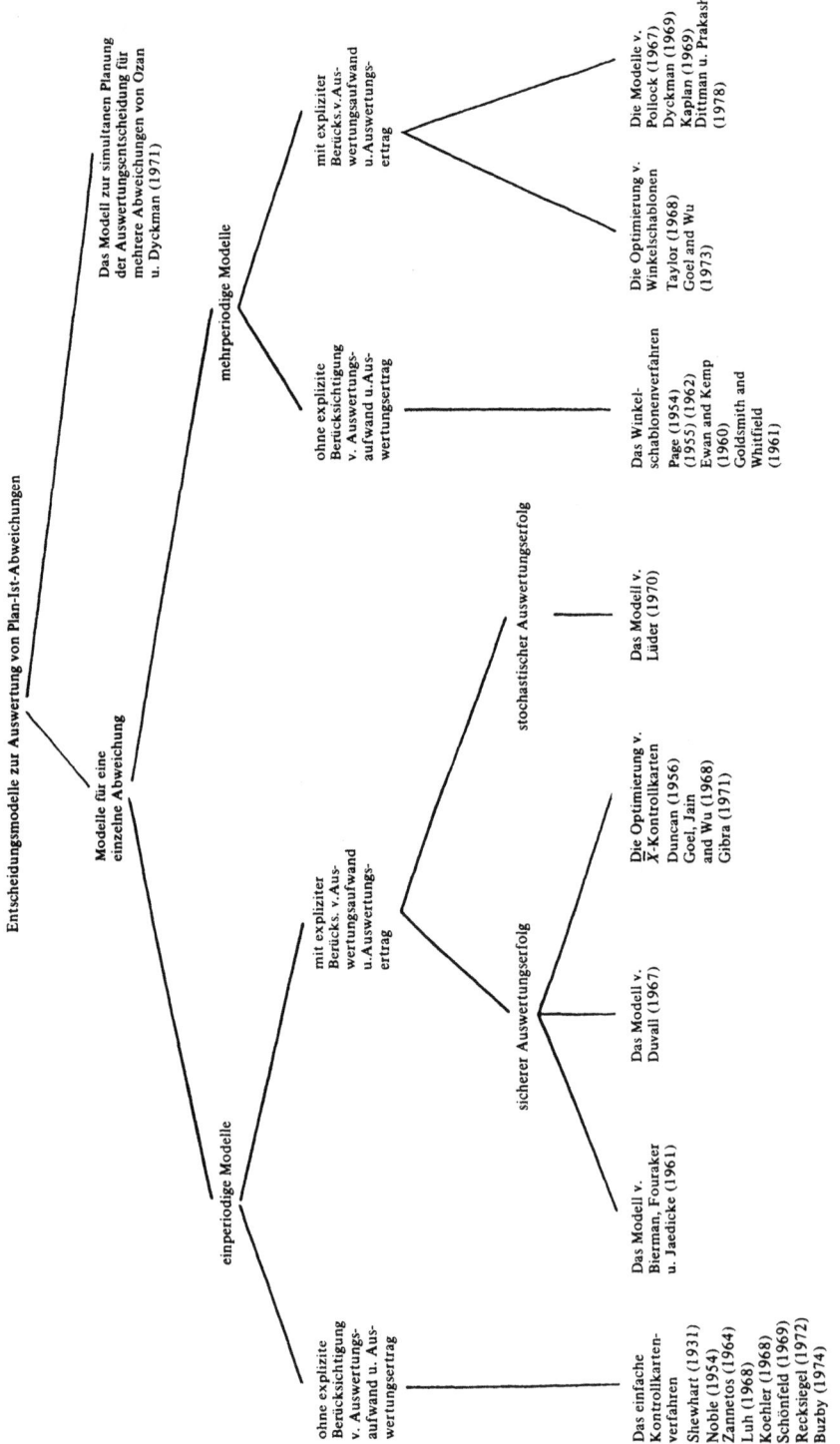

Abb. 10: Systematische Übersicht über die Entscheidungsmodelle zur Auswertung von Plan-Ist-Abweichungen

4.2 Die Planung der Auswertungsentscheidung für ein einzelnes Situationsmerkmal

4.2.1 Einperiodige Modelle

4.2.1.1 Ohne explizite Berücksichtigung von Auswertungsaufwand und Auswertungsertrag

4.2.1.1.1 Das einfache Kontrollkarten-Verfahren

Das Kontrollkarten-Verfahren ist das älteste Verfahren zur Planung der Auswertungsentscheidung. Es wurde von *Noble* [1954] zur Bestimmung von Kostenkontrollgrenzen analog zu den Verfahren entwickelt, die in der statistischen Qualitätskontrolle angewandt werden. Typisch für dieses Verfahren ist, daß man den Planwert eines Situationsmerkmales als Erwartungswert einer Zufallsvariablen interpretiert bzw. man verlangt, daß der Erwartungswert als Planwert vorgegeben wird. Die Realisationswerte können um den Planwert zufällig schwanken. Aus statistischen Aufzeichnungen werden Schätzwerte für den Erwartungswert und die Standardabweichung der Zufallsvariablen berechnet. Unterstellt man z.B., daß die Zufallsvariable normalverteilt ist, dann kann man mit diesen Daten bei einer beobachteten Abweichung die Wahrscheinlichkeit dafür berechnen, daß eine Abweichung dieser Höhe oder eine größere Abweichung auftritt. In Abhängigkeit von dieser Wahrscheinlichkeit entscheidet der Entscheidungsträger über die Auswertung oder Nichtauswertung der Abweichung [siehe z.B. *Trueblood/Cyert*, 138—147; *Gaynor*, 1960, 777—787; *Noble; Recksiegel; Duvall; Murdoch*]. Bei den Verfahren geht man so vor, daß der Entscheidungsträger eine kritische Wahrscheinlichkeit vorgibt. Auf Grund dieser Wahrscheinlichkeit werden dann Grenzwerte (control limits) berechnet. Bleibt eine beobachtete Abweichung innerhalb der Grenzwerte, dann wird sie nicht ausgewertet. Überschreitet eine beobachtete Abweichung die Grenzwerte, dann wird sie ausgewertet. Eine Abwandlung dieser Vorschrift besteht darin, daß die Auswertung einer Abweichung nur dann vorgesehen ist, wenn die festgelegten Grenzwerte zum zweiten Mal, dritten Mal usw. überschritten werden. Ferner können zusätzlich Warngrenzen eingeführt werden, die innerhalb der Kontrollgrenzen liegen [siehe z.B. *Page*, 1962, 171—176]. Das Verfahren geht davon aus, daß relativ kleine Abweichungen vom Plan-Erwartungswert zufällige und daher nicht kontrollierbare Abweichungen sind. Denn eine zufällige Abweichung wird definitionsgemäß durch eine große Anzahl von Ursachen bewirkt, von denen jede einzelne für sich allein genommen ohne wesentlichen Einfluß ist. Eine zufällige Abweichung ist eine unvermeidbare Abweichung, deren Analyse nur Kosten verursachen, aber keine Erträge erbringen würde. Der Zufallscharakter der Abweichungen verlangt auch, daß die Realisationen zu verschiedenen Zeitpunkten voneinander stochastisch unabhängig sind, und daß die Wahrscheinlichkeitsverteilung stabil ist, d.h. einen konstanten Erwartungswert und eine konstante Varianz besitzt. Die Annahme der Normalverteilung erfolgt meist nur, weil keine Anhaltspunkte für das Vorliegen einer anderen Verteilung gegeben sind. Liegt in einem konkreten Fall eine andere Verteilung vor, so müssen deren Parameter bestimmt werden. Im ungünstigsten Fall kann man zur Berechnung der Kontrollgrenzen die Tschebyscheff'sche Ungleichung heranziehen [siehe *Zannetos*].

Die Entscheidung über die untere und obere Kontrollgrenze erfordert das Abwägen zwischen zwei möglichen Fehlern. Der Fehler erster Art besteht darin, daß eine Abweichungsanalyse durchgeführt wird, obwohl die beobachtete Abweichung nur eine zufälli-

ge, also nicht kontrollierbare Abweichung ist. Dieser Fehler wird durch die Irrtumswahr-
scheinlichkeit erster Art (Sicherheitswahrscheinlichkeit) α gekennzeichnet. Der Fehler
zweiter Art (β) besteht darin, daß eine beobachtete Abweichung nicht analysiert wird, obwohl sie durch kontrollierbare Ursachen entstanden ist. Es ist nicht möglich, beide Fehlerwahrscheinlichkeiten gleichzeitig zu minimieren. Bei wachsenden Kontrollgrenzen werden
immer weniger Abweichungen analysiert und die Fehlerwahrscheinlichkeit α dafür, daß
eine Abweichung unnötigerweise analysiert wird, sinkt. Zugleich steigt aber bei wachsenden Kontrollgrenzen die Wahrscheinlichkeit für den Fehler zweiter Art, weil bei steigender
Anzahl nicht analysierter Abweichungen auch die Anzahl der nicht entdeckten, kontrollierbaren Abweichungen zunimmt. Bei der Planung der optimalen Kontrollgrenzen müssen
Aufwand und Ertrag der Auswertung unter Berücksichtigung der Risikoneigung des Entscheidungsträgers gegeneinander abgewogen werden. Bei dem in der Praxis verbreiteten,
einfachen Kontrollkartenverfahren erfolgt jedoch keine Optimierungsrechnung und es
werden weder der Auswertungsaufwand noch der Auswertungsertrag explizit berücksichtigt. Unter intuitivem Abwägen aller Vor- und Nachteile wird die Fehlerwahrscheinlich-
keit gewöhnlich zwischen $0{,}0027 \leqslant \alpha \leqslant 0{,}0455$ festgesetzt. Die Fehlerwahrscheinlichkeit
β wird dann unter der Annahme, daß für die kontrollierbaren Abweichungen keine Wahrscheinlichkeitsverteilung bekannt ist, mit $1 - \alpha$ geschätzt. Geht man davon aus, daß die
zufälligen Abweichungen um den Planwert normalverteilt sind, so ergeben sich bei einem
α von 0,0027 die Kontrollgrenzen durch den $\pm 3\sigma$ Bereich und bei α gleich 0,0455 durch
den $\pm 2\sigma$ Bereich. Besonders einfach ist die Anwendung dieses Verfahrens, wenn der Planwert mit Hilfe einer Regressionanalyse ermittelt worden ist. Denn im Rahmen der Berechnung des Konfidenzintervalles für die Regressionsgerade berechnet man die Standardabweichung und findet damit unmittelbar die Grenzen des Kontrollbereichs. In Tabelle 3

Tag	Zwei-Stunden-Periode				Mittel-werte $\bar{X}$	Schwankungs-breite R
	I	II	III	IV		
1	− 5	5	14	− 14	0	28
2	16	24	12	7	14,7	17
3	− 15	− 2	− 29	− 6	− 13,0	27
4	− 16	− 17	− 4	− 12	− 12,3	13
5	10	13	3	− 4	7,5	10
6	0	− 15	− 6	− 7	− 7,0	15
7	− 10	− 4	− 2	7	− 2,3	17
8	12	11	− 5	− 4	3,5	17
9	4	8	− 19	− 14	− 5,3	27
10	− 1	1	− 7	− 5	− 3,0	8
11	− 4	− 9	8	1	− 1,0	17
12	4	14	8	3	7,3	11
13	− 1	− 6	3	− 2	− 1,5	9
14	1	5	− 6	6	1,5	12
15	0	3	5	− 2	1,5	7
16	− 9	1	− 1	− 2	− 2,7	10
17	2	5	3	− 2	2,0	7
18	6	6	4	− 3	3,3	9
19	7	− 2	10	0	3,7	12
20	10	10	− 7	− 2	2,7	17

Tab. 3: Abweichungen vom Planwert der Produktivität

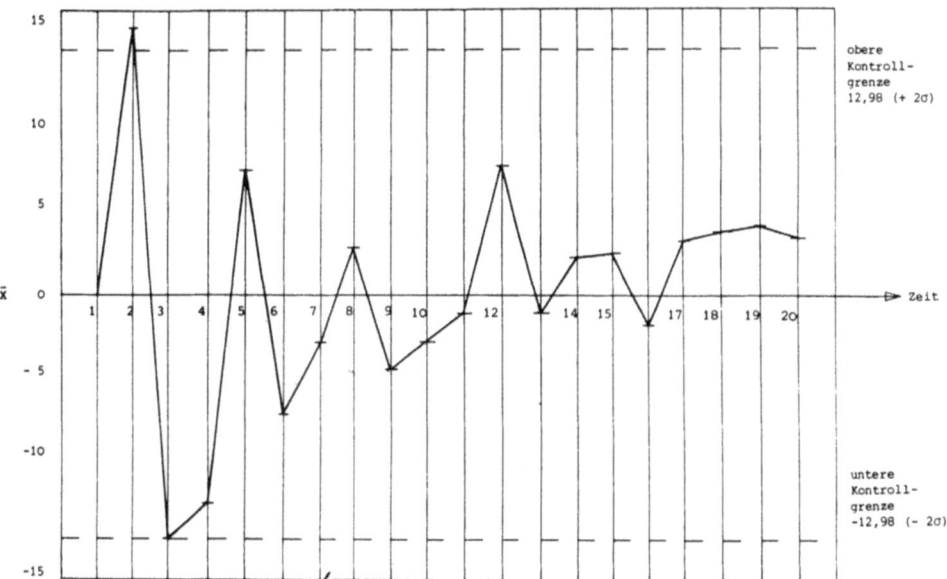

Abb. 11: Kontrollkarte für den Mittelwert der Abweichungen an einem Tag

und Abb. 11 ist ein Beispiel für eine Kontrollkarte angegeben [vgl. *Noble*, S. 445, 447].

An 20 Tagen sind in einer Abteilung, in der Kartonagen hergestellt werden, viermal täglich jeweils nach zwei Stunden die in Tab. 3 angegebenen Abweichungen von der Planstückzahl ermittelt worden.

Die Summe der Mittelwerte $\bar{X}$ in Tabelle 3 ist $-0,4$, was für den Erwartungswert der Abweichungen einen Wert von $-0,4/20 = -0,02$ als Schätzwert ergibt. Daraus kann geschlossen werden, daß der Planwert ziemlich gut dem Erwartungswert der Produktivität entspricht. Als Schätzung für die Standardabweichung erhält man:

$$\sigma = \sqrt{\frac{\sum\limits_{i=1}^{20} (x_i - (-0,02))^2}{20-1}} = 6,49. \tag{4.1}$$

Als Kontrollgrenzen wurden in der Kontrollkarte von Abb. 11 die 2σ-Abweichungen festgelegt. Außerhalb dieser Grenzen liegen nur die Werte des 2. und 3. Tages, wobei der Wert des 3. Tages praktisch auf der Grenze liegt. Da bei ungestörtem Zufallsprozeß und einer Sicherheitswahrscheinlichkeit von ca. 5%, die den 2σ-Grenzen entspricht, im Durchschnitt jede 20. Realisation außerhalb der Kontrollgrenzen zu erwarten ist, wird man aus diesen Istwerten schließen, daß der Produktionsprozeß planmäßig abläuft.

Betrachtet man die Kontrollkarte in Abb. 11, dann fällt auf, daß an den Tagen 2, 3 und 4 besonders extreme Werte gemessen wurden. Waren die Produktionsbedingungen an diesen Tagen ungewöhnlich, dann kann es sinnvoll sein, diese Werte bei der Schätzung von Erwartungswert und Standardabweichung zusammen mit dem Wert des 1. Tages wegzulassen. Man erhält dann als Schätzung für den Erwartungswert 0,6375 und für die Standardabweichung 4,1448, was zu 2σ-Kontrollgrenzen von $\pm$ 8,2896 führt. Dieses von Noble empfohlene Vorgehen ist m.E. problematisch, weil die Schätzung des Erwartungswertes der Abweichungen im zweiten Fall wesentlich stärker von null abweicht, als im ersten. Von den an den Tagen 5 bis 20 realisierten Werten liegt keiner außerhalb der zuletzt berechneten 2σ-Kontrollgrenze.

Neben der in Abb. 11 dargestellten Kontrollkarte wird in der Praxis häufig auch eine Kontrollkarte für die Entwicklung der Schwankungsbreite R geführt. Die an den 20 Tagen realisierten Werte von R sind in der Tabelle 3 angegeben. Als Schätzung für den Erwartungswert von R erhält man 14,5 und als Schätzwert für die Standardabweichung 6,52. Es ist hier nur eine obere Kontrollgrenze sinnvoll, für die man bei einer Sicherheitswahrscheinlichkeit von 0,0455, d.h. bei einer 2σ-Abweichung einen Wert von 27,55 erhält. In Abb. 12 ist die Kontrollkarte für R dargestellt:

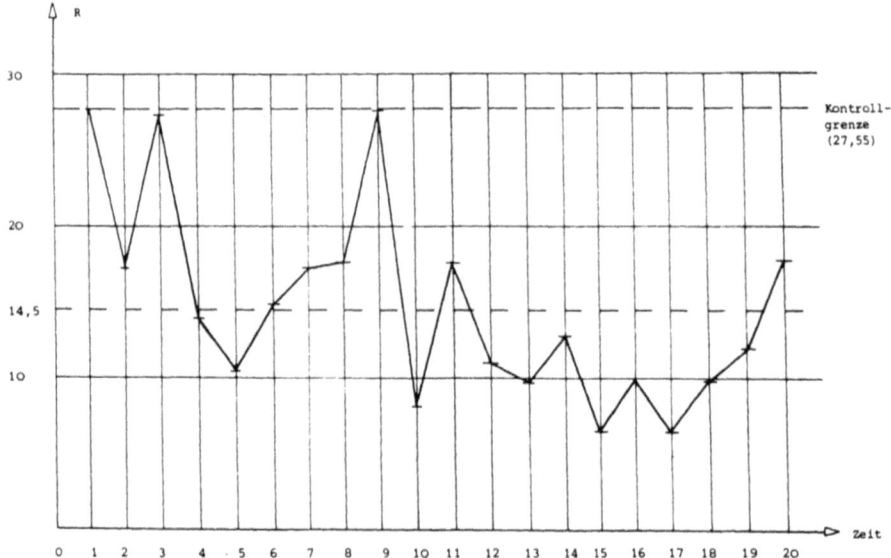

Abb. 12: Kontrollkarte für die Schwankungsbreite R

Die Kontrollkarte für R soll Veränderungen der Standardabweichung der Zufallsvariablen erkennen lassen, während die Kontrollkarte für $\bar{X}$ Veränderungen des Erwartungswertes anzeigen soll. Sind solche Veränderungen festgestellt worden, dann können Gegenmaßnahmen erwogen werden.

4.2.1.1.2 Die Einbeziehung einer Wahrscheinlichkeitsverteilung für kontrollierbare
          Abweichungen

Das einfache Kontrollkartenverfahren berücksichtigt explizit nur die Wahrscheinlichkeitsverteilung für zufällige Abweichungen und testet jede beobachtete Abweichung bei vorgegebener Sicherheitswahrscheinlichkeit darauf, ob sie eine zufällige Abweichung ist, oder nicht. Bei einer detaillierteren Planung wird man auch die Wahrscheinlichkeitsverteilungen der Abweichungen einbeziehen, die sich bei Vorliegen einer systematischen, kontrollierbaren Abweichungsursache ergeben. Solche Wahrscheinlichkeitsverteilungen sind Wahrscheinlichkeitsverteilungen von Teilabweichungen, nämlich der Teilabweichungen, die auf die entsprechende Abweichungsursache zurückzuführen sind. Der Einfachheit halber soll bei den folgenden Überlegungen der Fall betrachtet werden, daß nur eine kontrollierbare Abweichungsursache zu berücksichtigen ist. Eine beobachtete Abweichung A besteht dann aus einem Teil, der nicht kontrollierbar, zufällig ist (AZ) und einem kontrollierbaren Teil (AK).

$$A = AZ + AK \tag{4.2}$$

AZ und AK sollen normalverteilte, stochastisch unabhängige Zufallsvariable sein mit den Erwartungswerten $\mu\,(AZ)$, $\mu\,(AK)$ und den Standardabweichungen $\sigma\,(AZ)$ und $\sigma\,(AK)$. Die Annahme von Normalverteilungen erfolgt hauptsächlich aus mathematischen Gründen. Während sie sich für die Zufallsabweichungen noch empirisch begründen läßt, können für die Annahme hinsichtlich der kontrollierbaren Abweichungen keine empirischen Aussagen gemacht werden. Wenn die tatsächlich vorliegende Wahrscheinlichkeitsverteilung der kontrollierbaren Abweichungen nur geringfügig schief ist, werden die folgenden Ergebnisse weitgehend anwendbar sein. Hat man jedoch eine völlig andere Wahrscheinlichkeitsverteilung vorliegen, dann muß sie an Stelle der Normalverteilung verwendet werden.

Für den Erwartungswert der Gesamtabweichung gilt:

$$\mu\,(A) = \mu\,(AK). \tag{4.3}$$

Dabei wird unterstellt, daß der Erwartungswert der zufälligen Abweichungen null ist, d.h. der Planwert des zu planenden Situationsmerkmals ist gleich dessen Erwartungswert. Hat man in der Vergangenheit m unabhängige Beobachtungswerte für die Gesamtabweichung registriert, dann kann man auf Grund von (4.3) den Erwartungswert der kontrollierbaren Abweichungen wie folgt schätzen:

$$\mu^{*}\,(AK) = \bar{A} = \frac{1}{m} \cdot \sum_{j=1}^{m} A_j . \tag{4.4}$$

Die Varianz der Gesamtabweichung ergibt sich wegen der Annahme stochastischer Unabhängigkeit als die Summe der Einzelvarianzen:

$$\sigma^2\,(A) = \sigma^2\,(AZ) + \sigma^2\,(AK) \tag{4.5}$$

Die Varianz für die Gesamtabweichung kann wieder auf Grund einer Stichprobe vom Umfang m geschätzt werden als:

$$\sigma^{2*}\,(A) = \frac{1}{m-1} \cdot \sum_{j=1}^{m} (A_j - \bar{A})^2 . \tag{4.6}$$

Zur Ermittlung der beiden Varianzen $\sigma^2\,(AZ)$ und $\sigma^2\,(AK)$ muß eine von beiden ebenfalls auf Grund einer Stichprobe geschätzt werden. Das setzt voraus, daß während der Zeit, in der diese Stichprobe gezogen wird, entweder nur zufällige oder nur kontrollierbare Abweichungen auftreten. Es erscheint sinnvoll, davon auszugehen, daß man die Versuchsbedingungen für die Schätzung der Varianz der zufälligen Abweichungen leichter verwirklichen kann. Unter Berücksichtigung der Annahme, daß der Erwartungswert für die zufälligen Abweichungen null ist, berechnet man den Schätzwert bei m Beobachtungen als:

$$\sigma^{2\ *}(AZ) = \frac{1}{m} \cdot \sum_{j=1}^{m} AZ_j^2. \tag{4.7}$$

Es ist in diesem Falle nicht nötig, den Freiheitsgrad und die Quadratsumme zu korrigieren. Sind zwei von den 3 Varianzen geschätzt worden, so kann die dritte, hier die Varianz für die kontrollierbaren Abweichungen nach (4.5) berechnet werden. Da eine beobachtete Gesamtabweichung zum Teil auf zufällige, zum Teil auf kontrollierbare Ursachen zurückzuführen ist, besteht eine Korrelation zwischen der Gesamtabweichung und der kontrollierbaren Abweichung. Für den Korrelationskoeffizienten gilt:

$$r(A, AK) = \frac{\sigma^2(A, AK)}{\sigma(A) \cdot \sigma(AK)} \tag{4.8}$$

und da

$$\begin{aligned} \sigma^2(A, AK) &= \mu((A - \mu(A)) \cdot (AK - \mu(AK))) \\ &= \mu((AZ + AK - \mu(A)) \cdot (AK - \mu(AK))) \\ &= \sigma^2(AK) \end{aligned} \tag{4.9}$$

ist, vereinfacht sich (4.8) zu

$$r(A, AK) = \frac{\sigma(AK)}{\sigma(A)}. \tag{4.10}$$

Der Korrelationskoeffizient gibt also in diesem Falle das Verhältnis der Standardabweichung für die kontrollierbare Abweichung zur Standardabweichung der Gesamtabweichung an. Wie *Duvall* [1967, S. B-636] gezeigt hat, kann man auf Grund dieses Ergebnisses für eine beobachtete Abweichung den Erwartungswert und die Varianz der bedingten kontrollierbaren Abweichungen berechnen. Für den Erwartungswert der kontrollierbaren Abweichung gilt unter der Bedingung, daß eine Gesamtabweichung von A beobachtet wurde:

$$\mu(AK \mid A) = \mu(AK) + r(AK, A) \cdot \sigma(AK) \cdot (A - \mu(A)) \cdot \frac{1}{\sigma(A)}. \tag{4.11}$$

Daraus ergibt sich wegen (4.3) und (4.10):

$$\mu(AK \mid A) = \mu(AK) \cdot (1 - r^2(AK, A)) + r^2(AK, A) \cdot A. \tag{4.12}$$

Man erhält nach (4.12) den bedingten Erwartungswert für die kontrollierbaren Abweichungen als einen Wert, der zwischen $\mu(AK)$ und der beobachteten Abweichung A liegt. Der unbedingte Erwartungswert $\mu(AK)$ wird dabei mit $(1 - r^2(AK, A))$ und die beobachtete Abweichung A mit $r^2(AK, A)$ gewichtet.

Schließlich kann man nach der Formel

$$\sigma(AK \mid A) = \sigma(AK) \cdot \sqrt{1 - r^2(AK, A)} \tag{4.13}$$

auch die Standardabweichung der Wahrscheinlichkeitsverteilung der bedingten, kontrollierbaren Abweichungen berechnen. Da diese Abweichungen bei den hier geltenden Annahmen normalverteilt sind, kennt man mit dem Erwartungswert und der Standardabweichung alle erforderlichen Verteilungsparameter.

Dieses Ergebnis führt unmittelbar zu einem Verfahren für die Planung der Auswertungsentscheidung. Nach einer Schätzung von $\mu(AK)$ entsprechend (4.4) und einer

Schätzung von σ^2 (A) nach (4.6) und σ^2 (AZ) nach (4.7) berechnet man auf Grund von (4.5) eine Schätzung für σ^2 (AK) und mit (4.10) den Korrelationskoeffizienten. Mit der Formel (4.12) kann man dann für eine beobachtete Abweichung der Höhe A den Erwartungswert und mit (4.13) die Standardabweichung der bedingten Wahrscheinlichkeitsverteilung für die kontrollierbaren Abweichungen berechnen. Da diese normalverteilt sind, kann man für die beobachtete Abweichung A berechnen, mit welcher Wahrscheinlichkeit der kontrollierbare Anteil der Abweichung größer oder kleiner ist als eine vorzugebende Schranke. An Hand dieser Wahrscheinlichkeit kann schließlich die Entscheidung für Auswertung oder Nichtauswertung getroffen werden. Der letzte Beobachtungswert kann zur Neuberechnung der Schätzwerte herangezogen werden. Eine Erweiterung dieses Verfahrens auf mehr als eine kontrollierbare Abweichungsursache erscheint nicht praktikabel.

Ein Beispiel soll das Verfahren veranschaulichen: Es sollen die Materialkosten für ein Produkt kontrolliert werden. An 10 Tagen, in denen alle kontrollierbaren Abweichungsursachen so weit wie möglich ausgeschaltet worden sind, wurden durchschnittlich folgende Abweichungen in DM festgestellt:

Tag	Abweichung (Ist-Plan) (DM)	Tag	Abweichung (Ist-Plan) (DM)
1	+ 103	6	− 35
2	− 26	7	− 106
3	− 62	8	− 27
4	+ 11	9	+ 81
5	− 44	10	+ 30

Tab. 4: Zufallsabweichungen

Unter normalen Arbeitsbedingungen sind an 20 Arbeitstagen folgende Abweichungen beobachtet worden:

Tag	Abweichungen (Ist-Plan) (DM)	Tag	Abweichungen (Ist-Plan) (DM)
1	− 7	11	+ 83
2	+ 30	12	+ 160
3	+ 246	13	+ 114
4	+ 112	14	+ 58
5	− 34	15	− 8
6	− 50	16	+ 43
7	+ 60	17	− 21
8	− 23	18	− 62
9	− 11	19	+ 51
10	− 6	20	+ 82

Tab. 5: Abweichungen unter normalen Produktionsbedingungen

Es ist zu entscheiden, ob eine an einem Kontrolltag beobachtete Abweichung in Höhe von 60 DM ausgewertet werden soll oder nicht.

Zur Lösung berechnet man zunächst den Erwartungswert und die Varianz der zufälligen Abweichungen

$$\mu^* (AZ) = \frac{1}{10} \cdot \sum_{j=1}^{10} AZ_j = \frac{1}{10} \cdot 5 = 0,50 \, \text{DM}.$$

Dieser Erwartungswert liegt gemessen am Stichprobenumfang so nahe bei null, daß man davon ausgehen kann, daß der Planwert richtig liegt. Für die Varianz erhält man nach (4.7):

$$\sigma^{2*}(AZ) = \frac{1}{10} \cdot \sum_{j=1}^{10} AZ_j^2 = 3783,70 \text{ DM}^2.$$

Nach (4.3) und (4.4) berechnet man mit den Werten der Tabelle 5 folgende Schätzung für den Erwartungswert der kontrollierbaren Abweichungen:

$$\mu^*(AK) = \frac{1}{20} \sum_{j=1}^{20} A_j = \frac{1}{20} \cdot 817 = 40,85 \text{ DM}.$$

Für die Varianz der Abweichungen A in Tabelle 5 findet man mit (4.6):

$$\sigma^{2*}(A) = \frac{1}{20-1} \sum_{j=1}^{20} (A_j - 40,85)^2 = \frac{1}{19} \cdot 112\,948,55$$

$$= 5944,66 \text{ DM}^2.$$

Die Varianz der kontrollierbaren Abweichungen ist dann mit Hilfe von (4.5) zu bestimmen:

$$\sigma^{2*}(AK) = \sigma^{2*}(A) - \sigma^{2*}(AZ) = 5944,66 - 3783,7$$

$$= 2160,96 \text{ DM}^2.$$

Der Korrelationskoeffizient zwischen der Gesamtabweichung und der kontrollierbaren Abweichung ist nach (4.10):

$$r^*(A, AK) = \frac{\sigma^*(AK)}{\sigma^*(A)} = \frac{\sqrt{2160,96}}{\sqrt{5944,66}} = 0,603.$$

Damit sind nun alle Größen bekannt, um mit den Formeln (4.12) und (4.13) den Erwartungswert und die Standardabweichung der Wahrscheinlichkeitsverteilung der bedingten kontrollierbaren Abweichungen zu berechnen.

$$\mu^*(AK \mid 60) = \mu^*(AK) \cdot (1 - (r^*(AK, A))^2) + (r^*(AK, A))^2 \cdot A$$

$$= 40,85 \cdot (1 - 0,603^2) + 0,603^2 \cdot 60$$

$$= 47,81 \text{ DM}$$

$$\sigma^*(AK \mid 60) = \sigma^*(AK) \cdot \sqrt{1 - (r^*(AK, A))^2}$$

$$= \sqrt{2160,96} \cdot \sqrt{1 - 0,603^2} = 37,08 \text{ DM}.$$

Als Ergebnis erhält man also, daß bei einer beobachteten Abweichung von 60 DM die kontrollierbaren Abweichungen ungefähr N ($\mu = 47,81$; $\sigma = 37,08$) verteilt sind. Sucht man z.B. die Wahrscheinlichkeit dafür, daß die kontrollierbare Abweichung größer als 20 DM ist, so berechnet man

$$t = \frac{20 - 47,81}{37,08} = -0,75$$

und findet aus einer Tabelle der Normalverteilung, daß die Wahrscheinlichkeit den Wert von ca. 77% besitzt.

4.2.1.2 Planung bei expliziter Berücksichtigung von Auswertungsaufwand und Auswertungsertrag

4.2.1.2.1 Sicherer Auswertungsaufwand und Auswertungsertrag

4.2.1.2.1.1 Der Ansatz von Bierman, Fouraker und Jaedicke. Die älteste, beinahe schon als historisch zu bezeichnende Arbeit zum Problem der Planung der Auswertungsentscheidung bei expliziter Berücksichtigung von Auswertungsaufwand und Auswertungsertrag stammt von *Bierman/Fouraker/Jaedicke* [1961, 409–417]. Ihre Untersuchung hat eine Reihe von erweiternden Folgearbeiten angeregt, obwohl – oder vielleicht gerade weil – sie einen schwerwiegenden, konzeptionellen Fehler enthält, auf den *Duvall* [1967, 631–641], *Dyckman* [1969, 215–244] und *Lüder* [1970, 632–649] hingewiesen haben.

Bierman, Fouraker und Jaedicke gehen davon aus, daß eine beobachtete Abweichung kontrollierbare und nicht kontrollierbare Ursachen haben kann. Für die Abweichungen, die nicht kontrollierbar sind, wird angenommen, daß sie normalverteilt sind, und daß der Planwert für das betroffene Situationsmerkmal dem Erwartungswert entspricht. Ferner soll der Entscheidungsträger subjektiv einen symmetrischen Bereich um den Erwartungswert schätzen, von dem er annimmt, daß 50% aller zufälligen Abweichungen in diesem Bereich liegen. Da dieser Bereich bei der Normalverteilung etwa 4/3 der Standardabweichung ausmacht, kann man daraus eine Schätzung für die Standardabweichung berechnen. Mit den Schätzungen für den Erwartungswert und die Standardabweichung der Normalverteilung der zufälligen Abweichungen kann nun für eine beobachtete Abweichung die Wahrscheinlichkeit dafür berechnet werden, daß diese Abweichung aus der geschätzten Verteilung gezogen wurde und daher auf zufällige, nicht kontrollierbare Ursachen zurückzuführen ist.

Dem Entscheidungsträger stehen nur zwei mögliche Aktionen (Auswertungsverfahren) zur Verfügung: auswerten, nicht auswerten. Tabelle 6 zeigt die Entscheidungssituation in Form einer Matrix:

		Umweltzustände	
		die beobachtete Abweichung hat kontrollierbare Ursachen $(1-p)$	die beobachtete Abweichung hat nicht kontrollierbare Ursachen (p)
Aktionen	auswerten (a_1)	$Ae - Aa$	$- Aa$
	nicht auswerten (a_2)	0	0

Tab. 6: Entscheidungsmatrix

In der Tabelle 6 ist Ae der Auswertungsertrag, der sich ergibt, wenn die beobachtete Abweichung analysiert wird. Er wird als bekannt vorausgesetzt. Dabei wird unterstellt, daß eine Auswertung mit Sicherheit die tatsächlichen Abweichungsursachen ergibt, und daß dann eine sofortige, vollständige Korrektur möglich ist. Aa ist der Aufwand der Auswertung, der ebenfalls als bekannt vorausgesetzt wird. Es muß $Ae > Aa$ sein, da sonst eine Analyse nie vorteilhaft sein könnte. Bierman, Fouraker und Jaedicke sind der Ansicht, daß der Wert von Aa relativ leicht zu ermitteln ist. Dagegen wird der Auswertungsertrag nur schwer zu schätzen sein. Er besteht im wesentlichen in vermeidbaren Verlusten, die eingetreten wären, wenn die kontrollierbare Abweichungsursache nicht ermittelt worden und nicht beseitigt worden wäre. Die Ermittlung dieser Ersparnisse in der Zukunft dürfte insbesondere dann schwierig sein, wenn nicht bekannt ist, wann die kontrollierbare Abweichungsursache entweder von selbst wieder verschwindet oder entdeckt und beseitigt wird. Denn es ist keineswegs sicher, daß beim nächsten Kontrollzeitpunkt die Ursache entdeckt wird. Das wäre nur dann der Fall, wenn in diesem Zeitpunkt eine Analyse durchgeführt würde, was wiederum von der Höhe der dann beobachteten Abweichung abhängt. Bei der Ermittlung von Ae muß also versucht werden, zu schätzen wie lange eine kontrollierbare Abweichung durchschnittlich unentdeckt bleibt.

Besitzt der Entscheidungsträger eine Risikonutzenfunktion $u(x)$, dann ist sein Risikopräferenzwert für die Handlungsalternative „Auswerten" gegeben durch:

$$a_1: \mu(u(Ae, Aa)) = u(Ae - Aa) \cdot (1 - p) + u(-Aa) \cdot p. \qquad (4.14)$$

Da jede Risikonutzenfunktion nur bis auf eine positive, lineare Transformation bestimmt ist, kann sie so verschoben werden, daß $u(0) = 0$ ist. Dann ist auch bei a_2 $\mu(u(0,0)) = 0$. Eine Abweichung ist unter diesen Bedingungen auszuwerten, wenn der Erwartungswert des Risikonutzens der Auswertung größer ist als Null.

$$u(Ae - Aa) \cdot (1 - p) + u(-Aa) \cdot p > 0. \qquad (4.15)$$

Bierman, Fouraker und Jaedicke nehmen risikoneutrale Risikopräferenz an. Dies führt unmittelbar zu dem Ergebnis, daß eine Abweichung auszuwerten ist, wenn:

$$(Ae - Aa) \cdot (1 - p) + (-Aa) \cdot p > 0 \qquad (4.16)$$

oder

$$\frac{Ae - Aa}{Aa} > \frac{p}{1 - p}: \qquad Aa > 0; \; 0 \leqslant p < 1;$$

oder

$$Ae(1 - p) > Aa$$

oder

$$1 - p > \frac{Aa}{Ae}: \qquad Ae > 0;$$

oder

$$p < 1 - \frac{Aa}{Ae}.$$

Die letzte Ungleichung in (4.16) besagt z.B., daß eine Abweichung ausgewertet werden soll, wenn die Wahrscheinlichkeit dafür, daß ihre Ursachen nicht kontrollierbar sind, kleiner ist als eins minus dem Quotienten aus dem Auswertungsaufwand und dem Auswertungsertrag ist. Bierman, Fouraker und Jaedicke nennen die Wahrscheinlichkeit $p_c = 1 - Aa/Ae$ die kritische Wahrscheinlichkeit und sie schlagen folgendes Planungsverfahren vor:

1. Die Wahrscheinlichkeitsverteilung der zufälligen, nicht kontrollierbaren Abweichungen sei normalverteilt mit dem Erwartungswert Null. Schätze um diesen Erwartungswert einen symmetrischen Bereich, in dem 50% aller zufälligen Abweichungen liegen. Dieser Bereich hat eine Intervallänge von ca. $4/3\sigma$. Daraus kann σ berechnet werden.

2. Berechne für eine beobachtete Abweichung A die Wahrscheinlichkeit

$$p = 2p' = 2 \cdot \left(1 - \int_{-\infty}^{|A|} \frac{1}{\sqrt{2\pi \cdot \sigma}} \cdot \exp\left(-\frac{x^2}{2\sigma^2} \right) dx \right)$$

oder nach Standardisierung mit $t = \frac{|A|}{\sigma}$:

$$p = 2p' = 2 \cdot \left(0,5 - \int_{0}^{t} \frac{1}{\sqrt{2\pi}} \cdot \exp\left(-\frac{x^2}{2} \right) dx \right).$$

p ist die Wahrscheinlichkeit dafür, daß eine zufällige, nicht kontrollierbare Abweichung der beobachteten oder einer größeren Höhe eintritt (unabhängig vom Vorzeichen).

3. Es werden der Auswertungsaufwand Aa und der Auswertungsertrag Ae ermittelt. Der Auswertungsaufwand ist unabhängig von der Abweichungshöhe konstant. Der Auswertungsertrag wächst mit dem Absolutbetrag der Abweichungshöhe. In einem von Bierman, Fouraker und Jaedicke angegebenen Beispiel ist Ae gleich der Abweichungsgröße A, wobei nur positive Abweichungen betrachtet werden. Mit den Werten von Ae (A) und Aa wird die kritische Wahrscheinlichkeit in Abhängigkeit von der Abweichung berechnet.

$$p_c = 1 - \frac{Aa}{Ae\,(A)} \quad \text{oder} \quad p_c = \frac{Ae\,(A) - Aa}{Ae\,(A)}.$$

Die Abb. 13 zeigt die Funktion der kritischen Wahrscheinlichkeit für ein konkretes Beispiel [vgl. *Bierman/Fouraker/Jaedicke*, S. 416].

4. Schließlich geben Bierman, Fouraker und Jaedicke folgende Entscheidungsregel an: Ist für eine beobachtete Abweichung der in 2. berechnete Wert p kleiner als p_c, dann ist die Abweichung auszuwerten, sonst nicht.
Die Werte von p, die kleiner sind als p_c, liegen in Abb. 13 unterhalb der p_c (A)-Linie.
Die Autoren schlagen deshalb vor, Kontrollkarten zu verwenden, in denen wie in Abb.

13 die Linie der kritischen Wahrscheinlichkeit eingetragen ist. Die beobachtete Abweichung mit der in 2. für sie berechneten Wahrscheinlichkeit p wird dann in diese Karte eingetragen und man kann unmittelbar ablesen, ob die Abweichung ausgewertet werden soll oder nicht.

Duvall [1967], *Dyckman* [1969] und *Lüder* [1970] weisen darauf hin, daß dieses Verfahren nicht zulässig ist, weil mit p und p_c zwei nicht vergleichbare Wahrscheinlichkeiten miteinander verglichen werden. Während p_c für jede Abweichung unter der Bedingung, daß diese Abweichung beobachtet wird, die Wahrscheinlichkeit dafür angibt, daß die Abweichungsursachen nicht kontrollierbar sind, gibt p für eine beobachtete Abweichung die Wahrscheinlichkeit dafür an, daß auf Grund der geschätzten Wahrscheinlichkeitsverteilung der zufälligen, nicht kontrollierbaren Abweichungen eine Abweichung von der beobachteten oder einer größeren Höhe eintreten kann.

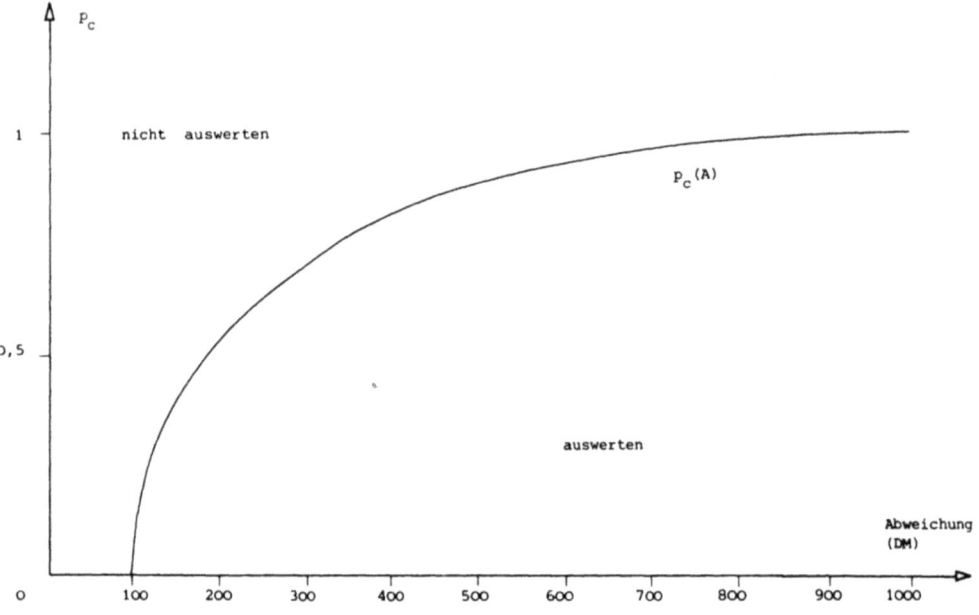

Abb. 13: Funktion der kritischen Wahrscheinlichkeiten

Um den Ansatz von Bierman, Fouraker und Jaedicke zu einem fehlerfreien Verfahren zu erweitern, muß die Unvereinbarkeit von p und p_c eliminiert werden. Es erscheint sinnvoll, die originelle und schlüssige Ermittlung von p_c beizubehalten. Als Konsequenz müssen dann die Verfahrensschritte 1 und 2, die der Ermittlung von p dienen, geändert werden. Es muß versucht werden, eine Schätzung dafür zu bekommen, mit welcher Wahrscheinlichkeit eine beobachtete Abweichung kontrollierbare Ursachen hat. Eine Möglichkeit hierfür wurde in Abschnitt 4.2.1.1.2 gezeigt. Im folgenden Abschnitt wird gezeigt, wie das dort dargestellte Vorgehen mit dem hier vorliegenden Ansatz verknüpft werden kann. Es ist auch denkbar, daß man sich in der Praxis mit einer rein subjektiven Schätzung begnügt. Man wird dann wie im Schritt drei bei Bierman, Fouraker und Jaedicke angegeben, die Funktion der kritischen Wahrscheinlichkeiten ermitteln, wozu vor allem der Auswertungsaufwand und der Auswertungsertrag geschätzt werden müssen. Wird eine bestimmte Abweichung A beobachtet, dann muß man subjektiv schätzen, ob die Wahrscheinlichkeit für nicht kontrollierbare Ursachen bei der beobachteten Abweichung größer oder kleiner ist als p_c. Schätzt man sie kleiner als p_c, so wird man sich für die Auswertung entscheiden und umgekehrt. Problematisch ist an dieser Vorgehensweise, daß sie nicht nachvollziehbar ist [vgl. *Bierman,* 1963, S. 18ff.].

4.2.1.2.1.2 Der Ansatz von Duvall. Zur Gewinnung einer nachvollziehbaren, statistischen Schätzung der Wahrscheinlichkeit, mit der eine beobachtete Abweichung kontrollierbare Ursachen hat, ist es notwendig, in die Betrachtung die Wahrscheinlichkeitsverteilung für die kontrollierbaren Abweichungen explizit mit einzubeziehen. Dies führt zu den Ergebnissen, die im Abschnitt 4.2.1.1.2 für den Fall entwickelt wurden, daß Auswertungsaufwand und Auswertungsertrag nicht explizit berücksichtigt werden. Es wurde dort angenommen, daß die zufälligen, nicht kontrollierbaren Abweichungen normalverteilt sind mit dem Erwartungswert $\mu (AZ) = 0$ und der Standardabweichung $\sigma (AZ)$. Die Abweichungen, die auf kontrollierbaren Ursachen beruhen, sollten ebenfalls normalverteilt sein mit dem Erwartungswert $\mu (AK)$ und der Standardabweichung $\sigma (AK)$. Unter der weiteren Annahme, daß die beiden Zufallsvariablen voneinander stochastisch unabhängig sind, wurde gezeigt, wie der Erwartungswert und die Standardabweichung der bedingten Verteilung der kontrollierbaren Abweichungen geschätzt werden können: (4.12) und (4.13). Auf der Grundlage dieser Ergebnisse hat *Duvall* [1967, S. B-637] den Ansatz von Bierman, Fouraker und Jaedicke erweitert. Er nimmt an, daß bei einer Abweichungsanalyse ein von der Höhe der Abweichung unabhängiger Aufwand in Höhe von Aa DM pro Analyse entsteht. Der Auswertungsertrag soll von der Höhe der beobachteten Abweichung abhängen und sowohl für positive als auch für negative Abweichungen mit zunehmendem Absolutbetrag der kontrollierbaren Abweichung linear steigen. Dabei können die Steigungen für positive und negative kontrollierbare Abweichungen unterschiedlich sein. Es gilt daher für den Auswertungsertrag in Abhängigkeit von der Abweichungshöhe AK:

$$Ae\,(AK) = \begin{cases} b \cdot AK: & AK \geqslant 0 \\ \\ -d \cdot AK: & AK < 0 \end{cases} \qquad (4.17)$$

Als Differenz zwischen Auswertungsertrag und Auswertungsaufwand erhält man den Auswertungserfolg. Hat man nach (4.12) und (4.13) eine Schätzung für den Erwartungswert und die Standardabweichung der normalverteilten kontrollierbaren Abweichungen unter der Bedingung einer bestimmten, beobachteten Abweichung berechnet, dann gilt für den Erwartungswert des Auswertungserfolges [vgl. *Duvall,* S. B-641]:

$$
\mu\,(AE\mid A) \;=\; \int\limits_{-\infty}^{0} \left(-(d \cdot AK + Aa) \cdot \frac{1}{\sqrt{2\pi} \cdot \sigma\,(AK\mid A)} \right.
$$

$$
\left. \cdot \exp\left(-\frac{(AK - \mu\,(AK\mid A))^2}{2\sigma^2\,(AK\mid A)} \right) \right) dAK
$$

$$
+ \int\limits_{0}^{\infty} \left((b \cdot AK - Aa) \cdot \frac{1}{\sqrt{2\pi} \cdot \sigma\,(AK\mid A)} \right.
$$

$$
\left. \cdot \exp\left(-\frac{(AK - \mu\,(AK\mid A))^2}{2\sigma^2\,(AK\mid A)} \right) \right) dAK. \tag{4.18}
$$

Setzt man in (4.18) für $AK = \mu\,(AK\mid A) + z \cdot \sigma\,(AK\mid A)$, dann erhält man:

$$
\mu\,(AE\mid A) \;=\; -d \cdot \int\limits_{-\infty}^{Z} \left((\mu\,(AK\mid A) + z \cdot \sigma\,(AK\mid A)) \cdot \frac{1}{\sqrt{2\pi}} \right.
$$

$$
\left. \cdot \exp\left(-\frac{z^2}{2} \right) \right) dz
$$

$$
+ b \cdot \int\limits_{Z}^{\infty} \left((\mu\,(AK\mid A) + z \cdot \sigma\,(AK\mid A)) \cdot \frac{1}{\sqrt{2\pi}} \right.
$$

$$
\left. \cdot \exp\left(-\frac{z^2}{2} \right) \right) dz - Aa
$$

$$
= (d + b) \cdot (\sigma\,(AK\mid A) \cdot f\,(z) - \mu\,(AK\mid A) \cdot F\,(z)
$$

$$
+ b \cdot \mu\,(AK\mid A) - Aa \tag{4.19}
$$

wobei $Z = -(\mu\,(AK\mid A)) / (\sigma\,(AK\mid A))$ ist und $f\,(Z)$ sowie $F\,(Z)$ sind die Dichtefunktion bzw. die Verteilungsfunktion von Z. Für den Fall, daß der Entscheidungsträger risikoneutral ist und sich an Hand des Erwartungswertes entscheidet, kann auf Grund dieses Ergebnisses für jede beobachtete Abweichung A der Erwartungswert des Auswertungserfolges unmittelbar berechnet werden. Als Entscheidungsregel würde dann gelten, daß eine Abweichung dann ausgewertet werden soll, wenn der Erwartungswert des Auswertungserfolges positiv ist.

Bei den zu Grunde liegenden Annahmen über Auswertungsertrag und Auswertungsaufwand muß die Funktion des Erwartungswertes des Auswertungserfolges in Abhängigkeit von der beobachteten Abweichung konvex sein.

Wie in Abb. 14 gezeigt, gibt es dann sowohl im positiven als auch im negativen Abweichungsbereich einen kritischen Wert, bis zu dem nicht und von dem aus dann ausgewertet werden soll. Das Verfahren soll an einem Beispiel veranschaulicht werden.

In einem Betrieb sollen die Materialstückkosten geplant und kontrolliert werden. Hinsichtlich der statistischen Daten und der beobachteten Abweichung sollen dieselben Werte

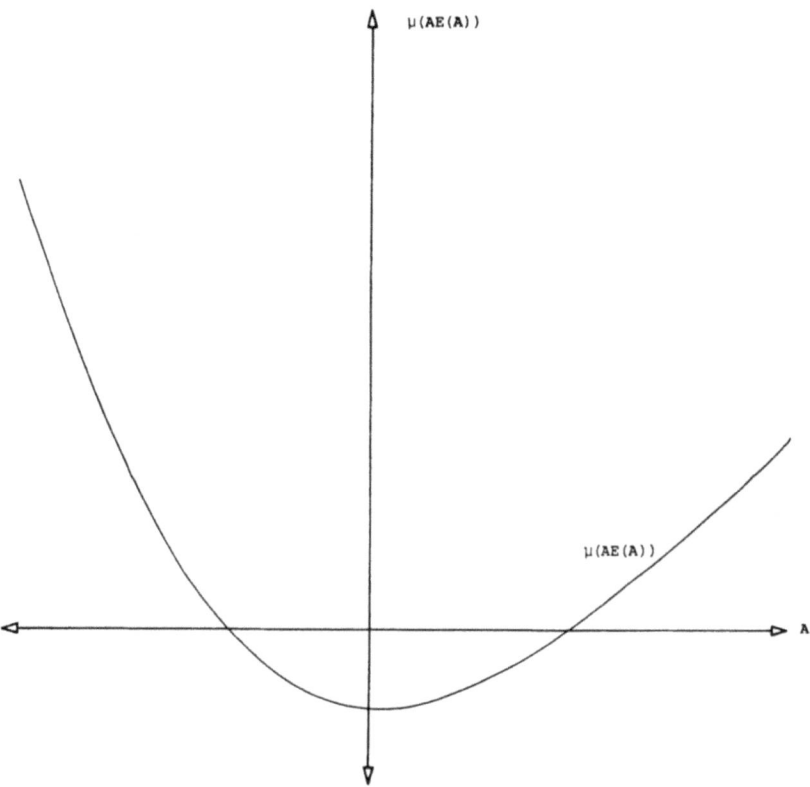

Abb. 14: Der Erwartungswert des Auswertungserfolges in Abhängigkeit von der beobachteten Abweichung

gelten, wie im Beispiel des Abschnittes 4.2.1.1.1 (siehe Tabelle 4 und 5). Die Kosten einer Analyse sollen $Aa = 40$ DM betragen. Für den Auswertungsertrag gelte die Funktion

$$Ae\,(AK) = \begin{cases} 1{,}3\,AK & \text{für } AK \geqslant 0 \\[2ex] -\,0{,}7\,AK & \text{für } AK < 0. \end{cases}$$

Es ist zu entscheiden, ob die beobachtete Abweichung von 60 DM analysiert werden soll. Ferner sollen im positiven und negativen Abweichungsbereich die kritischen Werte berechnet werden, bei deren Über- bzw. Unterschreitung der Erwartungswert des Auswertungsertrages positiv wird.

Zur Lösung verwendet man die Ergebnisse des Abschnittes 4.2.1.1.2 und berechnet mit (4.19) zunächst den Erwartungswert des Auswertungserfolges für eine Abweichung von 60 DM. Es ist

$$Z = -\frac{\mu\,(AK \mid 60)}{\sigma\,(AK \mid 60)} = -\frac{47,81}{37,08} = -1,289$$

$$f\,(Z) = f\,(-1,289) = 0,1738$$

$$F\,(Z) = F\,(-1,289) = 1 - 0,9012 = 0,0988$$

und damit wird

$$\mu\,(AE \mid 60) = (d + b) \cdot (\sigma\,(AK \mid 60) \cdot f\,(-1,289) - \mu\,(AK \mid 60) \cdot F\,(-1,289))$$
$$+ b \cdot \mu\,(AK \mid 60) - Aa$$
$$= (0,7 + 1,3) \cdot (37,8 \cdot 0,1738 - 47,81 \cdot 0,0988)$$
$$+ 1,3 \cdot 47,81 - 40$$
$$= 25,59 \text{ DM.}$$

Daraus folgt, daß die Abweichung ausgewertet werden soll. In der folgenden Tabelle sind für einige Abweichungen die Erwartungswerte für den Auswertungserfolg angegeben.

A	$\mu\,(AK \mid A)$	Z	$f\,(Z)$	$F\,(Z)$	$\mu\,(AE \mid A)$
− 300	− 83,09	2,241	0,0324	0,98747	18,48
− 200	− 46,73	1,260	0,1714	0,89612	− 4,29
− 100	− 10,37	0,279	0,3836	0,60494	− 12,49
− 50	7,81	− 0,211	0,3900	0,41844	− 7,46
− 25	16,9	− 0,456	0,3595	0,32422	− 2,33
0	25,99	− 0,701	0,3121	0,24166	4,37
+ 25	35,08	− 0,946	0,2551	0,17209	12,45
+ 50	44,17	− 1,191	0,1963	0,11687	21,65
+ 100	62,35	− 1,681	0,0972	0,04643	42,47
+ 200	98,71	− 2,662	0,0115	0,00389	88,41

Tab. 7: Funktionswerte des Erwartungswertes des Auswertungserfolges in Abhängigkeit von der beobachteten Abweichung

$$\mu\,(AE \mid A) = 2 \cdot (37,08\,f\,(Z) - \mu\,(AK \mid A) \cdot F\,(Z))$$
$$+ 1,3 \cdot \mu\,(AK \mid A) - 40$$
$$\mu\,(AK \mid A) = 25,99 + 0,3636 \cdot A$$
$$Z = -\frac{\mu\,(AK \mid A)}{37,08}$$

In Abb. 15 ist die tabellierte Funktion graphisch dargestellt.

Aus Abb. 15 ersieht man, daß bei dem vorliegenden Beispiel alle Abweichungen, die kleiner sind als ca. − 220 und alle Abweichungen, die größer sind als ca. − 16 ausgewertet werden sollen, weil für diese Abweichungen der Erwartungswert des Auswertungserfolges positiv ist. Daß dieser Bereich bezüglich des Nullpunktes nicht symmetrisch ist, liegt daran, daß die Wahrscheinlichkeitsverteilung für die kontrollierbaren Abweichungen mit dem Erwartungswert $\mu^*\,(AK) = 40,85$ DM und der Standardabweichung $\sigma^*\,(AK) = 46,48$ DM

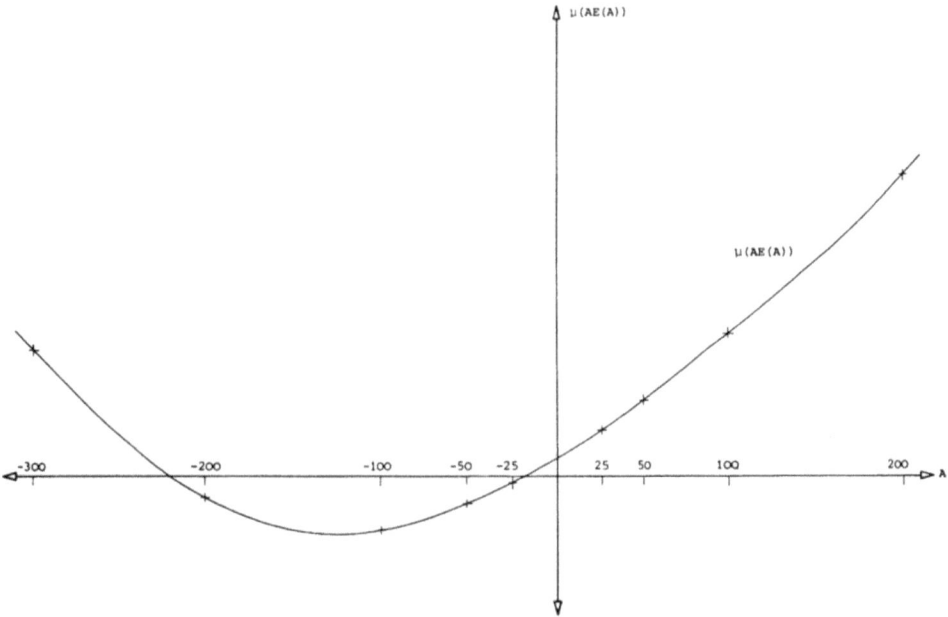

Abb. 15: Der Erwartungswert des Auswertungserfolges in Abhängigkeit von der beobachteten Abweichung

bezüglich des Nullpunktes nicht symmetrisch ist und daran, daß wegen $|b| > |d|$ die Auswertung positiver Abweichungen erfolgversprechender ist als die Auswertung negativer Abweichungen.

4.2.1.2.1.3 Ein einfacher Ansatz mit Hilfe des Bayes'schen Theorems.

Eine andere Möglichkeit, den Fehler von Bierman, Fouraker und Jaedicke zu korrigieren, besteht darin, unmittelbar eine Schätzung für die Wahrscheinlichkeit zu berechnen, mit der eine beobachtete Abweichung eine nicht kontrollierbare Ursache hat. Dieser Schätzwert wäre dann mit der kritischen Wahrscheinlichkeit p_c vergleichbar und an Hand einer Kontrollkarte wie in Abb. 13 könnte dann über Auswertung oder Nichtauswertung entschieden werden. Man kann einen solchen Schätzwert mit Hilfe des Bayes'schen Theorems berechnen, wenn man

a) die Wahrscheinlichkeitsverteilung der zufälligen, nicht kontrollierbaren Abweichungen kennt,

b) die Wahrscheinlichkeitsverteilung der kontrollierbaren Abweichungen kennt und

c) a-priori-Wahrscheinlichkeiten dafür besitzt, daß kontrollierbare oder nicht kontrollierbare Ursachen wirksam gewesen sind.

Die schwerwiegendste Annahme ist die in c), weil die a-priori-Wahrscheinlichkeiten im Grenzfall ohne jegliche Information festgelegt werden müssen. Man ist dann gezwungen, die möglichen Zustände als gleichwahrscheinlich zu betrachten. Bei der vorliegenden Problemstellung würde man in einem solchen Fall die a-priori-Wahrscheinlichkeit für nicht kontrollierbare, zufällige Ursachen (p (NK)) und die Wahrscheinlichkeit für kontrollierbare Ursachen (p (K)) mit jeweils 1/2 festlegen.

Die Annahmen a) und b) verlangen, daß man analog zu dem Vorgehen im vorangegangenen Abschnitt bzw. dem Abschnitt 4.2.1.1.2 die Wahrscheinlichkeitsverteilung für die kontrollierbaren und nicht kontrollierbaren, zufälligen Abweichungen schätzt.

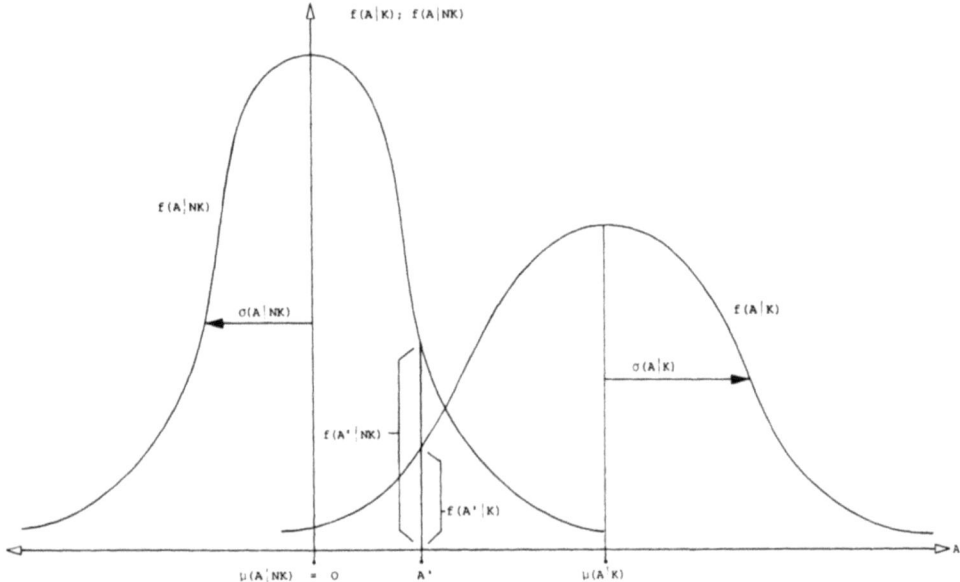

Abb. 16: Dichtefunktionen für Abweichungen mit kontrollierbarer (f ($A \mid K$)) und nicht kontrollierbarer (f ($A \mid NK$)) Ursache

Man kann dann für eine beobachtete Abweichung A' auf Grund der Verteilungen f ($A \mid NK$) und f ($A \mid K$) die Wahrscheinlichkeiten berechnen, mit denen eine Abweichung dieser Höhe bei kontrollierbaren bzw. nicht kontrollierbaren Abweichungsursachen eintritt. In Abb. 16 ist dieser Sachverhalt veranschaulicht. Wenn man Schätzwerte für die a-priori-Wahrscheinlichkeiten p (NK) bzw. p (K) besitzt, dann kann man mit Hilfe des Bayes'schen Theorems a-posteriori-Wahrscheinlichkeiten p' (NK) = p ($NK \mid A'$) und p' (K) = p ($K \mid A'$) berechnen [vgl. *Dyckman*, S. 222; *Girshick/Rubin*, S. 116]:

$$p'\ (NK) = p\ (NK \mid A') = \frac{f(A' \mid NK) \cdot p\ (NK)}{f(A' \mid NK) \cdot p\ (NK) + f(A' \mid K) \cdot p\ (K)}$$

$$p'\ (K) = p\ (K \mid A') = \frac{f(A' \mid K) \cdot p\ (K)}{f(A' \mid NK) \cdot p\ (NK) + f(A' \mid K) \cdot p\ (K)}. \qquad (4.20)$$

Die Wahrscheinlichkeit p' (NK) ist die gesuchte Wahrscheinlichkeit dafür, daß bei einer beobachteten Abweichung A' eine nicht kontrollierbare Ursache vorliegt. Diese Wahrscheinlichkeit ist nun unmittelbar mit der von Bierman, Fouraker und Jaedicke berechneten kritischen Wahrscheinlichkeit p_c vergleichbar. Trägt man die beobachtete Abweichung A' und die berechnete Wahrscheinlichkeit p' (NK) in eine Kontrollkarte der Art von Abb. 13 ein, so kann man unmittelbar ersehen, ob die Abweichung analysiert werden soll oder nicht.

Als Beispiel sei das im Abschnitt 4.2.1.1.2 geschilderte Problem zu lösen. Es war dort μ ($A \mid NK$) = 0 und σ ($A \mid NK$) = 61,51 DM. Ferner μ ($A \mid K$) = 40,85 DM und σ ($A \mid K$) = 46,48 DM. Beide Zufallsvariablen sollten normalverteilt sein. Der Entscheidungsträger schätzt, daß während des Realisationszeitraumes p (NK) = p (K) = 0,5 ist, d.h. daß kontrollierbare und nicht kontrollierbare Abweichungsursachen gleich wahrscheinlich sind. Es wird eine Abweichung von 60 DM beobachtet. Es ist nach (4.20) die Wahrscheinlichkeit dafür zu bestimmen, daß nicht kontrollierbare Abweichungsursachen vorliegen, wenn eine Abweichung von 60 DM beobachtet worden ist. Zunächst ermittelt man mit Hilfe einer Tabelle für die Dichtefunktion der Normalverteilung:

$$f(60 \mid NK) = f^s\left(\frac{60 - 0}{61,51}\right) = f^s (0,975) = 0,248$$

und

$$f(60 \mid K) = f^s\left(\frac{60 - 40,85}{46,48}\right) = f^s (0,412) = 0,366.$$

Damit erhält man für p' (NK):

$$p'(NK) = p(NK \mid 60) = \frac{0,248 \cdot 0,5}{0,248 \cdot 0,5 + 0,366 \cdot 0,5} = 0,40.$$

Die Wahrscheinlichkeit dafür, daß bei einer beobachteten Abweichung von 60 DM nicht kontrollierbare Ursachen vorliegen, ist also 40%. Diese Wahrscheinlichkeit kann nun unmittelbar mit der kritischen Wahrscheinlichkeit bei einer Abweichung von 60 DM (p_c (A = 60)) verglichen werden, für deren Berechnung noch Annahmen über den Auswertungsaufwand und den Auswertungsertrag zu machen wären. Nimmt man die Werte der vorigen Abschnitte, so erhält man:

$$p_c (60) = 1 - \frac{Aa}{Ae(60)} = 1 - \frac{40}{1,3 \cdot 60} = 0,49.$$

Da p_c (60) größer ist als p (NK $\mid$ 60), ist es vorteilhaft, die Abweichung zu analysieren.

4.2.1.2.1.4 Die Optimierung von $\bar{X}$-Kontrollkarten

4.2.1.2.1.4.1 Vorbemerkungen. Im Abschnitt 4.2.1.1.1 wurde das einfache $\bar{X}$-Kontrollkarten-Verfahren behandelt. Die Kontrollgrenzen wurden dabei lediglich auf Grund von festgelegten Sicherheitswahrscheinlichkeiten ermittelt. Die Zeitdauer zwischen zwei Stichproben und der Stichprobenumfang wurden beliebig, ohne Zuhilfenahme von Kriterien festgelegt. Werden Auswertungsaufwand und Auswertungsertrag explizit in die Betrachtung einbezogen, dann wird man versuchen, optimale Kontrollkarten zu berechnen, wobei man bestrebt sein wird, die Parameter der Kontrollkarte so zu ermitteln, daß der Auswertungserfolg maximiert wird.

Die umfangreiche, hauptsächlich anglo-amerikanische Literatur zum Problem der Bestimmung optimaler Kontrollkarten ist in der deutschen Betriebswirtschaftslehre nur wenig beachtet worden. Der Grund dafür kann vielleicht darin gesehen werden, daß das

Konzept der Kontrollkarten am Anfang der Entwicklung „als ein rein technisches Problem" betrachtet wurde [*Schulz*, S. 1]. Erst in der gegenwärtigen zweiten Phase der Entwicklung von Kontrollkarten setzt sich die erfolgsorientierte bzw. kostenorientierte Ausrichtung durch. Die Frage nach der ökonomisch optimalen Kontrollkarte ist jedoch naturgemäß ein betriebswirtschaftliches Problem. Der Hauptanwendungsbereich dieser Verfahren liegt in der Qualitätskontrolle der Fertigung.

Die Ansätze zur Optimierung von $\bar{X}$-Kontrollkarten beschäftigen sich in der Regel mit dem Problem, eine bestimmte Abweichungsursache so bald wie möglich nach ihrem Auftreten zu beseitigen. Hierfür ist von *Gibra* [1971] ein Modell formuliert und ein Lösungsverfahren angegeben worden, welches den Stand der Entwicklung auch heute noch kennzeichnet und welches darüber hinaus auch hinsichtlich seiner Annahmen und Ergebnisse interessant und praktikabel ist. Es wird deshalb in diesem Abschnitt dargestellt und diskutiert. Daneben werden in den letzten Jahren auch schwierigere Problemstellungen angegangen. So ist etwa von *Chiu* [1976] ein Modell formuliert worden, in dem $k \geqslant 1$ verschiedene mögliche Abweichungsursachen auftreten können. Von *Saniga* [1977] ist die simultane Ermittlung einer Kontrollkarte für den Erwartungswert und einer Kontrollkarte für die Standardabweichung eines Situationsmerkmales erörtert worden. Und *Montgomery/Heikes/Mance* [1975] haben die Optimierung von Kontrollkarten für eine Ausschußquote bei mehreren Abweichungsursachen untersucht.

4.2.1.2.1.4.2 Die Formulierung eines Modelles. Die Problemstellung bei der Optimierung einer Kontrollkarte ist dadurch gekennzeichnet, daß die 3 Parameter einer Kontrollkarte

a) der Stichprobenumfang n,
b) der Zeitabstand zwischen zwei Kontrollzeitpunkten v,
c) der σ-Abstand der Kontrollgrenzen k

so bestimmt werden sollen, daß die Kosten der Auswertungspolitik minimal sind. In gleichbleibenden zeitlichen Abständen wird eine Stichprobe gezogen, und es wird der Stichprobenmittelwert $\bar{X}$ berechnet. Liegt der beobachtete Mittelwert außerhalb der Kontrollgrenzen, so wird ausgewertet, d.h. es wird nach den Abweichungsursachen gesucht. Liegt der beobachtete Mittelwert $\bar{X}$ nicht außerhalb der Kontrollgrenzen, so entscheidet man sich für Nichtauswertung. Es wird angenommen, daß das zu überwachende Situationsmerkmal (z.B. ein Durchmesser, eine Länge) mit einer konstanten Standardabweichung zufällig schwankt. Ferner geht man davon aus, daß es nur eine kontrollierbare Abweichungsursache gibt, bei deren Wirksamwerden sich der Mittelwert der kontrollierten Größe um einen bekannten Betrag $\delta \cdot \sigma$ verändert, während die Standardabweichung σ konstant bleibt.

Um die optimalen Werte für n, v und k berechnen zu können, müssen zum einen Annahmen für die Aufwendungen und Erträge gemacht werden, welche durch eine Auswertung bzw. durch eine nicht entdeckte kontrollierbare Abweichungsursache entstehen, zum anderen sind Annahmen über die Wahrscheinlichkeitsverteilungen erforderlich, die den zu überwachenden stochastischen Prozeß beschreiben. Da das Hauptanwendungsgebiet der $\bar{X}$-Kontrollkarten bisher in der Überwachung der Fertigungsqualität liegt, werden die dort anzutreffenden Bedingungen unterstellt. Die Probleme einer Übertragung dieser Ansätze auf andere Teilbereiche eines Betriebes werden in der anschließenden Diskussion angesprochen.

Bei der Überwachung der Fertigungsqualität sind hinsichtlich der Eigenschaften des zugrundeliegenden stochastischen Prozesses zwei Annahmen von grundsätzlicher Bedeutung:

a) Es wird bei den meisten Ansätzen angenommen, daß der Zeitpunkt x_1 für einen Zustandsübergang, also für das Auftreten der kontrollierbaren Abweichungsursache exponentialverteilt ist. Der Parameter der Exponentialverteilung sei λ_1, so daß die Zufallsvariable x_1 die Dichtefunktion

$$f_{x_1}(t) = \lambda_1 \cdot e^{-\lambda_1 \cdot t}; \quad \lambda_1 > 0; \; t \geqslant 0 \tag{4.21}$$

besitzt. Damit läßt sich die durchschnittliche Zeitspanne von $T = j \cdot v$ bis zum Auftreten der Ursache unter der Bedingung, daß sie zwischen dem j-ten und dem $j + 1$-ten Kontrollzeitpunkt auftritt, berechnen als:

$$\frac{\int\limits_{j \cdot v}^{(j+1) \cdot v} (t - j \cdot v) \cdot \lambda_1 \cdot e^{-\lambda_1 t} \, dt}{\int\limits_{j \cdot v}^{(j+1) \cdot v} \lambda_1 \cdot e^{-\lambda_1 \cdot t} \, dt} = \frac{1}{\lambda_1} - \frac{v}{e^{\lambda_1 \cdot v} - 1}. \tag{4.22}$$

Die praktischen Erfahrungen mit den $\bar{X}$-Kontrollkarten haben gezeigt, daß die Annahme der Exponentialverteilung mit den tatsächlichen Gegebenheiten in vielen Fällen gut übereinstimmt. Das entpflichtet aber natürlich nicht von der Notwendigkeit, in einem konkreten Anwendungsfall die Berechtigung dieser Annahme zu überprüfen.

b) Die zweite Annahme betrifft die Zeit, die für die Bestimmung der Ist-Wertes, d.h. das Ziehen und Untersuchen der Stichprobe für das Berechnen und Überprüfen des beobachteten $\bar{X}$-Wertes und für die Suche nach und die Beseitigung der kontrollierbaren Abweichungsursache erforderlich ist. Es wird angenommen, daß diese Zeit x_2 eine Erlangverteilte Zufallsvariable ist, und daß in dieser Zeit die Abweichungsursache mit Sicherheit gefunden und beseitigt wird. Sind λ_2 und r die Parameter der Erlang-Verteilung, dann gilt für die Summe der oben genannten Zeiten die Dichtefunktion

$$f_{x_2}(t) = \frac{\lambda_2^r \cdot t_2^{r-1} \cdot e^{-\lambda_2 \cdot t_2}}{(r-1)!}; \quad r = 1, 2, \ldots; \; \lambda_2 > 0; \; t \geqslant 0; \tag{4.23}$$

Auch die Annahme der Erlang-Verteilung für diese Zufallsvariable stimmt mit den empirischen Erfahrungen überein und ist etwa bei Instandhaltungsproblemen für die Reparaturzeiten üblich [siehe z.B. *Küpper*, 1973, S. 84ff.].

Die Wahrscheinlichkeit dafür, daß eine kontrollierbare Abweichung entdeckt wird, wenn der Erwartungswert der kontrollierten Größe sich um den bekannten Wert $\delta \cdot \sigma$ verändert, die kontrollierbaren, sowie die nicht kontrollierbaren Abweichungsursachen normalverteilt sind und die Kontrollgrenzen symmetrisch um den Erwartungswert mit dem Abstand $k \cdot \sigma$ festgelegt werden, ist:

$$p = \int\limits_{-\infty}^{-k-\delta(1/\sqrt{n})} \frac{e^{-(z/2)^2}}{\sqrt{2\pi}} \cdot dz + \int\limits_{k-\delta(1/\sqrt{n})}^{\infty} \frac{e^{-(z/2)^2}}{\sqrt{2\pi}} \cdot dz. \tag{4.24}$$

Dabei ist z die normierte Zufallsvariable für die Ausschußquote und n ist, wie oben definiert, der Stichprobenumfang. Der erste Summand in (4.24) ist für $\delta > 0$ praktisch gleich null. (Für ein negatives δ wird der zweite Summand in (4.24) praktisch gleich null [vgl. *Duncan*, S. 230]. Es gilt daher näherungsweise:

$$p \cong \Phi\left(\frac{\delta}{\sqrt{n}} - k\right). \tag{4.25}$$

Darin ist $\Phi(\cdot)$ der Funktionswert der normierten Normalverteilung.

Ist ein Zustandsübergang vom Zustand 1 (nicht kontrollierbare Abweichungsursachen) in den Zustand 2 (kontrollierbare Abweichungsursachen) erfolgt, dann wird der Zustand 2 mit der Wahrscheinlichkeit $(1-p)^{j-1} \cdot p$ beim j-ten Kontrollzeitpunkt nach dem Zustandsübergang festgestellt. Der Erwartungswert der Stichprobenzahl, die zwischen einem Zustandsübergang und der Entdeckung des Zustandes 2 liegt ist:

$$\sum_{j=1}^{\infty} j \cdot p \cdot (1-p)^{j-1} = \frac{1}{p}. \tag{4.26}$$

Dies ist der Erwartungswert der geometrisch verteilten Zufallsvariablen für die Entdeckung des Zustandsüberganges. Die geometrische Verteilung kann durch eine Exponential-Verteilung approximiert werden, was zur Berechnung der optimalen Parameter vorteilhaft ist. Gibt x_3 die Zeit an, die von einem Zustandsübergang bis zu dem Kontrollzeitpunkt, in dem er entdeckt wird, vergeht, dann berechnet sich auf Grund von (4.26) und (4.22) der Parameter für die Exponentialverteilung als

$$\lambda_3 = \frac{1}{v/p - 1/\lambda_1 + v/(e^{\lambda_1 \cdot v} - 1)}. \tag{4.27}$$

Die Dichtefunktion der Zufallsvariablen x_3 ist mit dem Parameter λ_3 analog zu (4.21) gegeben durch

$$f_{x_3}(t) = \lambda_3 \cdot e^{-\lambda_3 \cdot t}; \quad \lambda_3 > 0; \ t \geqslant 0. \tag{4.28}$$

Für die Berechnung der Kosten, die vom Zeitpunkt des Wirksamwerdens der kontrollierbaren Abweichungsursache bis zum Zeitpunkt der Beseitigung dieser Ursache entstehen, braucht man die Wahrscheinlichkeitsverteilung der Summe der Zufallsvariablen x_2 (= Zeit von der Entdeckung bis zur Beseitigung) und x_3 (= Zeit vom Eintritt bis zur Endeckung). Es sei $T = x_2 + x_3$. Wie *Gibra* [1971, S. 638] zeigt, besitzt die Zufallsvariable T die Dichtefunktion:

$$f_T(t) = \frac{\lambda_3 \cdot \lambda_2^r}{(r-1)!} \cdot e^{-\lambda_2 \cdot t} \cdot \left(\frac{e^{(\lambda_2-\lambda_3) \cdot t} - 1}{(\lambda_2 - \lambda_3)}\right.$$

$$\left. - \sum_{i=1}^{r-1} \frac{t^{r-i}}{(r-i)! \cdot (\lambda_2 - \lambda_3)^i}\right); \quad t \geqslant 0; \lambda_2 \geqslant \lambda_3. \tag{4.29}$$

Ist $\lambda_2 = \lambda_3$, so ist (4.29) die Dichtefunktion einer Erlang-Verteilung analog zu (4.23).

Durch die Auswertungspolitik wird die Länge der Zeitintervalle bestimmt, in denen der Zustand 1 bzw. der Zustand 2 vorliegt. Die Zufallsvariable x_1 gibt die Zeit an, in welcher der Zustand 1 vorliegt. Ihre Dichtefunktion ist durch (4.21) gegeben. Die Zufallsvariable $T = x_2 + x_3$ gibt die Zeit an, in welcher der Zustand 2 vorliegt. Ihre Dichtefunktion ist durch (4.29) gegeben. Mit diesen beiden Wahrscheinlichkeitsverteilungen kann die Wahrscheinlichkeit $q(t)$ dafür berechnet werden, daß zum Zeitpunkt t der Zustand 1 vorliegt. Man erhält für den stationären Zustand; d.h. für $t \to \infty$:

$$\lim_{t \to \infty} q(t) = q = \frac{\mu(x_1)}{\mu(x_1) + \mu(T)}. \tag{4.30}$$

Es ist interessant, daß die Wahrscheinlichkeit q nur von den Erwartungswerten der Zufallsvariablen x_1 und T abhängt, nicht jedoch von deren Wahrscheinlichkeitsverteilungen. Setzt man die Erwartungswerte x_1, x_2 und x_3 in (4.30) ein, so erhält man

$$q = \frac{1/\lambda_1}{1/\lambda_1 + r/\lambda_2 + 1/\lambda_3} = \frac{1}{(\lambda_1 \cdot v)/p + (\lambda_1 \cdot v)/(e^{\lambda_1 \cdot v} - 1) + (r \cdot \lambda_1)/\lambda_2}. \tag{4.31}$$

Schließlich ist für die Auswertungsentscheidung noch die Wahrscheinlichkeit für eine Fehlentscheidung wesentlich, die dadurch entsteht, daß ausgewertet wird, obwohl der Zustand 1 gegeben ist. Diese Wahrscheinlichkeit ist

$$\alpha = 2 \cdot \int_k^\infty \frac{e^{-(z/2)^2}}{\sqrt{2\pi}} \, dz = 2 \cdot \Phi(-k). \tag{4.32}$$

4.2.1.2.1.4.3 Die Berechnung der optimalen Parameter. Zur Berechnung der optimalen Auswertungspolitik ist die Kostenfunktion in Abhängigkeit von den Kontrollkartenparametern zu ermitteln. Gesucht wird die Auswertungspolitik, bei der die Kosten pro Zeiteinheit minimal sind. An Kosten entstehen

a) die Kosten für die Ermittlung des Istzustandes und der Abweichungen. Diese Kosten sollen aus einem fixen Anteil h bestehen, der vom Stichprobenumfang n unabhängig ist und aus einem Anteil $b \cdot n$. Man erhält dann pro Zeiteinheit die Kosten

$$\frac{b \cdot n + h}{v}, \tag{4.33}$$

b) die Kosten der Auswertung und der Korrektur, d.h. der Rückführung des Zustandes 2 in den Zustand 1. Der Erwartungswert dieser Kosten ist näherungsweise

$$Aa_2 \cdot \lambda_1 \cdot q. \tag{4.34}$$

Darin gibt Aa_2 die Kosten für eine Auswertung und die anschließende Korrektur an. Diese Kosten werden durch die Anzahl von Zeiteinheiten geteilt, die zwischen zwei Zustandsübergängen liegen. Der Erwartungswert dieser Zeit ist $1/\lambda_1$. Schließlich ist dieses Produkt mit der Wahrscheinlichkeit q zu multiplizieren, die nach (4.31) das Verhältnis des Erwartungswertes der Zeit, in welcher der Zustand 1 vorliegt, zum Erwartungswert der Gesamt-Zykluszeit ($x_1 + T$) angibt.

c) die Kosten einer Fehlentscheidung, die darin besteht, daß ausgewertet wird, obwohl der Zustand 1 vorliegt. Gibt Aa_1 die Kosten für eine solche unnötige Auswertung an, dann ist $\alpha \cdot Aa_1$ der Erwartungswert dieser Kosten für einen Kontrollzeitpunkt. Im Durchschnitt können diese Kosten an

$$\sum_{j=0}^\infty \int_{jv}^{(j+1) \cdot v} j \cdot \lambda_1 \cdot e^{-\lambda_1 \cdot t} \, dt \tag{4.35}$$

Kontrollzeitpunkten auftreten, bis der Zustand 1 in den Zustand 2 übergeht. Pro Zeiteinheit betragen daher die Kosten einer solchen Fehlentscheidung im Durchschnitt

$$Aa_1 \cdot \alpha \cdot \left(\sum_{j=0}^{\infty} \int_{j \cdot \nu}^{(j+1) \cdot \nu} j \cdot \lambda_1 \cdot e^{-\lambda_1 \cdot t} \, dt \right) \cdot \lambda_1 \cdot q. \tag{4.36}$$

In (4.36) wird die Periodisierung wie in b) gezeigt durch das Produkt $\lambda_1 \cdot q$ erreicht. Berechnet man in (4.36) die Summe explizit, so erhält man nach einigen Umformungen für den Erwartungswert dieser Kosten pro Zeiteinheit

$$\frac{Aa_1 \cdot \alpha \cdot q \cdot \lambda_1}{e^{\lambda_1 \cdot \nu} - 1}. \tag{4.37}$$

d) die Kosten der Fehlproduktion während der Zeit, in welcher der Zustand 2 vorliegt. Ist $\overline{w}_0$ der Erwartungswert der beim Zustand 1 pro Zeiteinheit hergestellten Menge fehlerfreier Produkte und ist $\overline{w}_1$ der Erwartungswert der beim Zustand 2 pro Zeiteinheit hergestellten Menge an fehlerfreien Produkten, sind ferner u die Kosten, die durch ein fehlerhaftes Produkt entstehen, dann ist der Erwartungswert der einer Zeiteinheit durchschnittlich zuzurechnenden Kosten einer Fehlproduktion gegeben durch

$$u \, (\overline{w}_0 - \overline{w}_1) \cdot (1 - q). \tag{4.38}$$

Insgesamt ergibt sich damit für den Erwartungswert der Kosten pro Zeiteinheit bei einer Auswertungspolitik, welche durch die Kontrollkartenparameter n, ν und k gegeben ist:

$$\mu \, (K \, (n, \nu, k)) = \frac{b \cdot n + h}{\nu} + Aa_2 \cdot \lambda_1 \cdot q$$

$$+ \frac{Aa_1 \cdot \alpha \, (k) \cdot q \cdot \lambda_1}{e^{\lambda_1 \cdot \nu} - 1} + u \, (\overline{w}_0 - \overline{w}_1) \cdot (1 - q). \tag{4.39}$$

Die Kostenfunktion (4.39) ist für realistische Werte untersucht worden. Dabei hat sich gezeigt, daß diese Funktion für in der Praxis übliche Werte von n, ν und k näherungsweise ein Minimum besitzt. Dies kann als ein Anzeichen dafür gewertet werden, daß das Modell den zugrundeliegenden Sachverhalt einigermaßen zutreffend beschreibt.

Von *Gibra* [1971, S. 640] ist ein zweckmäßiges, effizientes Verfahren zur Berechnung einer exakten Lösung vorgeschlagen worden. Dazu wird folgende Wahrscheinlichkeitsnebenbedingung (chance-constrained) formuliert:

$$\beta = P \, (T \leqslant R) = \int_0^R f_T \, (t) \, dt. \tag{4.40}$$

Diese Nebenbedingung besagt, daß die Wahrscheinlichkeit dafür, daß der Zustand 2 nicht länger als R Zeiteinheiten unentdeckt und unkorrigiert bleibt, gleich sein soll einer vorzugebenden Schranke β. R und β sind natürlich voneinander abhängig und müssen unter Berücksichtigung dieser Abhängigkeit festgelegt werden. Mit dieser Ergänzung sind die optimalen Kontrollkostenparameter n_0, k_0 und ν_0 so zu bestimmen, daß der Erwartungswert der Kosten pro Zeiteinheit minimiert wird und (4.40) erfüllt ist.

Von den Größen, die in die Zielfunktion (4.39) eingehen, wird die Wahrscheinlichkeit q durch die Nebenbedingung (4.40) beeinflußt. Geht man davon aus, daß die Erlang-verteilte Zeit x_2 für die Ermittlung und Beseitigung der Abweichungsursache durch die Auswertungspolitik nicht beeinflußt werden kann, dann wird durch die Nebenbedingung (4.40) der Wertebereich für die Zeit x_3 eingegrenzt, also die Zeit, die vom Eintritt des Zustandes 2 bis zu seiner Entdeckung vergeht. Da diese Zeit entsprechend den Annahmen exponentialverteilt ist, muß mit Hilfe von (4.29) der Parameter λ_3^0 so bestimmt werden, daß die Nebenbedingung (4.40) erfüllt ist. Über (4.27) und (4.25) wird damit durch die Wahl von β und R auch k beeinflußt. Wird λ_3^0 in (4.31) eingesetzt, so kann man mit q^0 den Mindestanteil der Zeit berechnen, in welcher der Zustand 1 vorliegen soll. Zur Berechnung der optimalen Parameter der Kontrollkarte kann nun folgende Lagrange-Hilfsfunktion formuliert werden:

$$L(n, v, k, \lambda) = \frac{b \cdot n + h}{v} + Aa_2 \cdot \lambda_1 \cdot q + \frac{Aa_1 \cdot \alpha(k) \cdot q \cdot \lambda_1}{e^{\lambda_1 \cdot v} - 1}$$

$$+ u \cdot (\bar{w}_0 - \bar{w}_1) \cdot (1 - q) + \lambda (q - q^0). \qquad (4.41)$$

Für die partiellen Ableitungen dieser Funktion erhält man:

$$\frac{\delta L}{\delta n} = \frac{b}{v} + \left(Aa_2 \cdot \lambda_1 + \frac{Aa_1 \cdot \alpha(k) \cdot \lambda_1}{e^{\lambda_1 \cdot v} - 1} - u \cdot (\bar{w}_0 - \bar{w}_1) + \lambda \right) \cdot \frac{\delta q}{\delta n}. \qquad (4.42)$$

$$\frac{\delta L}{\delta k} = \frac{Aa_1 \cdot \lambda_1}{e^{\lambda_1 \cdot v} - 1} \cdot \frac{\delta \alpha}{\delta k} + \left(Aa_2 \cdot \lambda_1 + \frac{Aa_1 \cdot \alpha(k) \cdot \lambda_1}{e^{\lambda_1 \cdot v} - 1} - u \cdot (\bar{w}_0 - \bar{w}_1) + \lambda \right) \cdot \frac{\delta q}{\delta k}.$$

$$(4.43)$$

$$\frac{\delta L}{\delta v} = -\frac{b \cdot n + h}{v^2} - \frac{Aa_1 \cdot \alpha(k) \cdot \lambda_1^2 \cdot e^{-\lambda_1 \cdot v}}{(e^{\lambda_1 \cdot v} - 1)^2}$$

$$+ \left(Aa_2 \cdot \lambda_1 + \frac{Aa_1 \cdot \alpha(k) \cdot \lambda_1}{e^{\lambda_1 \cdot v} - 1} - u \cdot (\bar{w}_0 - \bar{w}_1) + \lambda \right) \cdot \frac{\delta q}{\delta v}. \qquad (4.44)$$

$$\frac{\delta L}{\delta \lambda} = q - q^0. \qquad (4.45)$$

Danach lassen sich für die 3 Parameter n_0, v_0 und k_0 die beiden folgenden Bestimmungsgleichungen formulieren [vgl. *Gibra*, S. 641f.]:

$$v_0 = p \cdot \left(\frac{1}{\lambda_1} + \frac{1}{\lambda_3} - \frac{b \cdot \sqrt{2\pi \cdot n_0} \cdot e^{(k_0^2/2)}}{q^0 \cdot \delta \cdot \lambda_1 \cdot Aa_1} \right). \qquad (4.46)$$

$$1 + \frac{\lambda_1}{\lambda_3} = 6 \cdot \left(\frac{1}{2p} - \frac{1}{p^2} + \frac{\delta \cdot f(k_0 - \delta \cdot \sqrt{n_0})}{2 \cdot p^3 \cdot \sqrt{n_0}} \cdot \left(n_0 + \frac{h + Aa_1 \cdot \alpha(k) \cdot q^0}{b} \right) \right)$$

$$+ \frac{b \cdot \sqrt{2\pi \cdot n_0} \cdot e^{(k_0^2/2)}}{q^0 \cdot \delta \cdot Aa_1}. \qquad (4.47)$$

Bei der Berechnung der optimalen Parameter mit Hilfe dieser beiden Gleichungen geht man so vor, daß man zunächst n_0 und k_0 so bestimmt, daß die Gleichung (4.47) erfüllt ist. Diese zunächst schwierig erscheinende Vorgehensweise wird dadurch praktikabel, daß für die Beziehung zwischen n_0 und k_0 näherungsweise noch folgende Gleichung verwendet werden kann:

$$f(k^0) \cong \frac{b \cdot \sqrt{n^0}}{\delta \cdot Aa_1 \cdot q^0} . \tag{4.48}$$

Man bestimmt nun mit (4.48) Wertepaare von n und k und prüft für diese Paare die Gleichung (4.47). Ist für ein Wertepaar die Gleichung (4.47) näherungsweise erfüllt, so wird bei ganzzahligem Stichprobenumfang n_0 der Wert von k_0 so berechnet, daß (4.47) exakt erfüllt ist. Mit bekanntem n_0 und k_0 liefert die Gleichung (4.46) schließlich die optimale Größe von v_0, d.h. den optimalen zeitlichen Abstand zwischen zwei Kontrollzeitpunkten.

Zur Veranschaulichung sei ein Beispiel angegeben: Es soll eine bestimmte, meßbare Eigenschaft eines Produktes kontrolliert werden. Unter normalen Produktionsbedingungen sei der gemessene Wert normalverteilt mit dem Erwartungswert μ_0. Dieser Erwartungswert sei als Planwert auf der $\bar{X}$-Kontrollkarte vorgegeben. Ein Produkt wird als unbrauchbar betrachtet (Ausschuß), wenn der Erwartungswert um mehr als $2,5 \cdot \sigma$ überschritten wird. Die Produktionsrate sei 160 Stück pro Stunde. Es gibt eine kontrollierbare Abweichungsursache, welche bei ihrem Wirksamwerden den Erwartungswert für die gemessene Eigenschaft um $1,2 \cdot \sigma$ erhöht ($\delta = 1,2$). Die Wahrscheinlichkeitsverteilung für den Zeitpunkt (gemessen in Produktionsstunden) des Auftretens dieser Abweichungsursache sei $f_{x_1}(t) = \lambda_1 \cdot e^{-\lambda_1 t} = 0,0125 \cdot e^{-0,0125 \cdot t}$. Das bedeutet, daß die kontrollierbare Abweichungsursache durchschnittlich jeweils nach $1/0,0125 = 80$ Produktionsstunden auftritt. Die Wahrscheinlichkeitsverteilung für die Zeit zur Erhebung einer Stichprobe, zu ihrer Auswertung und zur Beseitigung der kontrollierbaren Abweichungsursache sei

$$f_{x_2}(t) = \frac{\lambda_2^r \cdot t^{r-1} \cdot e^{-\lambda_2 \cdot t}}{(r-1)!} = t \cdot e^{-t} .$$

Die Parameter der Erlang-Verteilung sind demnach $\lambda_2 = 1$ und $r = 2$. Die Kosten einer Stichprobe betragen $h + b \cdot n = 10 + n$. Die Kosten einer Auswertung und Korrektur seien $Aa_2 = 400$ DM, und die Kosten einer Auswertung mit negativem Ergebnis (Zustand 1) seien $Aa_1 = 200$ DM. Die Kosten einer Fehlproduktion seien $u = 9$ DM pro Stück.

Gesucht sind die kostenminimalen Kontrollparameter n_0, v_0 und k_0 unter der Nebenbedingung, daß mit einer Wahrscheinlichkeit von $\beta = 95\%$ vom Zeitpunkt des Wirksamwerdens der kontrollierbaren Abweichungsursache bis zu ihrer Beseitigung nicht mehr als 240 fehlerhafte Produkte hergestellt werden.

Zur Lösung berechnet man zunächst den Zeitraum R, der zwischen dem Eintritt und der Beseitigung der kontrollierbaren Abweichungsursache liegt und mit einer Wahrscheinlichkeit von 95% eingehalten werden soll. Beim Eintritt der kontrollierbaren Abweichungsursache verschiebt sich der Erwartungswert um $+1,2 \cdot \sigma$, so daß die Wahrscheinlichkeit für das Überschreiten der Toleranzgrenze ($2,5\sigma$) sich von $0,621\%$ auf

$$1 - \Phi(2,5 - 1,2) = 9,68\%$$

erhöht. Bei einer Produktionsrate von 160 Stück pro Stunde bedeutet dies pro Stunde eine Fehlproduktion von

$0{,}0968 \cdot 160 = 15{,}49$ Stück.

Wenn vom Eintritt der kontrollierbaren Abweichungsursache bis zu ihrer Beseitigung mit 95%iger Wahrscheinlichkeit nicht mehr als 240 fehlerhafte Produkte hergestellt werden sollen, so muß die kontrollierbare Abweichungsursache mit einer Wahrscheinlichkeit von 95% in

$$R = \frac{240}{15{,}49} = 15{,}5 \text{ Produktionsstunden}$$

entdeckt und beseitigt werden. Setzt man die angegebenen Werte in (4.40) ein, so erhält man:

$$\int_0^{15{,}5} f_T(t)\, dt = \int_0^{15{,}5} \lambda_3 \cdot e^{-t} \cdot \left(\frac{e^{(1-\lambda_3)\cdot t} - 1}{(1-\lambda_3)^2} - \frac{t}{1-\lambda_3} \right) dt \geq 0{,}95.$$

Daraus findet man $\lambda_3 \geq 0{,}23$ und man kann dann auf Grund von (4.31) q_0 berechnen. Es ergibt sich:

$$q_0 = \frac{1/\lambda_1}{1/\lambda_1 + r/\lambda_2 + 1/\lambda_3} = \frac{80}{80 + 2/1 + 1/0{,}23} = 0{,}92648.$$

Dies bedeutet, daß über einen großen Zeitraum hinweg x_1, also die Zeit, in welcher der Zustand 1 vorliegt, im Durchschnitt 92,6% der Gesamtzeit betragen soll. Mit Hilfe von (4.48) berechnet man nun einige Wertepaare für n und k und man prüft, inwieweit diese Wertpaare die Bedingungsgleichung (4.47) erfüllen. In der folgenden Tabelle sind die Ergebnisse eingetragen.

n	$f(k)$	k	$f(k - \delta \cdot \sqrt{n})$	α	p	LS von (4.47)	RS von (4.47)
6	0,0083	2,78	0,2083	0,0055	0,983	1,05	6,13
7	0,0089	2,76	0,1354	0,0058	0,985	1,05	3,39
8	0,0095	2,73	0,0805	0,0063	0,985	1,05	1,50
9	0,0101	2,71	0,045	0,0067	0,985	1,05	0,34
10	0,0107	2,69	0,0241	0,0072	0,985	1,05	− 0,35

Tab. 8: Berechnung von Näherungswerten für n_0 und k_0

Aus der Tabelle ersieht man, daß der optimale Stichprobenumfang $n_0 = 8$ sein wird. (Es muß ein ganzzahliger Wert sein). Löst man die Bestimmungsgleichung (4.47) für $n_0 = 8$ nach k und berechnet den entsprechenden Wert, so erhält man $k_0 = 2{,}72$. Mit diesem Ergebnis findet man für v_0 aufgrund der Bestimmungsgleichung (4.46): $v_0 = 3{,}36$ Produktionsstunden. Setzt man diese Werte in die Zielfunktion (4.39) ein, so findet man den Erwartungswert der minimalen Kosten pro Produktionsstunde: $\mu\,(K\,(n_0, v_0, k_0)) = 384$ DM.

4.2.1.2.1.4.4 Diskussion des Verfahrens. Das oben geschilderte Verfahren zur Bestimmung von optimalen Kontrollkarten-Parametern ist hinsichtlich der Modellformulierung für die weitaus größte Anzahl der Lösungsansätze zu diesem Problem typisch. Bei der Formulierung dieser Ansätze geht man grundsätzlich von den Bedingungen des Produktionsbereiches aus. In diesem Bereich sind diese Verfahren auch unmittelbar anwendbar, sofern die Annahmen über die Wahrscheinlichkeitsverteilungen und die Kostenverläufe bei dem konkret gegebenen Fall realistisch sind. Die prinzipiell mögliche Ausweitung des Anwendungsbereiches auf andere betriebliche Planungs- und Kontrollprozesse stößt auf einige schwerwiegende Probleme. Dabei sind die Schwierigkeiten der Bestimmung von Kontrollkosten, von Auswertungsaufwand und Auswertungsertrag noch relativ gering. Man wird in vielen Fällen, wenn auch natürlich nicht mit Sicherheit, Schätzungen für die jeweils zu berücksichtigenden Kosten gewinnen können. Bei den hier zur Diskussion stehenden Modellen handelt es sich dabei, wie man aus der Kostenfunktion (4.39) ersieht, um

a) die Kosten für die Gewinnung von Informationen über den jeweiligen Istzustand sowie, aus allgemeiner Sicht, die Kosten für die Abweichungsermittlung. Bei den Modellen zur Kontrolle der Fertigungsqualität sind dies die Kosten einer Stichprobe.

b) die Kosten für die Auswertung einer Abweichung und für den Fall, daß die Auswertung eine kontrollierbare Abweichungsursache ergibt, die Kosten für die Beseitigung dieser Abweichung.

c) die Verzögerungskosten im Sinne von Pollock und Kromschröder, die dadurch entstehen, daß eine kontrollierbare Abweichungsursache nicht unmittelbar nach ihrem Eintreten erkannt und beseitigt wird.

Das zentrale Problem jedoch, welches einer Ausweitung des Anwendungsbereiches dieser Modelle entgegensteht, liegt in den Annahmen über den zugrundeliegenden stochastischen Prozeß. Es beginnt mit der Annahme, daß die Standardabweichung für das zu kontrollierende Merkmal eine konstante Größe ist, und daß man genau weiß, um wieviele Standardabweichungen sich der Mittelwert verändert, wenn die kontrollierbare Abweichungsursache eintritt. Das Problem vergrößert sich durch die expliziten Annahmen über die Wahrscheinlichkeitsverteilungen für den Zeitpunkt des Eintrittes der kontrollierbaren Abweichungsursache und, wie im obigen Modell für die Zeit zur Ermittlung und Beseitigung der Ursache. Als zusätzliche Schwierigkeit hat man in vielen Fällen nicht nur eine einzelne, kontrollierbare Abweichungsursache zu beachten, sondern es gibt eine Reihe von potentiellen Abweichungsursachen, die alleine oder auch gemeinsam wirken können. Aber selbst wenn in einem konkreten Fall etwa im Beschaffungsbereich, im Absatzbereich oder im Verwaltungsbereich die vorliegende Überwachungsaufgabe mit den Modellannahmen ausreichend genau übereinstimmt, sind erfahrungsgemäß die stochastischen Verhältnisse in diesen Bereichen nicht annähernd so stabil, wie im Produktionsbereich bei der Massenfertigung. Damit wird das Kernproblem der Planung von Kontrollaufgaben deutlich. Denn die Planung von Kontrollaufgaben ist nur dann möglich, wenn über die zugrundeliegenden, stochastischen Prozesse brauchbare, einigermaßen zuverlässige Erkenntnisse vorliegen. Das ist aber m.E. fast immer dann *nicht* der Fall, wenn dieser stochastische Prozeß durch die Entscheidungen von Personen wesentlich beeinflußt wird. Eine Ausnahme ist allenfalls dann gegeben, wenn es sich um eine große Anzahl von Menschen handelt, deren individuelles Verhalten stochastisch zwar nicht erfaßt werden kann, deren Gruppenverhalten jedoch statistisch stabil ist. Die adäquaten Methoden zur Berücksichtigung des individuellen Verhaltens sind m.E. die Spieltheorie und die verhaltenswissenschaftlichen Methoden. Ansätze, die diese Methoden verwenden, liegen jedoch bisher nicht vor.

An dem oben dargestellten, speziellen Verfahren zur Ermittlung der optimalen Kontrollverhaltensparameter ist der Lösungsweg besonders interessant. Während die analytische Minimierung der Kostenfunktion (4.39) große Schwierigkeiten bereitet, ergibt sich durch den Umweg über die Nebenbedingungen (4.40) und die Lagrange-Hilfsfunktion (4.41) ein relativ einfacher und dazu noch zweckmäßiger Lösungsansatz. Diese, von *Gibra* [1971, S. 640f.] vorgeschlagene Vorgehensweise ist auch dann zu empfehlen, wenn man das Minimum von (4.39) ohne Nebenbedingung sucht. Dazu variiert man den Begrenzungswert q^0 und berechnet für jedes q^0 die Parameter v_0, n_0 und k_0, welche die Lagrange-Hilfsfunktion (4.41) minimieren, sowie den sich bei diesen Parametern ergebenden Kostenbetrag. Jenes q^0, für das dieser Kostenbeitrag minimal wird, führt zu den gesuchten Parametern, welche auch die Kostenfunktion (4.39) minimieren.

4.2.1.2.2 Planung bei stochastischem Auswertungserfolg: Der Ansatz von Lüder

Bei den oben behandelten Ansätzen wurde davon ausgegangen, daß der Auswertungsaufwand und insbesondere der Auswertungsertrag in Abhängigkeit von der beobachteten Abweichung mit Sicherheit bekannt sind. Diese Annahme kann als ein Mangel angesehen werden, „da A_1 und A_2 (Auswertungsaufwand und Auswertungsertrag L.S.) zweifelsohne nicht mit Sicherheit bestimmbar sind." [*Lüder*, 1970, S. 642]. Als Konsequenz erweitert Lüder den Ansatz von Bierman, Fouraker und Jaedicke, indem er den Auswertungsaufwand und den Auswertungsertrag als stochastische Variable in das Modell aufnimmt. Als Entscheidungskriterium wird die Wahrscheinlichkeit berechnet, mit der ein bestimmter Auswertungserfolg erreicht werden kann. Abb. 17 zeigt die Struktur des Modells [vgl. *Lüder*, 1970, S. 642].

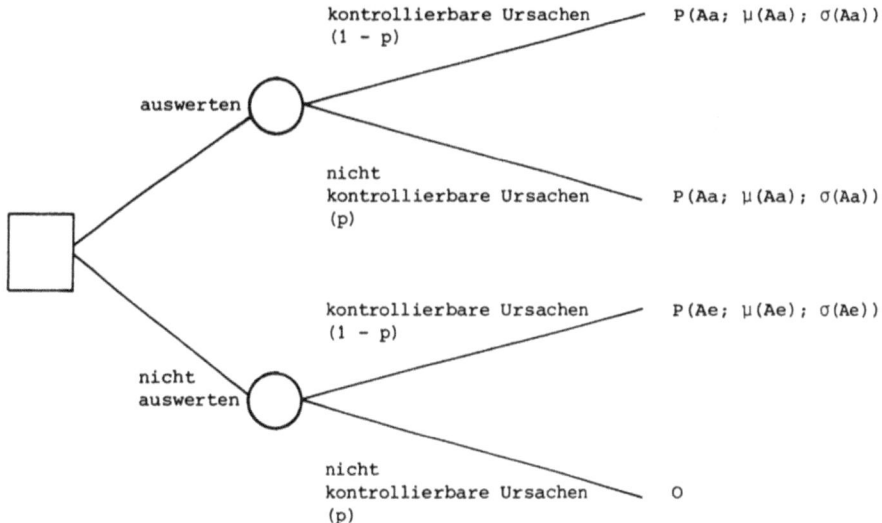

Abb. 17: Entscheidungsbaum für die Auswertungsentscheidung

Wie aus Abb. 17 ersichtlich, wird die Auswertungsentscheidung zum einen durch die Wahrscheinlichkeit p bestimmt, mit der die beobachtete Abweichung durch nicht kontrollierbare Ursachen entstanden ist, zum anderen durch die Wahrscheinlichkeit P (Aa; μ (Aa); σ (Aa)), mit welcher der Auswertungsaufwand Aa und P (Ae; μ (Ae); σ (Ae)), mit welcher der Auswertungsertrag Ae vorgegebene Werte Aa und Ae überschreiten bzw. unterschreiten. Als Ergebnisse der verschiedenen Handlungen (auswerten, nicht auswerten) bei den möglichen Umweltzuständen (kontrollierbare Ursachen, nicht kontrollierbare Ursachen) sind in Abb. 17 die jeweils entstehenden Aufwendungen bzw. Opportunitätskosten eingetragen. Wenn ausgewertet wird, entstehen die Auswertungsaufwendungen. Wird nicht ausgewertet und die Abweichungsursachen sind kontrollierbar, dann entstehen Opportunitätskosten in Höhe des entgangenen Auswertungsertrages.

Lüder geht davon aus, daß der Auswertungsaufwand mit N (μ (Aa); σ (Aa)) und der Auswertungsertrag mit N (μ (Ae); σ (Ae)) normalverteilt ist. Die Parameter dieser beiden Verteilungen werden subjektiv geschätzt. Dabei kann man zur Schätzung der Standardabweichungen dem Vorschlag von Bierman, Fouraker und Jaedicke folgend das 50% Intervall um den Erwartungswert schätzen, oder man schätzt den 3-σ-Bereich.

Als Entscheidungsregel gilt, daß eine Abweichung ausgewertet werden soll, wenn bei einer vorgegebenen Sicherheitswahrscheinlichkeit der Auswertungserfolg größer als Null ist. Bei den obigen Annahmen gilt für den Erwartungswert des Auswertungserfolges:

$$\mu (AE) = -(1-p) \cdot \mu (Aa) - p \cdot \mu (Aa) + (1-p) \cdot \mu (Ae)$$
$$= (1-p) \cdot \mu (Ae) - \mu (Aa). \tag{4.49}$$

Für die Varianz des Auswertungserfolges erhält man:

$$\sigma^2 (AE) = \mu ((AE - \mu (AE))^2)$$
$$= \mu (((1-p) \cdot Ae - Aa - (1-p) \cdot \mu (Ae) + \mu (Aa))^2)$$
$$= (1-p)^2 \cdot \sigma^2 (Ae) + \sigma^2 (Aa) - 2 \cdot (1-p) \cdot \sigma^2 (Ae, Aa). \tag{4.50}$$

Damit ergibt sich für die Standardabweichung

$$\sigma (AE) = \sqrt{\sigma^2 (Aa) + (1-p)^2 \cdot \sigma^2 (Ae) - 2r \cdot (1-p) \cdot \sigma (Ae) \cdot \sigma (Aa)}. \tag{4.51}$$

Zur Ermittlung der Wahrscheinlichkeit, mit welcher der Auswertungserfolg größer als Null ist, berechnet man für die standardisierte Normalverteilung den Wert

$$t = \frac{0 - \mu (AE)}{\sigma (AE)} = \frac{\mu (Aa) - (1-p) \cdot \mu (Ae)}{\sqrt{\sigma^2 (Aa) + (1-p)^2 \cdot \sigma^2 (Ae) - 2r \cdot (1-p) \cdot \sigma (Aa) \cdot \sigma (Ae)}}. \tag{4.52}$$

Gibt t_{mind} (α) an, wie viele Standardabweichungen der Erwartungswert des Auswertungserfolges bei vorgegebener Sicherheitswahrscheinlichkeit α mindestens größer als Null sein muß, so erhält man als Entscheidungsregel:
Ist $t_{\text{mind}} < -t$, so soll ausgewertet werden, sonst nicht.

Die Betrachtung einiger Spezialfälle soll die Zweckmäßigkeit des Ansatzes veranschaulichen:

a) Für t_{mind} ($\alpha = 50\%$) $= 0$ ergibt sich:
Es wird ausgewertet, wenn:

$$t_{\text{mind}} = 0 < -t = \frac{\mu (AE)}{\sigma (AE)}. \tag{4.53}$$

Da die Standardabweichung $\sigma\,(AE)$ nicht negativ werden kann, ist (4.53) genau dann erfüllt, wenn

$$\mu\,(AE) = (1 - p) \cdot \mu\,(Ae) - \mu\,(Aa) > 0 \tag{4.54}$$

ist. Das bedeutet, es wird ausgewertet, wenn der Erwartungswert des Auswertungserfolges größer als Null ist. Für den Fall, daß der Auswertungserfolg gleich Null ist, kann man analog zu Bierman, Fouraker und Jaedicke eine kritische Wahrscheinlichkeit p_c berechnen. Der Unterschied zum Ansatz von Bierman, Fouraker und Jaedicke besteht dann lediglich darin, daß hier an die Stelle der sicheren Werte für Ae und Aa die Erwartungswerte treten.

Darüber hinaus kann man für eine festgelegte Sicherheitswahrscheinlichkeit auch hier kritische Wahrscheinlichkeiten in Abhängigkeit von der Höhe der beobachteten Abweichung berechnen und Kontrollkarten entsprechend der in Abb. 13 verwenden. Man erhält für die kritische Wahrscheinlichkeit in Abhängigkeit von $t\,(\alpha)$:

$$p_c\,(t\,(\alpha)) = 1 + \frac{B\,(t\,(\alpha)) + \sqrt{B^2\,(t\,(\alpha)) + 4G\,(t\,(\alpha)) \cdot H\,(t\,(\alpha))}}{2G\,(t\,(\alpha))} \tag{4.55}$$

wobei:

$$G\,(t\,(\alpha)) = t^2\,(\alpha) \cdot \sigma^2\,(Ae) - \mu^2\,(Ae),$$

$$B\,(t\,(\alpha)) = 2\mu\,(Aa) \cdot \mu\,(Ae) - t^2\,(\alpha) \cdot 2r\sigma\,(Aa) \cdot \sigma\,(Ae),$$

$$H\,(t\,(\alpha)) = \mu^2\,(Aa) - t^2\,(\alpha)\,\sigma^2\,(Aa).$$

Ist eine Abweichung beobachtet worden, so muß zunächst die Wahrscheinlichkeit p dafür ermittelt werden, daß diese Abweichung nicht kontrollierbare Ursachen hat. Ist p kleiner als p_c, so wird ausgewertet und sonst nicht. Setzt man in (4.55) für $\alpha = 50\%$, so wird $t = 0$ und es ergibt sich für die kritische Wahrscheinlichkeit:

$$p_c\,(t = 0) = 1 - \frac{\mu\,(Aa)}{\mu\,(Ae)}. \tag{4.56}$$

Dieses Ergebnis entspricht dem von (4.16) für den Ansatz von Bierman, Fouraker und Jaedicke.

b) Ist $r = +1$, d.h. Auswertungsaufwand und Auswertungsertrag sind miteinander vollständig positiv korreliert, was sich darin zeigt, daß hoher Auswertungsaufwand und hoher Auswertungsertrag sowie niedriger Auswertungsaufwand und niedriger Auswertungsertrag häufig gemeinsam auftreten, dann erhält man als Auswertungskriterium:

$$t_{\text{mind}} < -t = \frac{(1 - p) \cdot \mu\,(Ae) - \mu\,(Aa)}{\sqrt{\sigma^2\,(Aa) + (1 - p)^2 \cdot \sigma^2\,(Ae) - 2\,(1 - p)\,\sigma\,(Aa) \cdot \sigma\,(Ae)}}$$

$$= \frac{(1 - p) \cdot \mu\,(Ae) - \mu\,(Aa)}{|\,(1 - p) \cdot \sigma\,(Ae) - \sigma\,(Aa)\,|}\;. \tag{4.57}$$

In diesem Fall ist die Standardabweichung des Auswertungserfolges gleich der Differenz der mit eins und $(1 - p)$ gewichteten Standardabweichungen von Auswertungsaufwand und Auswertungsertrag. Da jede Standardabweichung positiv sein muß, ist es zweckmäßig, im Nenner von (4.57) den Absolutbetrag der Differenz zu schreiben.

c) Ist $r = -1$, d.h. hohe Erträge treten häufig mit niedrigen Aufwendungen und auf umgekehrt, dann wird ausgewertet, wenn

$$t_{\text{mind}} < -\, t = \frac{(1-p) \cdot \mu\,(Ae) - \mu\,(Aa)}{\sqrt{\sigma^2\,(Aa) + (1-p)^2 \cdot \sigma^2\,(Ae) + 2\,(1-p)\,\sigma\,(Aa) \cdot \sigma\,(Ae)}}$$

$$= \frac{(1-p) \cdot \mu\,(Ae) - \mu\,(Aa)}{\sigma\,(Aa) + (1-p) \cdot \sigma\,(Ae)} \tag{4.58}$$

ist. In diesem Fall ist die Standardabweichung des Auswertungsertrags gleich der Summe der mit eins und $(1-p)$ gewichteten Standardabweichungen von Auswertungsaufwand und Auswertungsertrag.

d) Schließlich sei noch der Fall betrachtet, daß eine Abweichung mit $p = 1$ auf nicht kontrollierbaren, zufälligen Abweichungen beruht. Das Auswertungskriterium ist dann:

$$t_{\text{mind}} < -\, t = \frac{-\,\mu\,(Aa)}{\sigma\,(Aa)}. \tag{4.59}$$

Das bedeutet, daß eine solche Abweichung richtiger Weise nicht ausgewertet wird, so lange $\mu\,(Aa) > 0$ gilt, und $t_{\text{mind}} \geqslant 0$ festgesetzt wird.

4.2.2 Mehrperiodige Modelle

4.2.2.1 Vorbemerkungen

Planungs- und Kontrollprozesse können aufgrund besonderer Bedingungen und Situationsmerkmale Einmaligkeitscharakter besitzen. In einem solchen Fall hat man eine einzelne Abweichung als Indikator für die Güte der Planung und der Ausführung. Anhand dieser einzelnen Abweichung muß man über ihre Auswertung oder Nichtauswertung entscheiden. Für den Auswertungsaufwand und den Auswertungsertrag bei einem Planungs- und Kontrollprozeß mit Einmaligkeitscharakter wird man vermuten dürfen, daß der Auswertungsaufwand eher höher, der Auswertungsertrag eher niedriger sein wird als bei Planungs- und Kontrollprozessen, die sich in ähnlicher Weise wiederholen.

Bei Planungs- und Kontrollprozessen, die sich in ähnlicher Weise wiederholen, können neben der jeweils ermittelten Plan-Ist-Abweichung auch die früher beobachteten Abweichungen als Informationsgrundlage für die Auswertungsentscheidung herangezogen werden. Dies kann zum einen wegen der besseren Nutzung verfügbarer Informationen zu einer Steigerung des Auswertungsertrages führen, der zum anderen Aufwendungen für die Speicherung und Einbeziehung der zusätzlichen Abweichungsinformationen gegenüberstehen. Bei den einperiodigen Modellen des vorangegangenen Abschnittes wurde die Auswertungsentscheidung jeweils nur aufgrund der zuletzt beobachteten Abweichung getroffen. Die mehrperiodigen Modelle in diesem Abschnitt sind dagegen dadurch charakterisiert, daß neben der zuletzt beobachteten Abweichung auch Abweichungsinformationen früherer Perioden in das Entscheidungskalkül über die Auswertung oder Nichtauswertung eingehen. Dabei gibt es im wesentlichen zwei unterschiedliche Möglichkeiten, die Abweichungsinformationen früherer Perioden bei der Auswertungsentscheidung zu berücksichtigen. Im einen Fall werden die Abweichungen unmittelbar in das Entscheidungskriterium übernommen, was zu den Kontrollkarten führt, bei denen kumulierte Abweichungen als Kriterium verwendet werden (Cusum-Charts). Im anderen Fall wird auf der Grundlage der beobachteten Abweichung die Wahrscheinlichkeit dafür berechnet, daß der beobachtete Prozeß ordnungsgemäß abläuft. In Abhängigkeit von der Höhe dieser Wahrscheinlichkeit kann dann über die Frage der Auswertung oder Nichtauswertung entschieden werden.

Kontrollkarten auf der Grundlage kumulierter Abweichungssummen werden in vielen Fällen ohne die explizite Berücksichtigung von Auswertungsaufwand und Auswertungsertrag erstellt. Sie werden im folgenden Abschnitt dargestellt. Anschließend werden Modelle dargestellt, bei denen der Auswertungsaufwand und der Auswertungsertrag explizit berücksichtigt werden. Dabei handelt es sich zum einen um Modelle zur Optimierung von $\bar{X}$-Kontrollkarten und zum anderen um solche Modelle, bei denen die Wahrscheinlichkeit für einen ordnungsgemäßen Ablauf als Kriterium für die Auswertungsentscheidung verwendet wird.

4.2.2.2 Kontrollkarten mit kumulierten Summen und ohne explizite Berücksichtigung von Auswertungsaufwand und Auswertungsertrag

Grundlage dieser Kontrollkarten ist die folgende Berechnungsmethode von kumulativen Summen: Wird eine Folge $m_{j1}, m_{j2}, \ldots$ von Realisationen eines quantifizierbaren Situationsmerkmales j beobachtet, dann sind die zugehörigen kumulativen Summen [vgl. *Murdoch*, S. 56]:

$$S_1 = (m_{j1} - k)$$
$$S_2 = (m_{j1} - k) + (m_{j2} - k) = S_1 + (m_{j2} - k)$$
$$\vdots$$
$$S_r = \sum_{t=1}^{r} (m_{jt} - k) = S_{r-1} + (m_{jr} - k). \tag{4.60}$$

Darin ist k eine konstante Bezugs- oder Basisgröße. Trägt man die so berechneten kumulierten Summen in eine Kontrollkarte ein, so lassen sich aus den Veränderungen der *Steigung* der kumulierten Summen Rückschlüsse ziehen auf die Ursachen, die zu den registrierten Beobachtungswerten geführt haben.

Die Konstante k kann grundsätzlich in beliebiger Höhe festgesetzt werden. Es ist jedoch insbesondere im Hinblick auf die Darstellung in der Kontrollkarte zweckmäßig, k in der Nähe des Mittelwertes der Beobachtungswerte zu wählen. Geht man davon aus, daß der Planwert des zu beobachtenden Situationsmerkmales in Höhe des erwarteten Mittelwertes festgelegt wurde, so empfiehlt es sich, für k den *Planwert* anzusetzen, was allerdings voraussetzt, daß der Planwert für das Situationsmerkmal zeitunabhängig ist.

Soll der erwartete Mittelwert in jedem Zeitintervall realisiert werden, so läßt sich mit Hilfe der kumulierten Summen eine Veränderung dieses Mittelwertes aufdecken. Hat sich der Mittelwert des Situationsmerkmales beispielsweise dauerhaft erhöht, so werden die kumulierten Summen von Zeitintervall zu Zeitintervall steigen. Entsprechend werden die kumulierten Summen bei einer dauerhaften Verminderung des Mittelwertes von Zeitintervall zu Zeitintervall sinken. Man erkennt also, daß eine Veränderung des Mittelwertes des als Zufallsvariable geplanten Situationsmerkmales zu einer Veränderung der Steigung der kumulierten Summen führt. Die absolute Höhe der kumulierten Summen ist nicht von besonderem Interesse. Hat man eine konkrete Folge von Beobachtungswerten zu beurteilen, so versucht man durch eine geeignete Auswahl aufeinanderfolgender Beobachtungswerte Veränderungen der Steigung herauszufinden.

Zur Veranschaulichung sind in der Tabelle 9 für die Kartonagen-Produktionsabweichungs-Mittelwerte $\bar{X}$ der Tabelle 3 die kumulierten Summen angegeben, wobei $k = 0$ gesetzt wurde, was bedeutet, daß man im Mittel keine Abweichung erwartet.

Tag	Mittelwert der Abweichungen $\bar{X}$ entsprechend der Tabelle 3	kumulierte Summen für $k = 0$
1	0,00	0,00
2	+ 14,70	+ 14,70
3	– 13,00	+ 1,70
4	– 12,30	– 10,60
5	+ 7,50	– 3,10
6	– 7,00	– 10,10
7	– 2,30	– 12,40
8	+ 3,50	– 8,90
9	– 5,30	– 14,20
10	– 3,00	– 17,20
11	– 1,00	– 18,20
12	+ 7,30	– 10,90
13	– 1,50	– 12,40
14	+ 1,50	– 10,90
15	+ 1,50	– 9,40
16	– 2,70	– 12,10
17	+ 2,00	– 10,10
18	+ 3,30	– 6,80
19	+ 3,70	– 3,10
20	+ 2,70	– 0,40

Tab. 9: Kumulierte Summen für die Mittelwerte der Abweichungen $\bar{X}$ entsprechend der Tabelle 3 und für $k = 0$

In der Abbildung 18 ist die Kontrollkarte der kumulierten Summen für die Werte der Tabelle 9 dargestellt.

Die Kontrollkarte der kumulierten Summen in Abb. 18 kann Anhaltspunkte dafür ergeben, ob die zu kontrollierende Zufallsvariable ihren Mittelwert im Beobachtungszeitraum verändert hat oder nicht. Schwanken die kumulierten Summen gleichmäßig um die Zeitachse oder ist zumindest in einigen Bereichen die Steigung der kumulierten Summen gleich Null, dann kann man vermuten, daß der Mittelwert der Beobachtungsfolge dem geplanten Mittelwert entspricht. Ist dagegen, wie in Abb. 18 eingezeichnet, ein Trend festzustellen, so wird man zunächst davon ausgehen, daß der Mittelwert sich verändert hat oder zumindest gewissen Schwankungen unterlegen war. In der Abb. 18 haben die ersten 5 kumulierten Summen eine fallende Tendenz von 3,60 Einheiten von Beobachtungszeitpunkt zu Beobachtungszeitpunkt und man kann vermuten, daß der Mittelwert der Abweichungen in diesem Bereich nicht Null war, sondern –3,60. Entsprechend ergibt sich für den Zeitraum vom 5. bis zum 11. Beobachtungszeitpunkt die Vermutung für einen Mittelwert von –1,40 und für den Zeitraum vom 11. bis zum 20. Beobachtungszeitpunkt die Vermutung für einen Mittelwert von +1,29. Bei einem solchen Ergebnis wird man darauf achten, wie sich die Beobachtungswerte und ihre kumulierten Summen in der Zukunft weiter entwickeln und ob sich die Steigung, die vom 11. bis zum 20. Beobachtungszeitpunkt festzustellen war, wieder verändert oder beibehalten wird.

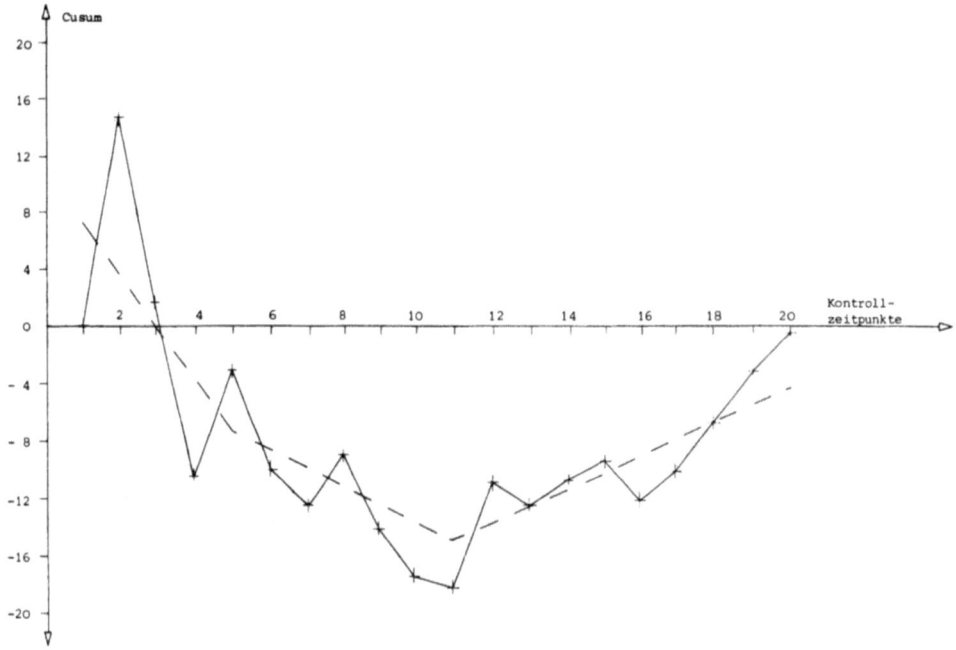

Abb. 18: Kontrollkarte mit kumulativen Summen für die Mittelwerte $\bar{X}$ in Tabelle 9 und für $k = 0$

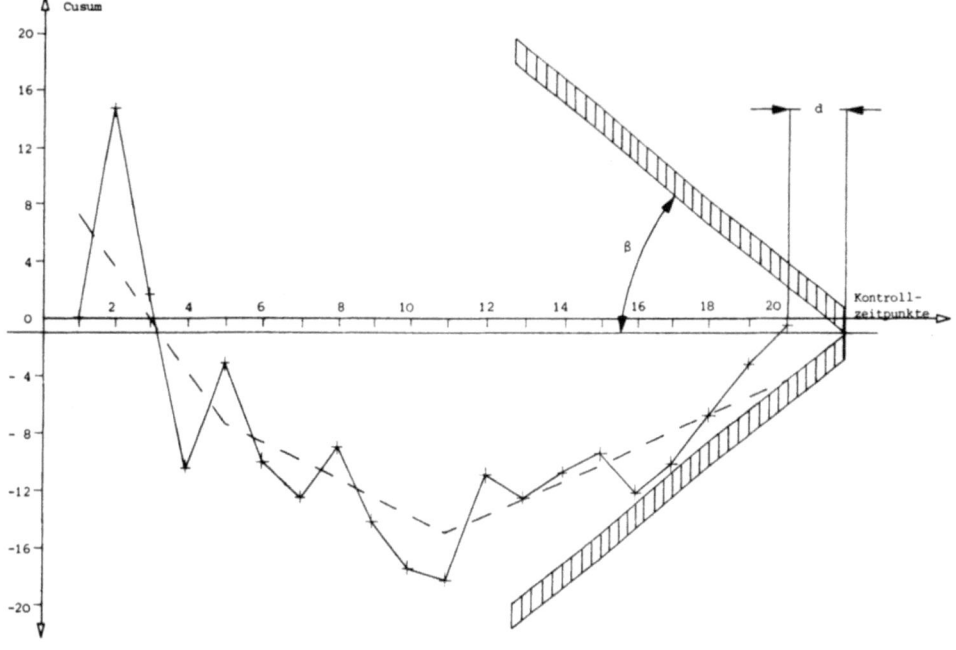

Abb. 19: Winkelschablone zur Auswertungsentscheidung

Vergleicht man die Kontrollkarte der kumulierten Summen in Abb. 18 mit der einfachen $\bar{X}$-Kontrollkarte in Abb. 11, so erkennt man unmittelbar, welche zusätzlichen Informationen mit Hilfe der Kontrollkarte der kumulierten Summen aus denselben Beobachtungswerten gewonnen werden können.

Setzt man Kontrollkarten mit kumulierten Summen ein, um über die Auswertung oder Nichtauswertung einer Abweichung zu entscheiden, so benötigt man Kontrollgrenzen. Eine Möglichkeit, die Kontrollgrenzen festzulegen, besteht in der Verwendung einer Winkelschablone (V-mask). Wie in der Abb. 19 eingezeichnet, wird dabei eine Schablone mit dem Winkel β im Abstand von d an den letzten Beobachtungswert angelegt und es wird festgelegt, daß die zuletzt beobachtete Abweichung dann ausgewertet werden soll, wenn mindestens einer der Werte der kumulierten Summen außerhalb der Kontrollgrenzen liegt, die durch die Schenkel des Winkel gegeben sind.

Neben der Winkelschablone ist eine Vielzahl anderer methodischer Vorgehensweisen möglich, um zu Kontrollgrenzen zu kommen. Üblich sind unter anderem Parallel-Schablonen (parallel mask) und Erhöhungsgrenzen (decision interval method) [vgl. *Murdoch*, S. 84]. Diese beiden Vorgehensweisen unterscheiden sich von der Winkelschablone unter anderem dadurch, daß die konstante Basisgröße k so gewählt wird, daß man nur bei positiven Steigungen der kumulierten Summe zu einer Auswertung kommt. Man nennt solche Kontrollkarten auch einseitige Cusum-Karten [*Goel/Wu*, 1973, S. 1271]. Die Abb. 20 zeigt für die Werte der Tabelle 9 und für $k = -1$ eine solche einseitige Cusum-Karte.

Die Erhöhungsgrenze h wird stets von der tiefsten Stelle der Cusum-Linie gemessen. Entsprechend der in Abb. 20 eingezeichneten Erhöhungsgrenze würde man beim 18. Kontrollzeitpunkt zu einer Auswertungsentscheidung kommen bzw. gekommen sein.

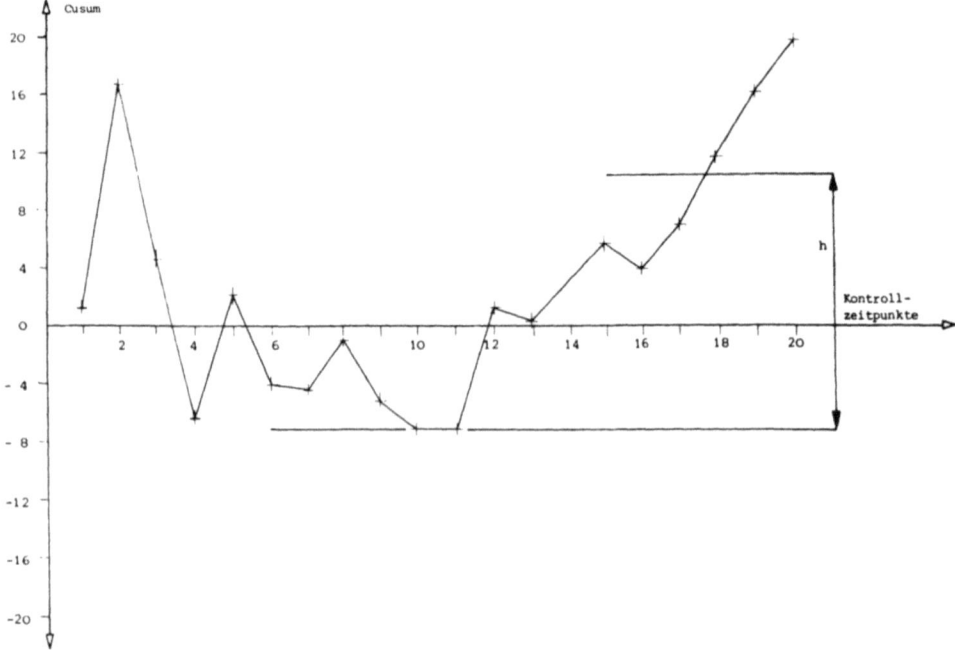

Abb. 20: Erhöhungsgrenze h zur Auswertungsentscheidung

Bei den einfachen Cusum-Kontrollkarten werden die Entscheidungsparameter, wie z.B. die Erhöhungsgrenze h oder die Werte d und β bei der Winkelschablone nicht berechnet, sondern dadurch ermittelt, daß man mit unterschiedlichen Werten an längeren Beobachtungsreihen aus der Vergangenheit experimentiert. In einigen Fällen sind in der Vergangenheit Auswertungen erfolgt und es sind kontrollierbare Abweichungsursachen festgestellt und beseitigt worden. Man wird versuchen, die Entscheidungsparameter so festzulegen, daß man zumindest in diesen Fällen zu einer Auswertung gekommen wäre.

4.2.2.3 Mehrperiodige Modelle mit expliziter Berücksichtigung von Auswertungsaufwand und Auswertungsertrag

4.2.2.3.1 Erfolgsmaximale Auswertungsschablonen für Kontrollkarten mit kumulierten Summen

4.2.2.3.1.1 Formulierung eines Modells. Um erfolgsmaximale oder kostenminimale Auswertungsschablonen berechnen zu können, muß man entweder den zu kontrollierenden Prozeß, insbesondere seine stochastischen Eigenschaften kennen oder sich mit den erforderlichen Annahmen behelfen. Bei dem hier darzustellenden, für die Optimierung von Auswertungsschablonen typischen Modell geht man davon aus, daß das zu kontrollierende Situationsmerkmal normalverteilt ist mit dem Erwartungswert μ_a und einer konstanten Standardabweichung σ. Es gibt eine kontrollierbare Abweichungsursache, die zu unbekannten, zufälligen Zeitpunkten auftritt und die den Erwartungswert von μ_a um einen Betrag von $\delta \cdot \sigma$ erhöht oder vermindert auf einen Wert $\mu_r = \mu_a \pm \delta \cdot \sigma$. Zu Beginn soll die kontrollierbare Abweichungsursache nicht wirksam sein, so daß man μ_a als Planwert erwarten kann. Das Zeitintervall vom ordnungsgemäßen Ausgangszustand bis zum Auftreten der kontrollierbaren Abweichungsursache ist exponentialverteilt mit dem Erwartungswert $1/\lambda_1$. Ist die Abweichungsursache wirksam geworden, dann kann der ordnungsgemäße Zustand nicht zufällig wieder von selbst zustandekommen, sondern nur durch eine Korrekturmaßnahme im Anschluß an die Auswertung einer beobachteten Abweichung. Die kontrollierbare Abweichungsursache soll während der Abweichungsermittlung und der Abweichungsauswertung nicht auftreten. Die Abb. 21 zeigt einen Kontrollzyklus.

Zu jedem Kontrollzeitpunkt wird eine Stichprobe vom Umfang n gezogen, es wird der Mittelwert der Stichprobe und seine Abweichung von der konstanten Basisgröße k berechnet. Die Abweichung wird in die Kontrollkarte der kumulierten Summen eingetragen und es wird anhand der Erhöhungsgrenze h darüber entschieden, ob ausgewertet werden soll oder nicht. Eine Auswertung wird immer dann vorgenommen, wenn der neu ermittelte Wert der Cusum-Linie um mehr als die Erhöhungsgrenze h höher liegt als der absolut niedrigste Wert der Cusum-Linie.

Für eine solche einseitige Kontrollkarte mit kumulierten Summen, bei der nur zu große Werte der kumulierten Summen zur Auswertung führen sollen, ist die Problemstellung der Optimierung dadurch gekennzeichnet, daß die 4 Parameter der Kontrollkarte, nämlich:

a) der Stichprobenumfang n,
b) der Zeitabstand zwischen zwei Kontrollzeitpunkten v,
c) der konstante Basisgröße k,
d) die Erhöhungsgrenze h

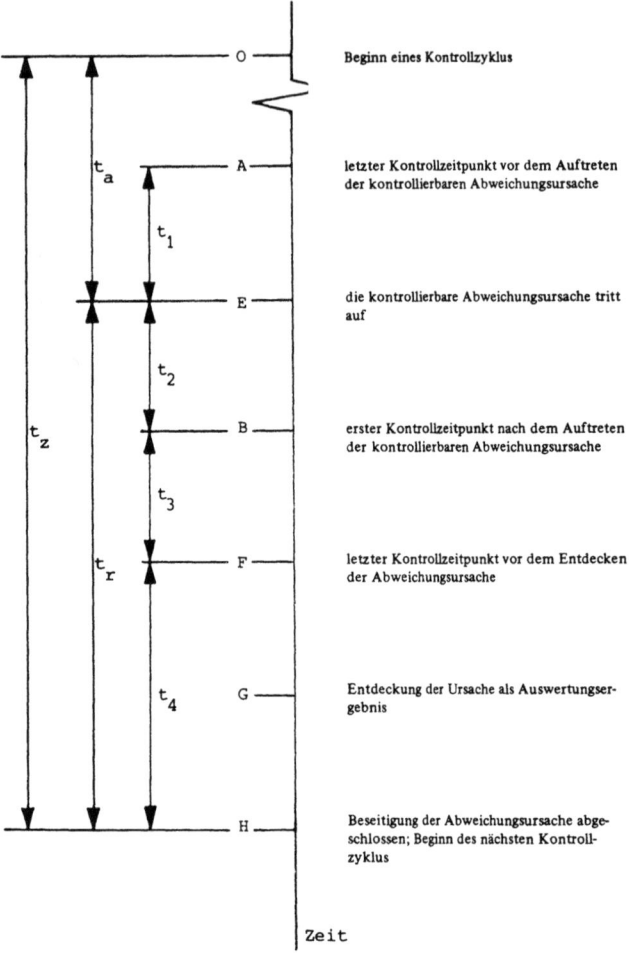

Abb. 21: Zeitlicher Ablauf eines Kontrollzyklus

erfolgsmaximal oder kostenminimal berechnet werden sollen. Zur Berechnung der erfolgsmaximalen Auswertungspolitik sollen die folgenden Erträge und Kosten, die pro Zeiteinheit anfallen, herangezogen werden:

a) Die Erträge, die bei ordnungsgemäßem Zustand pro Zeiteinheit erwirtschaftet werden $(1 - \gamma) \cdot E_a$.

b) Die Erträge, die bei Wirkung der kontrollierbaren Abweichungsursache pro Zeiteinheit erwirtschaftet werden $\gamma \cdot E_r$.

c) Die Kosten einer Auswertung, wenn die Ursache nicht aufgetreten ist $a_f \cdot Aa_1$.

d) Die Kosten für eine Auswertung und Korrektur $b \cdot Aa_2$.

e) Die Kosten der Kontrollkartenführung Aa_3.

Darin ist γ der Anteil der Zeit, während der der zu kontrollierende Prozeß auf lange Sicht nicht ordnungsgemäß, also unter Einwirkung der kontrollierbaren Abweichungsursache abläuft. E_a und E_r ($E_a > E_r$) sind die Erträge pro Zeiteinheit bei ordnungsgemäßem beziehungsweise gestörtem Ablauf. a_f ist die durchschnittliche Anzahl falscher Auswertungsentscheidungen pro Zeiteinheit, d.h. Auswertungen, die durch die Cusum-Karte angezeigt und vorgenommen werden, obwohl der zu kontrollierende Prozeß ordnungsgemäß abläuft. b ist die durchschnittliche Anzahl pro Zeiteinheit für das Auftreten der kontrollierbaren Abweichungsursache. Aa_1 sind die Kosten einer Auswertung, wenn sich der zu kontrollierende Prozeß in ordnungsgemäßem Zustand befindet und Aa_2 sind die Kosten für eine Auswertung und die anschließende Korrektur, wenn die kontrollierbare Abweichungsursache aufgetreten ist.

Unter Berücksichtigung dieser Vereinbarungen erhält man für den durchschnittlichen Auswertungserfolg pro Zeiteinheit:

$$AE = ((1 - \gamma) \cdot E_a + \gamma \cdot E_r) - (a_f \cdot Aa_1 + b \cdot Aa_2 + Aa_3)$$

$$= E_a - (\gamma \cdot (E_a - E_r) + a_f \cdot Aa_1 + b \cdot Aa_2 + Aa_3). \tag{4.61}$$

Da E_a von den vier Entscheidungsparametern unabhängig ist, ist die Maximierung von (4.61) äquivalent mit der Minimierung von:

$$C = \gamma \cdot (E_a - E_r) + a_f \cdot Aa_1 + b \cdot Aa_2 + Aa_3. \tag{4.62}$$

Um die Zielfunktion (4.62) in Abhängigkeit von den Entscheidungsparametern n, v, k und h darzustellen, müssen die Größen γ, a_f und b in Abhängigkeit von diesen Entscheidungsparametern berechnet werden. Da sowohl γ als auch a_f und b Durchschnittswerte von Zeiten der Störung oder des ungestörten Ablaufes sind, benötigt man zu dieser Berechnung vor allem die stochastischen Eigenschaften des kontrollierten Prozesses sowie der störenden, kontrollierbaren Abweichungsursachen. Ferner braucht man Annahmen über die Dauer der Abweichungsauswertung, der Korrektur und anderes mehr.

Es sei D die durchschnittliche Zeit, die benötigt wird, um die kontrollierbare Abweichungsursache nach der Auswertungsentscheidung zu ermitteln und es sei e ein Faktor, so daß $e \cdot n$ die Zeit angibt, die benötigt wird, um den neu ermittelten Wert in die Cusum-Kontrollkarte einzutragen und die Auswertungsentscheidung zu treffen. Ferner sei L_a die durchschnittliche Dauer, die der zu kontrollierende Prozeß ordnungsgemäß abläuft und es sei L_r entsprechend die durchschnittliche Dauer, die der zu kontrollierende Prozeß gestört ist. Die beiden Größen L_a und L_r sind bei gegebenen stochastischen Bedingungen, insbesondere von den Determinanten der Cusum-Kontrollkarte k und h abhängig. *Goel/ Wu* [1973, S. 1273ff.] zeigen, wie man mit einigen zusätzlichen Annahmen über die stochastischen Eigenschaften des zu kontrollierenden Prozesses, einigen Näherungen und Vereinfachungen, für die Kostenfunktion in Abhängigkeit der Größen: λ_1, n, L_a, L_r, D und e den folgenden Ausdruck erhält:

$$C = \frac{\left(\frac{v}{1 - e^{-\lambda_1 \cdot v}} - \frac{1}{\lambda_1} + (L_r - 1) \cdot v + (D + e \cdot n) \right) \cdot (E_a - E_r) + \frac{Aa_1}{\lambda_1 \cdot L_a \cdot v} + Aa_2}{\frac{1}{\lambda_1} + \frac{v}{1 - e^{-\lambda_1 \cdot v}} - \frac{1}{\lambda_1} + (L_r - 1) \cdot v + (D + e \cdot n)} +$$

$$+ Aa_3. \tag{4.63}$$

Gesucht sind nun jene Werte von n, h, k und v, für welche die Funktion (4.63) minimiert wird.

4.2.2.3.1.2 Die Berechnung der optimalen Parameter. Die analytische Ermittlung des Minimums der Zielfunktion (4.63) ist nicht möglich, weil die durchschnittlichen Laufzeiten L_a und L_r von n, h und k abhängen. Man versucht deshalb, auf numerischem Wege zu einer Lösung zu gelangen. *Goel/Wu* [1973, S. 1276ff.] empfehlen eine "pattern search technique" nach *Hooke/Jeeves* [1961], weil sie leicht programmiert werden kann und rasch zu guten Näherungslösungen führt. Zur Anwendung dieses Verfahrens wird im vorliegenden Fall $k = (\mu_a + \mu_r)/2$ gesetzt und es werden für ganzzahlige Werte des Stichprobenumfanges n jene Werte für h und v gesucht, bei denen die Kostenfunktion (4.63) minimiert wird. Für ein gegebenes n wird in der h-v-Ebene das Minimum der Kostenfunktion gesucht. Man beginnt mit beliebigen Werten für h und v und untersucht die Kostenfunktion in der Umgebung dieses Ausgangspunktes. Findet man eine Möglichkeit, die Funktionswerte zu verringern, so schreitet man in dieser Richtung fort. Kommt es dabei wieder zu einer Kostenerhöhung, so bewegt man sich wieder in Richtung auf den Ausgangspunkt. Hat man auf diese Weise in einer Richtung einen tiefsten Punkt gefunden, so ändert man die Richtung. Die Suche wird beendet, wenn die Schrittweite in allen Richtungen eine Untergrenze unterschreitet oder wenn eine vorgegebene Obergrenze für die Anzahl der Iteration überschritten wird. Dieser Suchprozeß wird für mehrere Werte von n wiederholt, bis man einen Näherungswert für das absolute Minimum der Kostenfunktion gefunden hat.

Das Verfahren soll an einem einfachen Beispiel veranschaulicht werden: Es sei $\mu_a = 10g$, $\mu_r = 12g$ und $\sigma = 1g$. Ferner sei $E_a - E_r = 100$ DM/Stunde, $Aa_1 = 50$ DM, $Aa_2 = 25$ DM, $Aa_3 = (0{,}50 + 0{,}10)/v$ DM/Stunde, $\lambda_1 = 0{,}01$, $D = 2$ Stunden, $e = 0{,}05$ Stunden. Für $k = (\mu_a + \mu_r)/2 = (10 + 12)/2 = 11g$ sollen nun n, v und h so berechnet werden, daß die Kosten entsprechend (4.63) minimal werden. Man beginnt etwa mit $n = 1$ und geht in der h-v-Ebene vom frei gewählten Punkt $h = 2g$ und $v = 0{,}2$ Stunden aus. In der Abb. 22 ist dies der Punkt A. Entsprechend der Kostenfunktion (4.63) ergeben sich für diesen Punkt bei einem Zeitraum von 100 Stunden Kosten in Höhe von 756,66 DM. Mit der festgelegten Schrittweite von 0,1 sowohl für h als auch für v findet man in der Umgebung von A den Punkt B mit $h = 2{,}1g$ und $v = 0{,}3$ Stunden. Die Kosten in B sind 594,44 DM für 100 Stunden. Da beim Schritt von A nach B eine Kostenminderung erreicht wurde, geht man in dieser Richtung weiter, und zwar zu C, wobei man mit $2 \cdot (B - A) + A$ zu C gelangt. Von C aus prüft man die Umgebung mit der Schrittweite 0,1 für h und v und gelangt zu D mit Kosten in Höhe von 506,32 DM pro 100 Stunden. Da wiederum eine Kostenminderung erreicht wurde, geht man in dieser Richtung weiter, und zwar zu E, wobei man mit $2 \cdot (D - B) + B$ zu E gelangt. Von E aus prüft man wieder die Umgebung und gelangt zu F mit Kosten von 502,63 DM pro 100 Stunden. Analog zu dem Schritt von B und D nach E geht man jetzt von D und F nach dem Prinzip $E = 2 \cdot (F - D) + D$ nach E und findet dort in der Umgebung wieder F. Von F aus gelangt man schließlich durch Richtungsänderungen und Reduktionen der Schrittweiten über G, H, I, J und K nach X, dem mit Kosten von 501,52 DM für 100 Stunden näherungsweise optimalen Punkt. Für h ergibt sich damit 2,51g und für $v = 0{,}54$ Stunden.

Wiederholt man diesen Suchprozeß für $n = 2, 3, \ldots$ bis 10, so erhält man die in der Tabelle 10 angegebenen Werte. Diese Werte zeigen, daß das gesuchte Kostenminimum vermutlich bei einem Stichprobenumfang von $n = 5$ Stück, bei einem zeitlichen Kontrollabstand von $v = 1{,}4$ Stunden und einer Erhöhungsgrenze von $h = 0{,}39g$ erreicht wird.

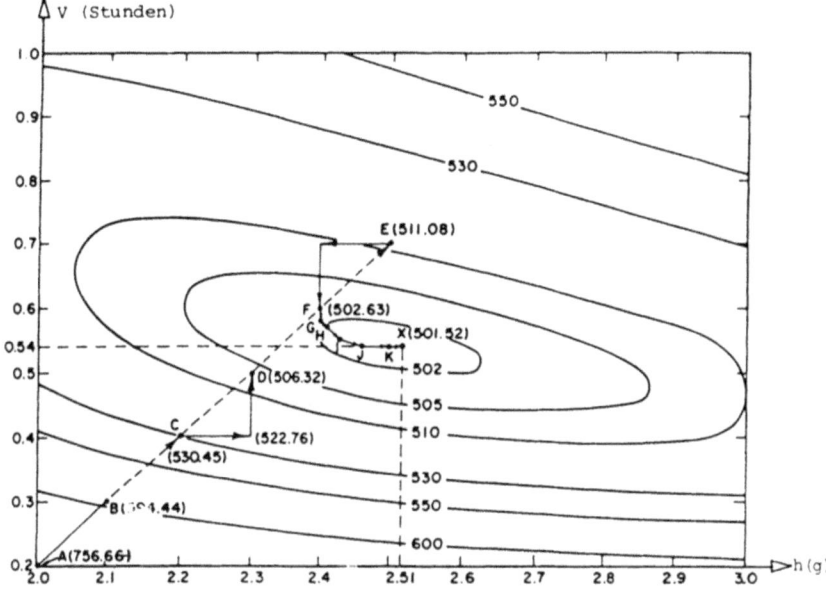

Abb. 22: Der numerische Suchprozeß [vgl. *Goel/Wu*, 1973, S. 1277]

Stichprobenumfang n (in Stück)	Zeitintervall v (in Stunden)	Erhöhungsgrenze h (in g)	Kosten für 100 Stunden C (in DM)
1	0,54	2,51	501,52
2	0,84	1,16	438,77
3	1,09	0,71	412,65
4	1,27	0,51	402,32
5	1,40	0,39	400,93
6	1,50	0,32	404,64
7	1,58	0,27	411,23
8	1,66	0,23	419,41
9	1,72	0,20	428,44
10	1,79	0,17	437,89

Tab. 10: Ergebnisse der numerischen Minimumsuche

4.2.2.3.1.3 Diskussion der Verfahren. Die Beurteilung der Verfahren zur Optimierung der Kontrollkarten mit kumulierten Summen zur Ermittlung einer Entscheidungsregel zur Abweichungsauswertung entspricht weitgehend der im Abschnitt 4.2.1.2.1.4.4 vorgenommenen Beurteilung der Optimierung von $\bar{X}$-Kontrollkarten. In beiden Fällen muß man den zu kontrollierenden Zufallsprozeß sehr genau kennen, was im Fertigungsbereich auf Grund relativ stabiler, kontrollierbarer Umweltbedingungen der Fall sein kann, in anderen betrieblichen Bereichen aber problematisch ist.

4.2.2.3.2 Modelle mit vorgegebenen Beobachtungszeitpunkten

4.2.2.3.2.1 Vorbemerkungen. Im Gegensatz zur Optimierung von Kontrollkarten mit kumulierten Summen, bei der simultan mit anderen Größen auch der Abstand v zwischen zwei Beobachtungszeitpunkten ermittelt wurde, sollen in diesem Abschnitt solche Modelle dargestellt und diskutiert werden, bei denen vorausgesetzt wird, daß der Istzustand in vorgegebenen und gleichbleibenden zeitlichen Abständen beobachtet wird. Als Situationsmerkmal wird eine Kostengröße betrachtet, deren Höhe zum einen zufälligen Schwankungen unterliegt, zum anderen aber zugleich anzeigen soll, ob eine kontrollierbare Abweichungsursache wirksam gewesen ist oder nicht. Für diese Problemstellung sind von *Dyckman* [1969], *Kaplan* [1969], *Knappenberger/Grandage* [1969] und von *Dittman/Prakash* [1978] Modelle formuliert und Lösungen diskutiert worden. Im deutschen Sprachraum hat sich m.E. nur *Kromschröder* [1972], der auf einer Arbeit von *Pollock* [1967] aufbaut, mit diesen Problemen beschäftigt. Im folgenden werden die zentralen Überlegungen und Ergebnisse dieser Arbeiten dargestellt und diskutiert.

4.2.2.3.2.2 Der Ansatz von Kaplan

4.2.2.3.2.2.1 Die Formulierung des Modells. Auf Anregung von Bierman hat *Kaplan* [1969] sich mit der Planung der Auswertungsentscheidung befaßt. Aufbauend auf einem Ansatz von *Girshick/Rubin* [1952] zur Qualitätskontrolle formuliert er ein stochastisches Modell mit der Zielsetzung, die kostenminimale Auswertungspolitik zu ermitteln. Bei dem Modell wird angenommen, daß eine Kostengröße kontrolliert werden soll. Für dieses Situationsmerkmal soll die Wahrscheinlichkeitsverteilung der kontrollierbaren und die Wahrscheinlichkeitsverteilung der nicht kontrollierbaren Abweichungen bekannt sein bzw. es soll eine Schätzung dafür vorliegen. Analog zu den Ansätzen in den Abschnitten 4.2.1.1.2. und 4.2.1.2.1.3 soll $f_1(A)$ die Dichtefunktion der nicht kontrollierbaren Abweichungen sein. Der Erwartungswert von $f_1(A)$ soll Null sein und für den Erwartungswert von $f_2(A)$ ist es sinnvoll anzunehmen, daß er größer als Null ist, d.h., daß bei Wirksamwerden der kontrollierbaren Abweichungsursachen die Kosten größer sind als geplant. Letzteres ist aber keine wesentliche Forderung des Modells. Werden die Abweichungen in diskreten Werten gemessen, so sind an Stelle der Dichtefunktionen $f_1(A)$ und $f_2(A)$ diskrete Wahrscheinlichkeitsverteilungen zu verwenden und im folgenden die Integrale durch Summen zu ersetzen.

In jedem Kontrollzeitpunkt wird ein Istwert ermittelt und eine Abweichung berechnet. Mit Hilfe des Quotienten

$$\lambda(A) = \frac{f_2(A)}{f_1(A)} \tag{4.64}$$

wird versucht abzuschätzen, ob eine beobachtete Abweichung auf kontrollierbare oder nicht kontrollierbare Abweichungsursachen zurückzuführen ist. Für kleine Abweichungen wird $\lambda(A)$ nahe bei Null liegen, weil die Mutmaßlichkeit (Likelihood) für nicht kontrollierbare Abweichungsursachen bei kleinen Abweichungen größer sein wird als für kontrollierbare Ursachen. Entsprechend wird für eine große positive Abweichung $\lambda(A)$ einen relativ großen Wert annehmen.

Bis hierher sind die Überlegungen dieselben wie in vorangegangenen Abschnitten. Zur Bestimmung der Kontrollzeitpunkte nimmt Kaplan nun weiter an, daß die beiden möglichen Zustände

Zustand 1: Nicht kontrollierbare Abweichungsursachen sind wirksam
Zustand 2: Kontrollierte Abweichungsursachen sind wirksam

auf ganz bestimmte Weise ineinander übergehen. Liegt in einem Zeitintervall der Zustand 1 vor, dann soll g die zeitunabhängige, konstante Wahrscheinlichkeit dafür sein, daß dieser Zustand auch im darauffolgenden Zeitintervall gegeben ist. Mit der Wahrscheinlichkeit $1 - g$ geht dann der Zustand 1 im Zeitintervall t in den Zustand 2 im Zeitintervall $t + 1$ über. Dieser Übergang soll so frühzeitig erfolgen, daß die Zustandsänderung in $t + 1$ auch festgestellt werden kann. Ist der Zustand 2 eingetreten, dann bleibt er so lange erhalten, bis er durch eine Abweichungsanalyse festgestellt und durch Korrekturmaßnahmen in den Zustand 1 gebracht wird. Dieses System läßt sich durch einen einfachen 2-Zustands Markov-Prozeß beschreiben. Die Matrix der Übergangswahrscheinlichkeiten dieses Prozesses ist gegeben durch:

$$P = \begin{pmatrix} g & 1 - g \\ 0 & 1 \end{pmatrix}. \tag{4.65}$$

Ferner wird unterstellt, daß in jedem Zeitintervall der Istwert und eine Abweichung ermittelt wird, daß eine Abweichungsanalyse — wenn sie durchgeführt wird — immer die tatsächlich gegebene Ursache aufdeckt und daß durch ökonomische Korrekturmaßnahmen der Zustand 2 immer in den Zustand 1 überführt werden kann. Die Wahrscheinlichkeit g kann man mit Hilfe von statistischen Aufzeichnungen schätzen, wenn man über einen längeren Zeitraum hinweg den durchschnittlichen zeitlichen Abstand zwischen zwei Übergängen vom Zustand 1 in den Zustand 2 berechnet. Dieser durchschnittliche zeitliche Abstand ist $1/(1 - g)$. Da man die genauen Übergangszeitpunkte vom Zustand 1 zum Zustand 2 nicht kennt, wird man zur Schätzung von g den durchschnittlichen zeitlichen Abstand zwischen zwei Korrekturmaßnahmen heranziehen und erhält dadurch tendenziell eine Unterschätzung von $(1 - g)$, was eine Überschätzung von g bedeutet.

Ist in einem Zeitintervall t die Abweichung A_t festgestellt worden, so soll mit Hilfe des Bayes'schen Theorems die a-posteriori-Wahrscheinlichkeit $q_t \mid A_t$ dafür berechnet werden, daß im Zeitintervall $t + 1$ der Zustand 1 vorliegt. Beginnt man mit dem Zählen der Zeiteinheiten unmittelbar nach einer Korrektur, dann folgt aus der Übergangsmatrix (4.65) daß $q_1 = g$ sein muß. Wird vom Zeitintervall eins bis zum Zeitintervall t keine Auswertung vorgenommen, dann kann mit Hilfe der Bayes-Formel die a-posteriori-Wahrscheinlichkeit q_t aus der a-priori-Wahrscheinlichkeit q_{t-1} berechnet werden als:

$$\begin{aligned} q_t \mid A_t &= \frac{g \cdot f_1(A_t) \cdot q_{t-1}}{f_1(A_t) \cdot q_{t-1} + f_2(A_t) \cdot (1 - q_{t-1})} \\ &= \frac{g \cdot q_{t-1}}{q_{t-1} + \lambda(A_t) \cdot (1 - q_{t-1})}; \qquad t = 2, 3, \dots \end{aligned} \tag{4.66}$$

Darin ist q_{t-1} die bisherige Schätzung der Wahrscheinlichkeit dafür, daß im Zeitintervall t der Zustand 1 (nicht kontrollierbare Ursachen) vorliegt. Der Ausdruck

$$\frac{q_{t-1}}{q_{t-1} + \lambda (A_t) \cdot (1 - q_{t-1})} \qquad (4.67)$$

gibt die a-posteriori-Wahrscheinlichkeit dafür an, daß im Zeitintervall t der Zustand 1 gegeben ist. Durch Multiplikation dieses Wertes mit der Übergangswahrscheinlichkeit g erhält man dann $q_t \mid A_t$.

Für kleine Werte von A_t liegt $\lambda (A_t)$ nahe bei Null, so daß $q_t \mid A_t$ ungefähr gleich g sein wird. Das bedeutet, daß eine kleine Abweichung die Wahrscheinlichkeit dafür, daß in $t + 1$ kontrollierbare Abweichungsursachen wirksam sind, gegenüber dem Ausgangszustand nur geringfügig erhöht. Dagegen wird für eine große Abweichung A_t der Wert von $\lambda (A_t)$ groß und damit sinkt die Wahrscheinlichkeit für den Zustand 1 in der Periode t relativ stark.

Es sei nun der Operator $v (A_t)$ definiert als

$$v (A_t) = \frac{g}{q_{t-1} + \lambda (A_t) \cdot (1 - q_{t-1})} \quad , \qquad (4.68)$$

so daß man die Wahrscheinlichkeit $q_t \mid A_t$ entsprechend (4.66) berechnen kann als:

$$q_t \mid A_t = v (A_t) \cdot q_{t-1}. \qquad (4.69)$$

Die Wahrscheinlichkeit q_t ist eine Funktion aller beobachteten Abweichungen $(A_1, A_2, \ldots, A_t)$. Sie ist Kriterium für die Auswertungsentscheidung und entspricht dem Kriterium bei Bierman, Fouraker und Jaedicke. Ihre Wertfolge $(q_1, q_2, \ldots, q_t)$ bildet eine Markovkette, da allgemein q_t über den Operator $v (A_t)$ nur von q_{t-1} abhängt. Die optimale Auswertungspolitik wird durch eine kritische Wahrscheinlichkeit q^* $(0 < q^* < 1)$ bestimmt und besteht in der Entscheidungsregel, daß im Zeitintervall t ausgewertet werden soll, wenn $q_t < q^*$ ist. Ergibt die Auswertung, daß nur zufällige, nicht kontrollierbare Abweichungsursachen wirksam sind, so wird nichts unternommen. Ergibt sie dagegen den Zustand 2, dann wird dieser Zustand korrigiert, d.h. in den Zustand 1 überführt und der Kontrollzyklus beginnt mit $q_1 = g$ von vorne.

4.2.2.3.2.2.2 Die Berechnung der optimalen Politik.

Kaplan berechnet die optimale Auswertungspolitik mit dem Verfahren der dynamischen Programmierung. Gesucht wird dabei jene kritische Wahrscheinlichkeit q^*, bei welcher der Erwartungswert des Barwertes der Kosten minimal ist. Es sei $K_m (q)$ der minimale Erwartungswert des Barwertes der Kosten für einen Zeitraum von m Zeiteinheiten, wenn zu Beginn dieses Zeitraumes der Zustand 1 mit der Wahrscheinlichkeit q gegeben ist. Bei der dynamischen Programmierung wird zunächst $m = 1$ gesetzt und es wird die Kostenfunktion $K_1 (q)$ berechnet. Unter Verwendung der Rekursionsbeziehung (Markov-Eigenschaft) wird der Rechenzeitraum anschließend auf $m = 2$ erweitert. Man berechnet dafür die Funktion von $K_2 (q)$ usf.

Zur Berechnung der optimalen Auswertungspolitik müssen für jedes Zeitintervall die Kosten ermittelt werden, die von der Auswertungsentscheidung abhängig sind. Wird eine Abweichungsanalyse durchgeführt, so entsteht unmittelbar der Auswertungsaufwand Aa, der als zeitunabhängig angenommen wird und auch die Kosten für die Korrekturmaßnah-

men enthalten soll. Außerdem entstehen Kosten in Höhe der Abweichung bei der zu überwachenden Kostengröße. Der Erwartungswert der Kosten ist dann im Zeitintervall t für
den Fall einer Auswertung:

$$Aa + g \cdot \int_{-\infty}^{+\infty} A_t \cdot f_1(A_t) dA_t + (1-g) \cdot \int_{-\infty}^{+\infty} A_t \cdot f_2(A_t) dA_t. \tag{4.70}$$

Die Wahrscheinlichkeitsverteilungen f_1 und f_2 wurden als zeitunabhängig angenommen,
weshalb man (4.70) auch schreiben kann als:

$$Aa + g \cdot \int_{-\infty}^{+\infty} A \cdot f_1(A) dA + (1-g) \cdot \int_{-\infty}^{+\infty} A \cdot f_2(A) dA. \tag{4.71}$$

Der größeren Klarheit wegen soll jedoch hier die Schreibweise von (4.70) verwendet werden. Ist der Erwartungswert der nicht kontrollierbaren Abweichungen genau Null, dann
verschwindet der mittlere Summand.

Bei dem vorliegenden Modell wird davon ausgegangen, daß die Auswertung und Korrektur sofort zu Beginn des Zeitintervalls durchgeführt wird. Die Wahrscheinlichkeiten
für kontrollierbare Abweichungsursachen sind daher nach der Vornahme einer Korrektur
$(1-g)$ bzw. g.

Zu den Kosten eines Zeitintervalls nach (4.70) müssen noch die abgezinsten Erwartungswerte der zukünftigen Kosten addiert werden, welche durch die zu treffende Entscheidung in der Folgezeit entstehen können. Umfaßt der Planungszeitraum T Zeitintervalle und sollen die Kosten für das Zeitintervall t berechnet werden, so gilt für den Barwert des Erwartungswertes der Folgekosten:

$$\frac{1}{1+i} \cdot \int_{-\infty}^{+\infty} K_{T-t}(v(A_t) \cdot g) \cdot \{g \cdot f_1(A_t) + (1-g) \cdot f_2(A_t)\} dA_t. \tag{4.72}$$

Darin ist i der Zinssatz und $K_{T-t}(v(A_t) \cdot g)$ gibt definitionsgemäß die minimalen Kosten
im Zeitraum von t bis T an, wenn die Wahrscheinlichkeit für nicht kontrollierbare Abwei-
chungsursachen zum Beginn dieses Zeitraumes nach (4.69) den Wert $q_t|A_t = v(A_t) \cdot g$
besitzt. Insgesamt erhält man daher für den Fall einer Auswertung im Zeitintervall t
die Kosten:

$$Aa + \int_{-\infty}^{+\infty} \left\{ A_t + \frac{1}{1+i} \cdot K_{T-t}(v(A_t) \cdot g) \right\} \cdot f_g(A_t) dA_t. \tag{4.73}$$

Der einfacheren Schreibweise wegen wurde dabei

$$f_g(A_t) = f_1(A_t) \cdot g + f_2(A_t) \cdot (1-g) \tag{4.74}$$

gesetzt. Wird im Zeitintervall t nicht ausgewertet, dann sind die Kosten

$$q \cdot \int_{-\infty}^{+\infty} A_t \cdot f_1(A_t) dA_t + (1-q) \cdot \int_{-\infty}^{+\infty} A_t \cdot f_2(A_t) dA_t \tag{4.75}$$

und wenn man die Definition von (4.74) analog verwendet:

$$\int_{-\infty}^{+\infty} A_t \cdot f_{q_t}(A_t) dA_t. \tag{4.76}$$

Dazu muß noch der Erwartungswert des Barwertes der in diesem Fall entstehenden Folgekosten addiert werden. Man erhält für ihn:

$$\frac{1}{1+i} \int\limits_{-\infty}^{+\infty} K_{T-t}\,(v\,(A_t)\cdot q_t)\cdot f_{q_t}\,(A_t)\,dA_t. \tag{4.77}$$

Die optimale (kostenminimale) Alternative im Zeitintervall t erhält man schließlich durch
die Ermittlung von

$$K_{T-(t-1)}\,(q_t) = \min\left\{ Aa + \int\limits_{-\infty}^{+\infty}\left[A_t + \frac{1}{1+i}\cdot K_{T-t}\,(v\,(A_t)\cdot g)\right]\cdot f_g\,(A_t)\,dA;\right.$$
$$\left.\int\limits_{-\infty}^{+\infty}\left[A_t + \frac{1}{1+i}\cdot K_{T-t}\,(v\,(A_t)\cdot q_t)\right]\cdot f_{q_t}\,(A_t)\cdot dA_t\right\}. \tag{4.78}$$

Diese Rekursionsbeziehung ist ökonomisch so zu interpretieren, daß in jedem Zeitintervall geprüft wird, ob die Verminderung des Erwartungswertes des Barwertes der Folgekosten durch die Änderung der Anfangswahrscheinlichkeit von q_t in g größer ist als die Kosten für die Auswertung und Korrektur, Aa. Man beginnt mit der Berechnung der optimalen Auswertungspolitik nach (4.78) mit der Anfangsbedingung $K_0\,(q) = 0$ und berechnet
damit für $t = T$ also für das letzte Zeitintervall im Planungszeitraum:

$$K_1(q_T) = \min\left\{Aa + \int\limits_{-\infty}^{+\infty} A_T\cdot f_g\,(A_T)\,dA_T;\ \int\limits_{-\infty}^{+\infty} A_T\cdot f_{q_T}\,(A_T)\,dA_T\right\}.$$

Die kritische Wahrscheinlichkeit q_1^* ist dadurch gekennzeichnet, daß bei ihr die beiden zu
vergleichenden Kostenbeträge gleich groß sind. Man erhält für die minimalen Kosten die
folgende Funktion:

$$K_1(q_T) = \begin{cases} Aa + \int\limits_{-\infty}^{+\infty} A_T\cdot f_g\,(A_T)\,dA_T: & q_T \leqslant q_1^* \\[2mm] \int\limits_{-\infty}^{+\infty} A_T\cdot f_{q_T}\,(A_T)\,dA_T: & q_T > q_1^*. \end{cases} \tag{4.79}$$

Setzt man dieses Ergebnis in die Rekursionsbeziehung (4.78) ein, so erhält man für das
Zeitintervall $T-1$ die optimale Kostenfunktion:

$$K_2(q_{T-1}) = \begin{cases} Aa + \int\limits_{-\infty}^{+\infty}\left[A_{T-1} + \frac{1}{1+i}\cdot K_1(q_{T-1} = v\,(A_{T-1})\cdot g)\right] \\[2mm] \quad\cdot f_g\,(A_{T-1})\,dA_{T-1} \qquad\qquad\qquad : q_{T-1} \leqslant q_2^* \\[2mm] \int\limits_{-\infty}^{+\infty}\left[A_{T-1} + \frac{1}{1+i}\cdot K_1(q_{T-1} = v\,(A_{T-1})\cdot g)\right] \\[2mm] \quad\cdot f_{q_{T-1}}\,(A_{T-1})\,dA_{T-1} \qquad\quad : q_{T-1} > q_2^*. \end{cases} \tag{4.80}$$

So kann man nach und nach die kritische Wahrscheinlichkeit für immer größere Planungs-
bzw. Rechenzeiträume berechnen. Im Grenzfall, für $m \to \infty$ konvergiert die kritische Wahrscheinlichkeit q_m^* und die Kostenfunktion $K_m\,(q)$ gegen Grenzwerte q^* und $K\,(q)$. Man
bezeichnet diese Größen als die Werte des stationären Zustands:

$$K(q) = \begin{cases} Aa + \int\limits_{-\infty}^{+\infty} \left[A + \dfrac{1}{1+i} \cdot K\left(v(A) \cdot g\right) \right] \cdot f_g(A)\, dA \\ \hspace{6cm} : q \leqslant q^* \\[2em] \int\limits_{-\infty}^{+\infty} \left[A + \dfrac{1}{1+i} \cdot K\left(v(A) \cdot q\right) \right] \cdot f_g(A)\, dA \\ \hspace{6cm} : q > q^*. \end{cases} \tag{4.81}$$

Die kritische Wahrscheinlichkeit q^* wird dadurch berechnet, daß die Kosten für Auswertung und Nichtauswertung gleichgesetzt werden. Sie gibt die gesuchte kostenminimale Auswertungspolitik im stationären Zustand an. Im Zeitintervall t ist danach immer dann eine Auswertung vorzunehmen, wenn $q_t < q^*$ ist.

Ein einfaches Beispiel soll die Vorgehensweise anschaulich machen. In einem Betrieb soll eine Produktionsabteilung gesteuert werden. Wenn die Abteilung mit zufälligen nicht kontrollierbaren Abweichungen arbeitet, wird pro Monat eine Abweichung von Null DM mit einer Wahrscheinlichkeit von 80% erwartet und eine Abweichung von 1500 DM mit einer Wahrscheinlichkeit von 20%. Wenn die Abteilung mit einer von der übergeordneten Stelle aus kontrollierbaren Abweichung arbeitet, soll mit Sicherheit eine Abweichung von 1500 DM pro Monat auftreten. Es gilt also: $f_1(0) = 0{,}8$; $f_1(1500) = 0{,}2$; $f_2(1500) = 1$. Die kontrollierbare Abweichungsursache sei bekannt und es sei möglich, diese Ursache ohne Unterbrechung der Produktion z.B. über Nacht zu beseitigen. Die Kosten für die Feststellung und Beseitigung der Ursache sollen 500 DM betragen. Die Wahrscheinlichkeit g dafür, daß die Abteilung im nächsten Monat mit nicht kontrollierbaren Abweichungen arbeitet, wenn sie im gerade vergangenen Monat mit nicht kontrollierbaren Abweichungen gearbeitet hat, sei 95%. Der Zinssatz betrage 2,04% pro Monat. Wird am Ende eines Monats eine Abweichung von 1500 DM gemeldet, so muß die Abteilungsleitung über Auswertung oder Nichtauswertung entscheiden.

Zunächst erhält man für das Verhältnis der Likelihoods $\lambda(0) = 0$ und $\lambda(1500) = 5$. Ferner ergibt sich auf Grund von (4.74) für $f_q(0) = 0{,}8 \cdot q$; für $f_q(1500) = 0{,}2 \cdot q + (1-q) \cdot 1 = 1 - 0{,}8q$; für $f_g(0) = 0{,}76$ und für $f_g(1500) = 0{,}24$.

Setzt man diese Werte in (4.79) ein, so erhält man:

$$K_1(q_T) = \begin{cases} 500 + (0 \cdot 0{,}76 + 1500 \cdot 0{,}24) = 860 & : q_T \leqslant 0{,}5\dot{3} \\[1em] (0 \cdot 0{,}8\, q_T + 1500 \cdot (1 - 0{,}8\, q_T)) = 1500 - 1200\, q_T & : q_T > 0{,}5\dot{3}. \end{cases}$$

Dabei berechnet sich q_1^* als:

$$q_1^* = \frac{1500 - 860}{1200} = 0{,}5\dot{3}.$$

Mit (4.80) erhält man für $K_2(q_{T-1})$:

$$K_2(q_{T-1}) = \begin{cases} 500 + \left[\left(0 + 0{,}98 \cdot K_1\left(\dfrac{0{,}95 \cdot 0{,}95}{0{,}95 + 0} \right) \right) \cdot 0{,}76 \right. \\[2em] \left. + \left(1500 + 0{,}98 \cdot K_1\left(\dfrac{0{,}95 \cdot 0{,}95}{0{,}95 + 5 \cdot 0{,}05} \right) \right) \cdot 0{,}24 \right] : q_{T-1} \leqslant q_2^* \end{cases}$$

$$K_2(q_{T-1}) = \begin{cases} \left(0 + 0{,}98 \cdot K_1\left(\dfrac{0{,}95 \cdot q_{T-1}}{q_{T-1}}\right)\right) \cdot 0{,}8\, q_{T-1} \\[3mm] + \left(1500 + 0{,}98 \cdot K_1\left(\dfrac{0{,}95 \cdot q_{T-1}}{q_{T-1} + 5 \cdot (1 - q_{T-1})}\right)\right) \cdot (1 - 0{,}8 \cdot q_{T-1}) \\[3mm] \hspace{8cm} : q_{T-1} > q_2^{*}. \end{cases}$$

Man berechnet mit Hilfe von $K_1(q_T)$:

$$K_1(0{,}95) = 1500 - 1200 \cdot 0{,}95 = 360 \text{ DM}.$$

$$K_1\left(\frac{0{,}95 \cdot 0{,}95}{0{,}95 + 5 \cdot 0{,}05}\right) = K_1(0{,}752) = 1500 - 1200 \cdot 0{,}752 \simeq 600 \text{ DM}.$$

Zur Berechnung von $K_1\left(\dfrac{0{,}95 \cdot q_{T-1}}{q_{T-1} + 5 \cdot (1 - q_{T-1})}\right)$ müssen zwei Bereiche unterschieden

werden:

1. $\dfrac{0{,}95 \cdot q_{T-1}}{q_{T-1} + 5 \cdot (1 - q_{T-1})} \leqslant 0{,}5\dot{3} \Leftrightarrow q_{T-1} \leqslant 0{,}865.$

Dann ist $K_1(q_T \leqslant 0{,}5\dot{3}) = K_1(q_{T-1} \leqslant 0{,}865) = 860.$

2. $q_{T-1} > 0{,}865$; dann ist $K_1(q_T \leqq 0{,}5\dot{3})$

$$= K_1\left(\frac{0{,}95 \cdot q_{T-1}}{q_{T-1} + 5(1 - q_{T-1})} \leqq 0{,}5\dot{3}\right) = 1500 - 1200 \cdot \frac{0{,}95 \cdot q_{T-1}}{q_{T-1} + 5(1 - q_{T-1})}$$

$$= 1500 - \frac{228 \cdot q_{T-1}}{1 - 0{,}8 \cdot q_{T-1}}.$$

Damit ergibt sich:

$$K_2(q_{T-1}) = \begin{cases} 1269 & : q_{T-1} \leqslant 0{,}675 \\ 2342{,}8 - 1592 \cdot q_{T-1} & : 0{,}675 < q_{T-1} \leqslant 0{,}865 \\ 2970 - 2315 \cdot q_{T-1} & : 0{,}865 < q_{T-1} \leqslant 0{,}95. \end{cases}$$

Dabei berechnet man die Grenzen aus:

$$1269 = 2342{,}8 - 1592 \cdot q_2^1$$

$$2342{,}8 - 1592 \cdot q_2^2 = 2970 - 2315 \cdot q_2^2.$$

Die obere Grenze $q_2^3 = 0{,}95$ ergibt sich auf Grund von (4.66) dadurch, daß die Zustandswahrscheinlichkeit nicht über g hinausgehen kann. Die kritische Wahrscheinlichkeit ist $q_2^{*} = 0{,}675$. Ist die Wahrscheinlichkeit, die man nach Berechnung der Abweichung A_{T-2} in $T-2$ mit der Formel (4.69) erhält, kleiner als diese kritische Wahrscheinlichkeit, so ist die Auswertung vorteilhaft.

Als stationäre Lösung erhält man:

$$K(q) = \begin{cases} 22\,610 & : \quad q \leqslant 0,658 \\ 23\,655 - 1590 \cdot q & : \; 0,658 < q \leqslant 0,919 \\ 23\,185 - 2620 \cdot q & : \; 0,919 < q \leqslant 0,95. \end{cases}$$

Die kritische Wahrscheinlichkeit ist im stationären Zustand $q^* = 0,658$.

4.2.2.3.2.2.3 Erweiterungen des Ansatzes. Um eine Lösung berechnen zu können, macht Kaplan bei seinem Ansatz eine Reihe von recht spezifischen Annahmen, die aus der Sicht einer möglichen Anwendung problematisch sind. Im folgenden soll untersucht werden, wie der Realitätsbezug des Modells durch Modifikation dieser Annahmen erhöht werden kann.

Eine recht einfache Erweiterung besteht darin, zu berücksichtigen, daß der Auswertungsaufwand vom Auswertungsergebnis abhängig sein kann. Ergibt eine Auswertung den Zustand 1, dann sind keine Korrekturmaßnahmen erforderlich, weshalb der Auswertungsaufwand in diesem Falle kleiner sein könnte als bei einer Auswertung, die den Zustand 2 ergibt. Andererseits kann es sein, daß eine leicht erkennbare, kontrollierbare Abweichungsursache mit geringem Aufwand ermittelt werden kann, während ein hoher Aufwand erforderlich ist, um mit Sicherheit festzustellen, daß keine kontrollierbaren Abweichungsursachen vorliegen. Bezeichnet Aa_1 den Auswertungsaufwand beim Zustand 1 und Aa_2 den Auswertungsaufwand beim Zustand 2, dann erhält man den Erwartungswert des Auswertungsaufwandes in einem solchen Fall als:

$$q \cdot Aa_1 + (1-q) \cdot Aa_2. \tag{4.82}$$

In der Gleichung (4.81) wäre dann an Stelle von Aa der Ausdruck (4.82) einzusetzen. Werden Aa_1 und Aa_2 als Zufallsvariable in den Ansatz aufgenommen, weil ihre Höhe nicht mit Sicherheit bekannt ist, dann sind in (4.82) für Aa_1 und Aa_2 die entsprechenden Erwartungswerte einzusetzen.

Problematisch ist ferner sicherlich auch die Annahme, daß die Auswertung und Korrektur keine oder nur in unbedeutendem Ausmaß Zeit erfordern. Statt dessen könnte man annehmen, daß die Auswertung und Korrektur die Dauer von einem Zeitintervall in Anspruch nehmen, so daß die Korrekturwirkung erst ein Zeitintervall nach der Auswertung eintritt. Wie *Kaplan* [1969, S. 42] zeigt, ergibt sich bei dieser Annahme folgende Lösung:

$$K_m(q) = \min\left\{ Aa + \int_{-\infty}^{+\infty} A \cdot f_q(A)\,dA + \frac{1}{1+i} \cdot K_{m-1}(g); \right.$$

$$\left. \int_{-\infty}^{+\infty} A \cdot f_q(A)\,dA + \frac{1}{1+i} \cdot \int_{-\infty}^{+\infty} K_{m-1}(v(A) \cdot q) \cdot f_q(A)\,dA \right\}$$

$$= \int_{-\infty}^{+\infty} A \cdot f_q(A)\,dA + \min\left\{ Aa + \frac{1}{1+i} K_{m-1}(g); \right.$$

$$\left. \frac{1}{1+i} \cdot \int_{-\infty}^{+\infty} K_{m-1}(v(A) \cdot q) f_q(A)\,dA \right\}. \tag{4.83}$$

Betrachtet man den Zeitbedarf für Auswertung und Korrektur als Zufallsvariable, dann muß der Markov-Prozeß zu einem Semi-Markov-Prozeß erweitert werden.

Da in dem Ansatz Zufallsvariable vorkommen, sollte bei der Planung bzw. Auswahl der vorteilhaftesten Alternative auch die Risikopräferenz des Entscheidungsträgers beachtet werden. So könnte beispielsweise ein risikoscheuer Entscheidungsträger bereit sein, höhere Kosten in Kauf zu nehmen, um dadurch die Wahrscheinlichkeit für das Wirksamwerden von kontrollierbaren Abweichungsursachen zu vermindern. Nimmt man an, daß der Entscheidungsträger eine zeitlich unabhängige additive Risikonutzenfunktion der Form

$$U_m = \sum_{j=1}^{m} \left(\frac{1}{1+i} \right)^j \cdot u(x_j) \tag{4.84}$$

besitzt, dann kann man die Risikopräferenz bei der Planung dadurch berücksichtigen, daß man den Erwartungswert des Risikonutzens maximiert, wobei die x_j negative Kosten, d.h. Betriebserträge sein sollen. Setzt man (4.84) in (4.78) ein, so erhält man:

$$K_m(q) = \max \Bigg\{ u \left(-Aa - \int_{-\infty}^{+\infty} A \cdot f_g(A)\, dA \right)$$

$$+ \frac{1}{1+i} \cdot \int_{-\infty}^{+\infty} U_{m-1}(v(A) \cdot g) \cdot f_g(A)\, dA; \tag{4.85}$$

$$u \left(- \int_{-\infty}^{+\infty} A \cdot f_q(A)\, dA \right) + \frac{1}{1+i} \int_{-\infty}^{+\infty} U_{m-1}(v(A) \cdot q) \cdot f_q(A) \cdot dA \Bigg\}.$$

Problematisch sind ferner zwei sehr wesentliche Annahmen des Ansatzes, nämlich zum einen die Annahme, daß nur zwei Zustände möglich sind, und zum anderen die Annahme, daß die Übergangswahrscheinlichkeiten zeitunabhängig sind. Eine Erweiterung durch die Berücksichtigung von mehr als zwei Zuständen, wobei jeder Zustand einer bestimmten Abweichungsursache entsprechen könnte, ist grundsätzlich möglich. Es ergeben sich jedoch dadurch erhebliche Schwierigkeiten sowohl bei der Berechnung als auch bei der Realisierung einer optimalen Auswertungspolitik. Denn die Zustandswahrscheinlichkeit q und die kritische Wahrscheinlichkeit q^* werden bei mehr als zwei Zuständen mehrdimensionale Größen. Die Berücksichtigung zeitabhängiger Übergangswahrscheinlichkeiten ist praktisch nicht möglich, weil dann die Markov-Eigenschaft nicht mehr gegeben ist und die Berechnung einer optimalen Auswertungspolitik in einem so allgemeinen Fall beim gegenwärtigen Stand der Entwicklung höchstens in praktisch kaum interessanten Spezialfällen gelingt.

Als letzte wesentliche Erweiterungsmöglichkeit soll die Selbstkorrektur des Realisationsprozesses erörtert werden. Kaplan geht bei seinem Ansatz davon aus, daß der Zustand 2 (kontrollierbare Abweichungsursachen), wenn er einmal eingetreten ist, nicht mehr in den Zustand 1 übergehen kann und so lange bestehen bleibt, bis er im Rahmen einer Auswertung festgestellt und durch eine Korrektur in den Zustand 1 überführt wird. Bleibt der Zustand 2 nicht mit der Wahrscheinlichkeit 1, sondern mit einer kleineren Wahrscheinlichkeit h bestehen, so kann er mit der Wahrscheinlichkeit $1 - h$ in den Zustand 1 übergehen, d.h. der Realisationsprozeß kann sich selbst korrigieren. An Stelle der Matrix (4.65) gilt dann die Matrix

$$P = \begin{pmatrix} g & 1-g \\ 1-h & h \end{pmatrix}. \tag{4.86}$$

Auf Grund dieser Erweiterung muß die Berechnung der Zustandswahrscheinlichkeiten geändert werden. Es war q_{t-1} die Wahrscheinlichkeit dafür, daß im Zeitintervall t der Zustand 1 vorliegt, und es sei im Zeitintervall t die Abweichung A_t beobachtet worden. Dann gilt für die Wahrscheinlichkeit q_t:

$$q_t \mid A_t = \frac{g \cdot f_1(A_t) \cdot q_{t-1}}{q_{t-1} \cdot f_1(A_t) + (1-q_t) \cdot f_2(A_t)}$$

$$+ \frac{(1-h) \cdot (1-q_{t-1}) \cdot f_2(A_t)}{q_{t-1} \cdot f_1(A_t) + (1-q_{t-1}) \cdot f_2(A_t)}. \tag{4.87}$$

Bei der von Kaplan gewählten Reihenfolge des Ereignisablaufes gibt $q_t \mid A_t$ die Wahrscheinlichkeit dafür an, daß der Zustand 1 im Zeitintervall $t+1$ vorliegt. Sie muß für dieselbe Übergangswahrscheinlichkeit g kleiner sein als in dem Fall $h=1$, d.h., ohne Selbstkorrektur. Auf Grund von (4.87) wird der Operator $v(A_t)$ in diesem Falle:

$$v(A_t) = \frac{g \cdot f_1(A_t)}{q_{t-1} \cdot f_1(A_t) + (1-q_{t-1}) \cdot f_2(A_t)}$$

$$+ \frac{(1-h)(1-q_{t-1}) \cdot f_2(A_t)}{q_{t-1} \cdot f_1(A_t) + (1-q_{t-1}) \cdot f_2(A_t)} \cdot \frac{1}{q_{t-1}}. \tag{4.88}$$

Setzt man dieses Ergebnis in (4.81) ein, so kann man die stationäre Lösung und damit die kritische Wahrscheinlichkeit q^* für den Fall dieser Erweiterung berechnen.

4.2.2.3.2.2.4 Diskussion des Ansatzes. Das Ergebnis, zu dem Kaplan bei seinem Ansatz kommt, ist zunächst interessant, weil es sich auf den ersten Blick nur unwesentlich von dem Ergebnis des Ansatzes von Bierman, Fouraker und Jaedicke unterscheidet. Vergleicht man diese beiden Ansätze, so zeigt sich, daß bei beiden kritische Wahrscheinlichkeiten berechnet werden, die als Auswertungskriterium dienen. Bei Bierman, Fouraker und Jaedicke ergab sich die kritische Wahrscheinlichkeit als $p_c = 1 - Aa/Ae$. Beim Ansatz von Kaplan berechnet man die kritische Wahrscheinlichkeit auf Grund von (4.81) dadurch, daß die Kosten für den Fall der Auswertung und den Fall der Nichtauswertung gleichgesetzt werden. Es gilt also

$$Aa + \int_{-\infty}^{+\infty} \left[A + \frac{1}{1+i} \cdot K(q^*) \right] \cdot f_g(A) \, dA$$

$$= \int_{-\infty}^{+\infty} \left[A + \frac{1}{1+i} \cdot K(q^*) \right] \cdot f_{q^*}(A) \, dA. \tag{4.89}$$

Für den Sonderfall, daß

$$q^* = \frac{f_2(A)}{(1-g) \cdot (f_2(A) - f_1(A)) + f_2(A)} \tag{4.90}$$

ist, gilt

$$f_g(A) = q^* \cdot f_{q^*}(A) \tag{4.91}$$

und man erhält, wenn man (4.91) in (4.89) einsetzt:

$$q^* = 1 - \frac{Aa}{\int\limits_{-\infty}^{+\infty} \left[A + \frac{1}{1+i} K(q^*) \right] \cdot f_{q^*}(A)\, dA}. \tag{4.92}$$

Der Ansatz von Kaplan und der Ansatz von Bierman, Fouraker und Jaedicke können also u.a. zum selben Ergebnis führen, wenn (4.90) gilt und wenn beim Ansatz von Bierman, Fouraker und Jaedicke der Auswertungsertrag $Ae(A)$ nach der Formel

$$Ae(A) = \int\limits_{-\infty}^{+\infty} \left[A + \frac{1}{1+i} \cdot K(q^*) \right] \cdot f_{q^*}(A)\, dA \tag{4.93}$$

berechnet wird. Bierman, Fouraker und Jaedicke verwenden in ihrem Beispiel für den Auswertungsertrag die Funktion $Ae(A) = A$. Diese Funktion unterscheidet sich von der Funktion (4.93) im wesentlichen dadurch, daß zum Erwartungswert der Abweichung der Erwartungswert des Barwertes der durch eine Auswertung in der Zukunft vermiedenen Abweichungen hinzuaddiert wird. Eine solche Ergänzung der Funktion des Auswertungsertrages ist unmittelbar einleuchtend und man wird wohl auch beim Ansatz von Bierman, Fouraker und Jaedicke versuchen, im Auswertungsertrag die ersparten zukünftigen Aufwendungen zu berücksichtigen.

Die kritische Wahrscheinlichkeit wird in jedem Zeitintervall mit der „aktuellen" Wahrscheinlichkeit verglichen. Die „aktuelle" Wahrscheinlichkeit ist die bedingte Wahrscheinlichkeit dafür, daß in dem jeweiligen Zeitintervall kontrollierbare bzw. nicht kontrollierbare Abweichungsursachen vorliegen, unter der Bedingung der in den vorausgegangenen Zeitintervallen beobachteten Abweichungen. Berechnet man diese Wahrscheinlichkeit beim Verfahren von Bierman, Fouraker und Jaedicke so, wie es im Abschnitt 4.2.1.2.1.3 vorgeschlagen wurde, dann erhält man für die „aktuelle" Wahrscheinlichkeit eine ähnliche Schätzung wie beim Ansatz von Kaplan.

Ein Unterschied ergibt sich allerdings dadurch, daß Kaplan von einer bekannten Matrix der Übergangswahrscheinlichkeiten ausgeht, während Bierman, Fouraker und Jaedicke unmittelbar die Zustandswahrscheinlichkeiten schätzen. Da die konstanten Übergangswahrscheinlichkeiten problematisch sind, erscheint aus dieser Sicht der Ansatz von Bierman, Fouraker und Jaedicke allgemeiner und realitätsnaher. Beim Ansatz von Kaplan hängt das Ergebnis auch davon ab, in welcher Reihenfolge die Ereignisse ablaufen. Kaplan unterstellt folgenden Ablauf:

- Zuerst wird der Istwert und die Abweichung ermittelt. Auf Grund des Ergebnisses wird die Zustandswahrscheinlichkeit für das nächste Zeitintervall geschätzt und es wird über Auswertung oder Nichtauswertung entschieden.
- Danach erfolgt der Zustandsübergang.

Bei diesem Ablauf erhält man mit der Formel (4.67) eine Schätzung der Wahrscheinlichkeit für den Zustand 1 im Zeitintervall t. Geht man dagegen davon aus, daß der Zustandsübergang vor der Ermittlung des Istzustandes und der Abweichung erfolgt, dann muß in der Formel (4.67) die Übergangswahrscheinlichkeit g zusätzlich berücksichtigt werden. Man erhält dann als Schätzung für die Wahrscheinlichkeit, daß im Zeitintervall t der Zustand 1 vorliegt unter der Bedingung, daß die Abweichung A_t beobachtet wurde:

$$q_t \mid A_t = \frac{g \cdot q_{t-1}}{g \cdot q_{t-1} + \lambda(A_t) \cdot (1 - g \cdot q_{t-1})}. \tag{4.94}$$

Gegenüber (4.67) ist in (4.94) lediglich q_{t-1} durch das Produkt $g \cdot q_{t-1}$ ersetzt worden, was die zusätzliche Möglichkeit einer Zustandsänderung ausdrückt.

Einem Vorschlag von *Dyckman* [1969, S. 224] folgend, kann man bei diesem Verfahren Kontrollkarten von der in der Abb. 23 gezeigten Art verwenden.

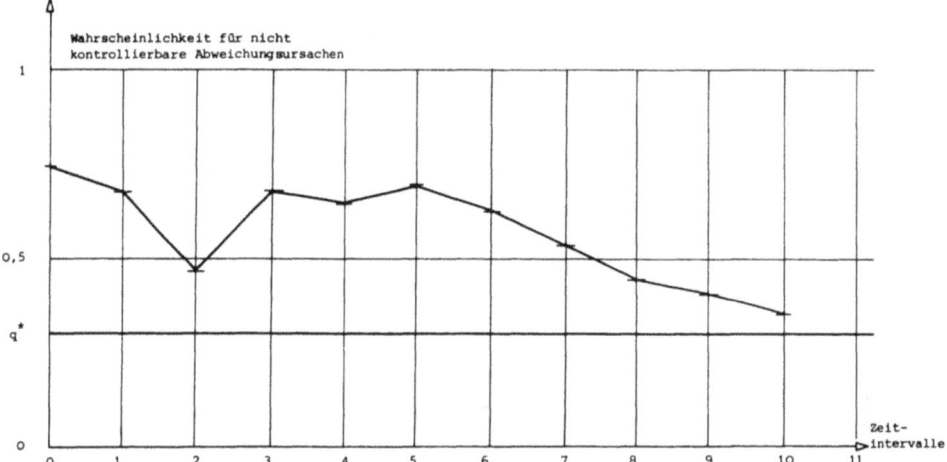

Abb. 23: Kontrollkarte für die Auswertungsentscheidung

Auf Grund der Entwicklung der Wahrscheinlichkeit für nicht kontrollierbare Abweichungsursachen auf der Kontrollkarte kann man eine Auswertung schon dann in Erwägung ziehen, wenn die kritische Wahrscheinlichkeit noch nicht unterschritten wurde.

Die Vergleichbarkeit der Ergebnisse macht deutlich, daß auch die zugrundeliegenden Annahmen bei beiden Ansätzen weitgehend dieselben sind. Beim Ansatz von Bierman, Fouraker und Jaedicke kommen diese Annahmen allerdings weniger klar zum Ausdruck als beim Ansatz von Kaplan. Nach Dyckmans Ansicht ist der Ansatz von Bierman, Fouraker und Jaedicke hinsichtlich seiner Annahmen restriktiver als der Ansatz von Kaplan. *Dyckman* [1969, S. 221] ist der Meinung, daß man bei dem Ansatz von Bierman, Fouraker und Jaedicke zusätzlich zu den Annahmen, die Kaplan macht, unterstellen muß, daß die kontrollierbaren Abweichungsursachen nach einmaliger Korrektur nicht mehr auftreten können. Dies ist m.E. nicht richtig und kann allenfalls damit begründet werden, daß Bierman, Fouraker und Jaedicke in ihrem Beispiel bei dem Auswertungsertrag davon ausgehen, daß eine Auswertung nur die Beseitigung der aufgetretenen Abweichung und nicht auch die Vermeidung von Folgeabweichungen bewirkt. Dies läßt sich jedoch durch eine allgemeinere Funktion des Auswertungsertrages ändern.

Interessant ist, daß man beim Ansatz von Kaplan und analog auch beim Ansatz von Bierman, Fouraker und Jaedicke auf relativ einfache Weise den Erwartungswert vollständiger Information berechnen kann. Vollständige Information bedeutet, daß eine Abweichung immer genau dann ausgewertet wird, wenn der Zustand 1 in den Zustand 2 übergegangen ist, d.h. kontrollierbare Abweichungsursachen wirksam geworden sind. Unter dieser Voraussetzung werden in der Formel (4.81) die Erwartungswerte der Folgekosten gleich Null und man erhält für den Fall, daß der Zustand 1 eintritt, die Kosten

$$\mu\,(A \mid Z_1) \tag{4.95}$$

und für den Fall, daß der Zustand 1 in den Zustand 2 übergegangen ist, die Kosten

$$Aa + \mu\,(A \mid Z_2). \tag{4.96}$$

Dabei ist $\mu\,(A \mid Z_2)$ der Erwartungswert der Abweichungen für den Fall, daß kontrollierbare Abweichungsursachen wirksam sind und $\mu\,(A \mid Z_1)$ der Erwartungswert der Abweichungen für den Fall, daß nicht kontrollierbare Abweichungsursachen wirksam sind. Letzterer wird definitionsgemäß nahe bei Null liegen. Auf Grund der Informationen der Matrix der Übergangswahrscheinlichkeiten weiß man, daß die Zustände Z_1 bzw. Z_2 in jedem Zeitintervall mit den konstanten Wahrscheinlichkeiten g bzw. $(1-g)$ eintreten. Für ein Zeitintervall beträgt der Erwartungswert der Kosten daher:

$$g \cdot \mu\,(A \mid Z_1) + (1-g) \cdot (Aa + \mu\,(A \mid Z_2)). \tag{4.97}$$

Da dieser Wert bei unbegrenztem Planungszeitraum unendlich oft berücksichtigt werden muß, ergibt sich für den Barwert

$$B = \frac{1}{i}\,(g \cdot \mu\,(A \mid Z_1) + (1-g) \cdot (Aa + \mu\,(A \mid Z_2))). \tag{4.98}$$

Damit ergibt sich für den Erwartungswert vollständiger Information:

$$EVI = K\,(q^*) - B. \tag{4.99}$$

Maßnahmen zur Beschaffung zusätzlicher Informationen über die in einem Zeitintervall gegebenen Abweichungsursachen lohnen sich also nur, wenn der Barwert ihrer Kosten bei unbegrenztem Planungszeitraum den Wert EVI nicht übersteigt.

4.2.2.3.2.3 Der Ansatz von Pollock

4.2.2.3.2.3.1 Problemstellung. Pollock [1967, S. 454ff.] untersucht den Fall, in dem nur ein Übergang vom Zustand 1 (es sind nur zufällige, nicht kontrollierbare Abweichungsursachen wirksam) zum Zustand 2 (es sind kontrollierbare Abweichungsursachen wirksam) gesucht wird. Dabei wird vorausgesetzt, daß dieser Übergang mit Sicherheit irgendwann eintritt. Die Wahrscheinlichkeit, mit der dieser Übergang zu einem bestimmten Zeitpunkt erfolgt, wird zunächst als zeitabhängig angenommen. Insgesamt sind die wichtigsten Annahmen des Planungsansatzes:

1. Es wird ein nicht begrenzter Zeitraum von diskreten Zeitintervallen t ($t = 1, 2, \ldots$) betrachtet. Das zu kontrollierende Situationsmerkmal geht mit der Wahrscheinlichkeit $g(t)$ im Zeitintervall t vom Zustand 1 in den Zustand 2 über.

2. In jedem Zeitintervall wird für das Situationsmerkmal der Istwert und es wird eine Abweichung A_t ermittelt. Solange der Zustand 1 gegeben ist, ist $f_1(A_t)$ die Wahrscheinlichkeitsdichte für die Abweichungen. Ist der Zustand 2 eingetreten, dann gilt für die Wahrscheinlichkeitsdichte der Abweichungen $f_2(A_t)$. Ist τ das Zeitintervall, in dem der Zustand 1 in den Zustand 2 übergeht, dann soll die Dichtefunktion $f_1(A_t)$ für $t < \tau$ gelten und die Dichtefunktion $f_2(A_t)$ für $t \geq \tau$. Das bedeutet, daß der Übergang im Zeitintervall τ vor der Feststellung des Istzustandes erfolgen soll.

3. Auf Grund der Abweichung A_t ist in jedem Zeitintervall über Auswertung und Nichtauswertung zu entscheiden.

4. Entscheidet man sich im Zeitintervall für die Auswertung, dann entsteht der Auswertungsaufwand Aa und es wird bei der Auswertung mit Sicherheit festgestellt, ob kontrollierbare oder nicht kontrollierbare Abweichungsursachen vorliegen, d.h. ob der Zustand 1 bereits in t oder früher in den Zustand 2 übergegangen ist oder nicht. Wird der Zustand 2 als bereits eingetreten ermittelt, dann ist die Kontrolle nach Pollock beendet. Es sind dann in der Zeit vom Eintritt des Zustandes 2 im Zeitintervall τ bis zur Entdeckung dieses Zustandes im Zeitintervall t Kosten der Höhe $K(t, \tau)$ entstanden (= Verspätungskosten). Ergibt die Auswertung dagegen, daß noch immer der Zustand 1 vorliegt, dann muß das Situationsmerkmal weiter kontrolliert werden, d.h. es muß weiterhin in jedem Zeitintervall eine Abweichung berechnet werden.

5. Gesucht wird die kostenminimale Auswertungspolitik. Sie besteht im Grenzfall darin, daß nur im Zeitintervall τ ausgewertet wird. Es entstehen dann keine Verspätungskosten und der Auswertungsaufwand ist nur einmal erforderlich.

4.2.2.3.2.3.2 Die Berechnung der optimalen Politik nach Pollock. Zur Berechnung einer optimalen d.h. kostenminimierenden Auswertungspolitik nimmt Pollock für die Verspätungskosten eine homogene, lineare Funktion an.

$$V(t, \tau) = (t - \tau) \cdot w. \tag{4.100}$$

Wie sich später zeigen wird, ist diese Annahme für den Ansatz nicht wesentlich. Steigen die Kosten der Verspätung nicht linear mit der Verspätungszeit, dann kann in dem Modell an Stelle von (4.100) eine andere Funktion verwendet werden.

Sehr wesentlich und auch in stärkerem Maße restriktiv ist dagegen Pollocks Annahme, daß der Zeitpunkt des Zustandsüberganges geometrisch verteilt sein soll. Die Wahrscheinlichkeit dafür, daß der Zustand 1 im Zeitintervall t in den Zustand 2 übergeht, erhält man auf Grund dieser Annahme als:

$$g(t) = a(1-a)^{t-1} \qquad t = 1, 2, \ldots \tag{4.101}$$

Bei dieser Wahrscheinlichkeitsverteilung ist a die konstante Wahrscheinlichkeit dafür, daß der Zustandsübergang im nächsten Zeitintervall erfolgt unter der Bedingung, daß er bisher nicht eingetreten ist. Mit Hilfe von (4.101) kann man die Verteilungsfunktion für den Übergangszeitpunkt τ leicht berechnen. Es ist

$$F_\tau(t) = P(\tau \leq t) = \sum_{\tau=1}^{t} g(\tau) = 1 - (1-a)^t \tag{4.102}$$

wobei $P(\tau \leqslant t)$ die Wahrscheinlichkeit dafür angibt, daß $\tau \leqslant t$ ist, daß also der Übergang bis zum Zeitintervall t erfolgt.

Es muß ferner für $F_\tau(t+1)$ gelten:

$$F_\tau(t+1) = F_\tau(t) + g(t+1) = F_\tau(t) + a(1-a)^t$$
$$= F_\tau(t) \cdot (1-a) + a = 1 - (1-a)^{t+1}. \tag{4.103}$$

Bei der angenommenen Wahrscheinlichkeitsverteilung lassen sich auch die durch eine Abweichung bedingten Wahrscheinlichkeiten relativ leicht ermitteln. Es sei

$$F_\tau(t+1 \mid A_t) = P(\tau \leqslant t+1 \mid A_t) \tag{4.104}$$

die Wahrscheinlichkeit dafür, daß der Zustand 1 in einem der Zeitintervalle $1, 2, \ldots, t+1$ in den Zustand 2 übergeht, unter der Bedingung, daß im Zeitintervall t die Abweichung A_t beobachtet wird. Man berechnet diese Wahrscheinlichkeit aus der gemeinsamen Wahrscheinlichkeit $p(A_t; \tau \leqslant t+1)$ und der Wahrscheinlichkeit $p(A_t)$ als:

$$F_\tau(t+1 \mid A_t) = \frac{p(A_t; \tau \leqslant t+1)}{p(A_t)}. \tag{4.105}$$

Zur Berechnung der gemeinsamen Wahrscheinlichkeit $p(A_t; \tau \leqslant t+1)$ müssen zwei Fälle betrachtet werden:

1. Die Abweichung A_t wurde beim Zustand 1 ermittelt. Die Dichtefunktion von A_t ist dann $f_1(A_t)$.
2. Die Abweichung A_t wurde beim Zustand 2 ermittelt. Entsprechend gilt dann die Dichtefunktion $f_2(A_t)$.

Damit erhält man [vgl. *Pollock*, S. 456]:

$$F_\tau(t+1 \mid A_t) = \frac{F_\tau(t) \cdot f_2(A_t) + (1 - F_\tau(t)) \cdot a \cdot f_1(A_t)}{F_\tau(t) \cdot f_2(A_t) + (1 - F_\tau(t)) \cdot f_1(A_t)}. \tag{4.106}$$

Diese Wahrscheinlichkeit wird mit wachsendem t bei gleichbleibender oder wachsender Abweichungshöhe größer. Auf Grund der so berechneten Wahrscheinlichkeit dafür, daß der Übergang bereits erfolgt ist oder unmittelbar bevorsteht, kann über die Auswertung oder Nichtauswertung entschieden werden.

Entscheidet man sich für die Auswertung und ergibt die Auswertung, daß der Zustandsübergang noch nicht erfolgt ist, dann ist auf Grund dieser neu gewonnenen Information: $F_\tau(t \mid \text{Auswertung in } t \text{ ist negativ}) = 0$. Setzt man dieses Ergebnis in (4.106) ein, dann erhält man

$$F_\tau(t+1 \mid \text{Auswertung in } t \text{ ist negativ}) = a. \tag{4.107}$$

Das bedeutet, die Wahrscheinlichkeit $F_\tau(t+1 \mid A_t)$ hängt auch von dem Zeitintervall ab, in dem zuletzt ausgewertet wurde. Wird mit negativem Ergebnis ausgewertet, so beginnt man nach (4.107) wieder mit der Wahrscheinlichkeit a. Bei negativem Ergebnis führt die Auswertung also zu einer Korrektur der Wahrscheinlichkeitsverteilung für den Übergangszeitpunkt. Ist die Auswertung im Zeitintervall t positiv, so ist der Suchprozeß gemäß der Modellformulierung beendet. Bei der Optimierung der Auswertungsentscheidung müssen die jeweils anfallenden Kosten berücksichtigt werden. Wie die Beziehung (4.103) zeigt, ist bei der hier gewählten geometrischen Wahrscheinlichkeitsverteilung für die Wahrscheinlichkeiten $F_\tau(t)$ die Markov-Eigenschaft erfüllt. Es kann daher zur Optimierung der Auswertungspolitik das Verfahren der stochastischen, dynamischen Programmierung angewandt werden. Dazu definiert man analog zu dem Vorgehen beim Ansatz von Kaplan die Funktion

$K_t(q_t) = $ der Erwartungswert der Kosten der optimalen Auswertungspolitik vom Zeitintervall t an, wenn q_t die unter Verwendung aller Informationen jeweils aktuelle Wahrscheinlichkeit dafür angibt, daß der Zustandsübergang bereits erfolgt ist. (4.108)

Mit dieser Definition berechnet Pollock für den Fall, daß im Zeitintervall t mit negativem Ergebnis ausgewertet wird, folgenden Erwartungswert der Kosten:

$$(Aa + K_{t+1}(a)) \cdot (1 - F_\tau(t)). \tag{4.109}$$

Zu dem Auswertungsaufwand Aa wird der Erwartungswert der Kosten addiert, der sich bei der optimalen Auswertungspolitik vom Zeitintervall $t + 1$ an ergibt. Die Anfangswahrscheinlichkeit nach einer Auswertung ist die Wahrscheinlichkeit a. Die Summe dieser Kosten wird mit der vor der Auswertungsentscheidung geschätzten Wahrscheinlichkeit dafür multipliziert, daß der Zustandsübergang noch nicht erfolgt ist, also in einem der Zeitintervalle $t + 1, t + 2, \ldots$ auftritt: wird im Zeitintervall t nicht ausgewertet, so erhält man für den Erwartungswert der damit verbundenen Kosten

$$F_\tau(t) \cdot w + \int_{-\infty}^{+\infty} K_{t+1}(F_\tau(t+1 \mid A_t))$$
$$\cdot [F_\tau(t) \cdot f_2(A_t) + (1 - F_\tau(t)) \cdot f_1(A_t)] \, dA. \tag{4.110}$$

Der erste Summand in (4.110) gibt die erwarteten, zusätzlichen Verspätungskosten an, die durch die Nichtauswertung im Zeitintervall entsprechend der Kostenfunktion (4.100) entstehen. Der zweite Summand gibt den Erwartungswert der Kosten an, die bei der optimalen Auswertungspolitik in den Zeitintervallen $t + 1, t + 2, \ldots$ entstehen.

Die Anfangswahrscheinlichkeit für diese optimale Politik ist $F_\tau(t + 1 \mid A_t)$. Sie wird durch die im Zeitintervall t beobachtete Abweichung bestimmt. Die Dichtefunktion dieser Kosten erhält man, indem man die zeitunabhängigen Dichtefunktionen $f_1(A.)$ und $f_2(A.)$ mit $(1 - F_\tau(t))$ bzw. $F_\tau(t)$ gewichtet. Die Kosten der optimalen Auswertungspolitik, die im Zeitintervall t beginnt, erhält man schließlich mit Hilfe der Rekursionsfunktion [vgl. *Pollock*, S. 456].

$$K_t(F_\tau(t)) = \min \{(Aa + K_{t+1}(a)) \cdot (1 - F_\tau(t));$$
$$w \cdot F_\tau(t) + \int_{-\infty}^{+\infty} K_{t+1}(F_\tau(t+1 \mid A_t)) \cdot [F_\tau(t) \cdot f_2(A.)$$
$$+ (1 - F_\tau(t)) \cdot f_1(A.)] \, dA\}. \tag{4.111}$$

Für wachsendes t konvergiert $K_t(F_\tau(t))$ gegen einen Grenzwert und es existiert auch bei diesem Ansatz eine kritische Wahrscheinlichkeit, bei deren Überschreitung eine Auswertung vorteilhaft ist. Auf Grund der Modellformulierung wird diese kritische Wahrscheinlichkeit jedoch nicht für $t \to \infty$ erreicht. Denn der $\lim_{t \to \infty} F_\tau(t)$ ist definitionsgemäß gleich eins.

Die kritische Wahrscheinlichkeit erhält man bei diesem Ansatz bei einem endlichen t^*. Wie weiter oben (4.103) gezeigt, wächst $F_\tau(t)$ mit t, solange keine Auswertung erfolgt. Mit wachsendem $F_\tau(t)$ wird aber die Auswertung gegenüber der Nichtauswertung immer vorteilhafter. Überschreitet die Wahrscheinlichkeit $F_\tau(t)$ die kritische Wahrscheinlichkeit, was nach t^* Zeitintervallen geschieht, dann sinkt der Erwartungswert der Kosten bei Auswertung unter den bei Nichtauswertung, d.h. die Auswertung ist im Durchschnitt nach jeweils t^* Zeitintervallen vorteilhaft. Wird bei einer solchen Auswertung der Zustand 2 festgestellt, dann ist die Suche entsprechend der Modellformulierung beendet. Die optimale Auswertungspolitik ist daher sukzessive zu berechnen, indem man K_1, K_2, . . . berechnet und für jedes t prüft, ob der Erwartungswert der Kosten bei Auswertung kleiner ist, als der Erwartungswert der Kosten bei Nichtauswertung.

4.2.2.3.2.3.3 Modifikationen und Erweiterungen des Ansatzes. Pollock erörtert ausführlich eine Modifikation des Ansatzes, die darin besteht, daß in den einzelnen Zeitintervallen keine Istwerte und damit keine Abweichungen berechnet werden. Man muß dann ohne jede Information über den gegenwärtigen Zustand darüber entscheiden, ob ausgewertet werden soll oder nicht. Wird ausgewertet und ergibt die Auswertung den Zustand 2, so ist die Suche beendet. Ergibt die Auswertung den Zustand 1, so muß die Suche fortgesetzt werden. Ein solches Vorgehen ist vor allem unter dem Aspekt sinnvoll, daß die Ermittlung von Istwerten und Abweichungen Kosten verursacht. Diese Kosten wurden bisher nicht berücksichtigt.

Auf Grund dieser Modifikation gilt $F_\tau(t+1 \mid A_t) = F_\tau(t+1)$ und man erhält, wenn man (4.103) in (4.111) einsetzt [vgl. *Pollock*, S. 457; *Kromschröder*, S. 76]:

$$K_t F_\tau(t)) = \min \{(Aa + K_{t+1}(a)) \cdot (1 - F_\tau(t));$$
$$w \cdot F_\tau(t) + K_{t+1}(F_\tau(t) \cdot (1-a) + a)\}. \tag{4.112}$$

Pollock berechnet für diese Modifikation die optimale Auswertungspolitik explizit. Auf Grund recht einfacher Überlegungen, die aber eine relativ umfangreiche Ableitung erfordern, findet er für die kritische Wahrscheinlichkeit q^* und die kritische Wartezeit t^* die Beziehung:

$$q^* = 1 - \frac{1 - (1-a)^{t^*}}{a(Aa/w + t^*)}. \tag{4.113}$$

Damit kann man zunächst die kritische Wartezeit berechnen. Denn nach (4.102) beträgt die Wahrscheinlichkeit dafür, daß der Zustandsübergang t Zeitintervalle nach einer Auswertung erfolgt $F_\tau(t) = 1 - (1-a)^t$. Diese Wahrscheinlichkeit wächst auf Grund von (4.103) mit steigendem t. Die kritische Wartezeit t^* ist dadurch gekennzeichnet, daß $F_\tau(t^* - 1)$ noch kleiner ist als q^*, während $F_\tau(t^*)$ größer oder gleich q^* ist. (Im Gleichheitsfall besteht allerdings noch Indifferenz zwischen Auswertung und Nichtauswertung.) Es gilt:

$$F_\tau(t^*-1) = 1 - (1-a)^{t^*-1} < q^* \leqslant F_\tau(t^*) = 1 - (1-a)^{t^*} \tag{4.114}$$

und wenn man für q^* den Ausdruck von (4.113) einsetzt, findet man für den ersten Teil der Ungleichung:

$$(1-a)^{t^*-1} > \frac{1}{1 + a\,(Aa/w + t^* - 1)}. \tag{4.115}$$

Für den zweiten Teil der Ungleichung findet man:

$$(1-a)^{t^*} \leqslant \frac{1}{1 + a\,(Aa/w + t^*)} \tag{4.116}$$

das bedeutet, man berechnet mit den gegebenen Werten für a, Aa und w den Wert t^* dadurch, daß man zunächst für ein beliebiges t prüft, ob die Ungleichungen (4.116) und (4.115) erfüllt sind. Ist (4.115) erfüllt, (4.116) aber nicht, so erhöht man t um eins und prüft erneut. Ist (4.116) erfüllt, nicht aber (4.115) dann vermindert man t um eins und prüft erneut. Sind beide Ungleichungen erfüllt, dann ist t^* gefunden. Für $a > 0$, $Aa > 0$ und $w > 0$ gibt es ein eindeutig determiniertes t^*. Mit Hilfe von (4.113) kann man anschließend q^* berechnen. Die optimale (kostenminimale) Auswertungspolitik ist dann dadurch gegeben, daß man nach einer Auswertung $t^* - 1$ Zeitintervalle lang nicht auswertet und im Zeitintervall t^* auswertet. Ergibt die Auswertung den Zustand 1, so wird nach weiteren t^* Zeitintervallen erneut ausgewertet. Ergibt die Auswertung den Zustand 2, dann ist die Suche beendet. Zur Berechnung von t^* gibt Pollock noch eine Näherungsformel an, die m.E. überflüssig ist, da der Rechenaufwand für eine exakte Berechnung gering ist.

Aufbauend auf dem Modell von Pollock hat *Kromschröder* [1972] in seiner Dissertation die Planung des optimalen Kontrollprozesses behandelt. Dabei entwickelt er verschiedene Erweiterungen. In seinem Modell III erweitert er den Ansatz von Pollock dahingehend „daß nicht nur der Eintritt des ersten Fehlers an einem bestimmten Kontrollobjekt, sondern auch die Möglichkeit einer ständigen Wiederholung desselben beachtet wird. Dabei kommt allerdings der Eintritt eines neuen Defektes nur in Frage, nachdem der Vorgänger durch die Kontrolle gefunden und daraufhin beseitigt wurde. Es können also niemals mehrere Fehler zwischen zwei aufeinanderfolgenden Kontrollzeitpunkten auftreten." [*Kromschröder*, S. 81]. Kromschröder geht bei seinem Modell davon aus, daß die optimale Auswertungspolitik darin besteht, jeweils im Abstand von t^* Zeitintervallen eine Auswertung vorzunehmen, wobei zwischen zwei Auswertungen keine Abweichungen berechnet werden. Optimal ist jenes t^*, bei dem der Erwartungswert der Kosten, die pro Zeitintervall anfallen, minimal ist. Zur Ermittlung dieser optimalen Politik braucht man keine Rekursionsbeziehung. Analog zu dem Ansatz von Pollock erhält man für den Erwartungswert der durchschnittlich pro Zeitintervall anfallenden Kosten, wenn jeweils nach t Zeitintervallen ausgewertet wird:

$$K_d(t) = \frac{1}{t} \cdot [Aa \cdot (1 - F_\tau(t)) + w \cdot \sum_{i=1}^{t-1} F_\tau(i)]. \tag{4.117}$$

Der erste Summand gibt den Erwartungswert des Auswertungsaufwandes an und der zweite Summand den Erwartungswert der Verzögerungskosten, die dadurch entstehen, daß der Zustand 2 nicht sofort entdeckt wird. Für die Summe der Wahrscheinlichkeiten $F_\tau(i)$ findet man auf Grund von (4.102):

$$\sum_{i=1}^{t-1} F_\tau(i) = 1 - (1-a)^1 + 1 - (1-a)^2 + \ldots + 1 - (1-a)^{t-1}$$

$$= t - 1 - \sum_{i=1}^{t-1} (1-a)^i$$

$$= t - 1 - \frac{(1-a) - (1-a)^t}{a}$$

$$= t - 1 - \frac{F_\tau(t) - a}{a}$$

$$= t - \frac{F_\tau(t)}{a}. \tag{4.118}$$

Setzt man diesen Ausdruck in (4.117) ein, so ergibt sich für den Erwartungswert der durchschnittlichen Kosten:

$$K_d(t) = \frac{1}{t} \cdot \left[Aa \cdot (1 - F_\tau(t)) + w \cdot \left(t - \frac{F_\tau(t)}{a} \right) \right]$$

$$= \frac{Aa}{t} (1-a)^t + \frac{w}{t} \left(t - \frac{1}{a} (1 - (1-a)^t) \right). \tag{4.119}$$

Diese Formel läßt sich anschaulich interpretieren. Aa/t sind die pro Zeitintervall entstehenden Auswertungsaufwendungen und $(1-a)^t$ ist die Wahrscheinlichkeit dafür, daß diese Aufwendungen unnötiger Weise entstehen, d.h. daß der Zustandsübergang erst nach dem Zeitintervall t erfolgt. w/t sind die pro Zeitintervall entstehenden Verzögerungskosten und der Klammerausdruck, mit dem sie multipliziert werden, gibt die erwartete Anzahl von Zeitintervallen an, in denen Verzögerungskosten entstehen. Denn $1/a$ ist die durchschnittliche Anzahl von Zeitintervallen, die zwischen zwei Zustandsübergängen liegt, und $(1 - (1-a)^t)$ gibt die Wahrscheinlichkeit dafür an, daß der Zustandsübergang bis zum t-ten Zeitintervall erfolgt. Das Produkt $(1/a)(1 - (1-a)^t)$ gibt daher die erwartete Anzahl von Zeitintervallen an, in denen der Zustand 1 vorliegt, also keine Verzögerungskosten entstehen. Subtrahiert man diese Anzahl von der Gesamtzahl t, dann hat man den Erwartungswert für die Anzahl der Zeitintervalle, in denen der Zustand 2 gegeben ist, d.h. in denen Verzögerungskosten entstehen.

An einem Beispiel zeigt Kromschröder, daß man bei sukzessiver Berechnung von $K_d(1), K_d(2), \ldots$ die kritische Wartezeit t^* dadurch ermitteln kann, daß

$$K_d(1) > K_d(2) > \ldots > K_d(t^* - 1) > K_d(t^*) < K_d(t^* + 1) < K_d(t^* + 2) < \ldots \tag{4.120}$$

gilt. M.E. sollte man an Hand der ersten Ableitungen prüfen, ob die Zielfunktion (4.119) tatsächlich nur ein Minimum besitzt. Für die Ableitung erhält man:

$$\frac{dK_d(t)}{dt} = \frac{(1-a)^t}{t} \left(Aa + \frac{w}{a} \right) \cdot \left(\ln(1-a) - \frac{1}{t} \right) + \frac{w}{a \cdot t^2}. \tag{4.121}$$

Da $Aa, a, w > 0$ sind und $a < 1$ ist, ist der zweite Summand in (4.121) stets positiv, während der erste stets negative Werte annimmt. Für $t \to \infty$ konvergiert die erste Ableitung gegen Null und die Kostenfunktion (4.119) konvergiert gegen w. Da die Funktion (4.121) vom Grad $t-1$ ist, kann sie mehrere oder gar keine endliche Nullstelle besitzen.

Kromschröder [1972, S. 84] formuliert noch zwei andere Erweiterungen. Die eine besteht darin, daß während einer Wartezeit derselbe Fehler mehrmals auftreten kann, allerdings in einem Zeitintervall jeweils nur einmal. Diese Erweiterung hat zum einen nichts mehr mit dem Ansatz von Pollock zu tun und es liegt ihr m.E. eine völlig unrealistische Problemstellung zugrunde. Kromschröder führt auch selbst kein Beispiel für eine mögliche Anwendung an. Die zweite Erweiterung, die Kromschröder vorschlägt, besteht darin, daß mehrere verschiedene kontrollierbare Ursachen mit unterschiedlichen Wahrscheinlichkeiten eintreten können. Es sollen z verschiedene Ursachen möglich sein, von denen jede nach ihrem Eintreten Verzögerungskosten der Höhe w_j ($j = 1, \ldots, z$) pro Zeiteinheit verursacht. Ferner soll jede Ursache in jedem Zeitintervall mit der konstanten Wahrscheinlichkeit a_j ($j = 1, \ldots, z$) eintreten können. Kromschröder berechnet damit „die erwartete durchschnittliche Fehlerwirkung w_e pro Zeiteinheit" als [*Kromschröder*, S. 85]:

$$w_e = \frac{1}{z} \cdot \sum_{j=1}^{z} w_j \cdot a_j. \tag{4.122}$$

Ferner berechnet er die durchschnittliche Eintrittswahrscheinlichkeit als:

$$\bar{a} = \sum_{j=1}^{z} a_j. \tag{4.123}$$

Wird nun $w := w_e$ und $a := \bar{a}$ gesetzt, so kann man mit Hilfe des oben bereits dargestellten Ansatzes zur Berechnung einer optimalen Auswertungspolitik die kritische Wartezeit t^* berechnen.

4.2.2.3.2.3.4 Diskussion des Ansatzes.

Die von Pollock untersuchte Problemstellung erscheint für betriebliche Anwendungen besonders interessant. Denn nicht selten − zum Beispiel bei flexibler Planung − wird eine Zustandsänderung, allgemeiner ein Ereignis, wenn es eingetreten ist, bestimmte Aktionen auslösen müssen. Häufig wird unterstellt, daß man den Zeitpunkt, bis zu dem das Ereignis eingetreten ist, mit Sicherheit kennt. Pollocks Ansatz zeigt dagegen, wie man vorgehen kann, wenn der Zeitpunkt für den Eintritt des Ereignisses unsicher ist, man also nur eine Wahrscheinlichkeitsverteilung für den Eintrittszeitpunkt kennt. Während die Wahrscheinlichkeitsverteilung bei der Problemformulierung von Pollock noch als eine beliebige Verteilung angesehen wird, nimmt er bei der Berechnung der optimalen Auswertungs- bzw. Suchpolitik eine geometrische Verteilung an. Bei dieser speziellen Wahrscheinlichkeitsverteilung besitzt der zu optimierende stochastische Prozeß die Markov-Eigenschaft, und man kann mit Hilfe einer Rekursionsformel auf der Grundlage des Bellman'schen Optimalitätsprinzips die optimale Politik berechnen. Pollock selbst empfindet diese Einschränkung als sehr restriktiv. Er diskutiert deshalb im letzten Abschnitt seines Aufsatzes die Möglichkeiten, den Ansatz auf andere Verteilungsfunktionen zu erweitern. Dabei zeigt sich, daß eine solche Erweiterung mit den bisher verfügbaren Lösungsverfahren nicht möglich ist. („Since the simple random walk with constant absorbing barriers has not been fully solved, there is no reason to believe that this non-Markovian process with nonconstant barriers would be any easier". [*Pollock*, S. 464].)

Durch die Annahme einer geometrischen Verteilung für den Zustandsübergang wird der Ansatz formal dem Ansatz von Kaplan ähnlich, obwohl die Problemstellung grundsätzlich anders ist. Der wesentliche Unterschied besteht darin, daß Pollock den Prozeß nur bis zum 1. Zustandsübergang betrachtet, während Kaplan einen unendlichen Prozeß untersucht.

Problematisch ist beim Ansatz von Pollock die Berechnung der Erwartungswerte der Kosten. Für den Fall, daß im Zeitintervall t ausgewertet wird, ist der Erwartungswert der Kosten nach Pollock durch (4.109) gegeben. Da aber auch unter Pollocks Annahmen bei einer Auswertung der Auswertungsaufwand Aa mit Sicherheit entsteht, müßte der Erwartungswert m.E. wie folgt berechnet werden:

$$Aa + K_{t+1}(a) \cdot (1 - F_\tau(t)). \tag{4.124}$$

Dadurch würde sich allerdings nichts grundsätzlich ändern. Anstelle von (4.113) erhält man dann für die kritische Wahrscheinlichkeit die Formel

$$q^* = 1 - \frac{w(1 - (1-a)t^*) - a \cdot Aa}{a \cdot w \cdot t^*} \tag{4.125}$$

und anstelle von (4.116) ergibt sich als Bestimmungsgleichung für t^*:

$$(1-a)^{t^*} \leqq \frac{1 - a \cdot (Aa/w)}{1 + a \cdot t^*}. \tag{4.126}$$

Da der Auswertungsaufwand bei dieser Modifikation nicht mit der Wahrscheinlichkeit $(1 - F_\tau(t))$ gewichtet wird, ergeben sich für q^* und t^* nach (4.125) und (4.126) immer größere Werte, als nach (4.113) bzw. (4.116). Das bedeutet, daß bei dem Ansatz von Pollock zu häufig ausgewertet wird. Ein Vergleich der Ungleichungen (4.126) und (4.116) zeigt die Zweckmäßigkeit der obigen Überlegung. In (4.126) nimmt die rechte Seite für $a \cdot Aa = w$ den Wert Null an, was bedeutet, daß die kritische Wartezeit $t \rightarrow \infty$ geht. Eine Auswertung wird demnach sinnvollerweise erst dann vorteilhaft, wenn $a \cdot Aa < w$, also der Erwartungswert des Auswertungsaufwandes unmittelbar nach Beginn bzw. nach einer Auswertung kleiner ist, als die Verzögerungskosten, die in einem Zeitintervall entstehen. Die Ungleichung (4.116) liefert dieses sinnvolle Ergebnis nicht. Es ist interessant, daß Pollock (und auch Kromschröder) das Modell an einem Beispiel demonstriert, bei dem gerade $a \cdot Aa = w$ ist. Pollock wählt $Aa = 1$, $w = a = 0,1$. Nach (4.116) ergibt sich bei diesen Zahlen $t = 11$. [*Pollock*, S. 460; *Kromschröder*, S. 80].

Bei der ursprünglichen Fassung des Ansatzes von Pollock wird in jedem Zeitintervall der Istwert ermittelt, und es wird eine Abweichung berechnet. Mit Hilfe des Erwartungswertes der vollständigen Information kann man abschätzen, ob die Abweichungsermittlung vorteilhaft ist, oder ob man besser eine Auswertungspolitik verwendet, die lediglich die Wartezeit als Entscheidungskriterium verwendet. Bei vollkommener Information wird nur einmal ausgewertet, nämlich genau dann, wenn der Zustandsübergang stattgefunden hat. Die Kosten sind dann gerade gleich dem Auswertungsaufwand Aa. Verzögerungskosten entstehen nicht. Damit erhält man für den Erwartungswert vollständige Information:

$$EVI(t^*) = K_{t^*}(F_\tau(t^*)) - Aa. \tag{4.127}$$

Man kann diesen Erwartungswert auf Grund von (4.111) für den Fall berechnen, daß in jedem Zeitintervall Abweichungen berechnet werden, und man kann den Wert ebenso nach (4.112) für den Fall berechnen, daß man keine Abweichungen berechnet und nur anhand der Wartezeit entscheidet. Lassen sich die Kosten für die periodische Abweichungsermittlung schätzen, dann kann man anhand des EVI beurteilen, welche Variante des Verfahrens im jeweiligen Fall, vor allem bei den Wahrscheinlichkeitsverteilungen $f_1(A)$ und $f_2(A)$ vorteilhaft ist. Dies sind inhaltlich dieselben Überlegungen, wie sie von *Laux* [1974a, 433–450; 1974b, 505–520] erörtert werden (siehe auch Abschnitt 3.4).

4.2.2.3.2.4 Der Ansatz von Dittman und Prakash

4.2.2.3.2.4.1 Problemstellung. Dittman/Prakash [1978, S. 14ff.] formulieren für das Problem der Ermittlung einer Entscheidungsregel zur Abweichungsauswertung einen Markov-Entscheidungsprozeß, der in wesentlichen Grundzügen mit dem Ansatz von *Kaplan* [1969, siehe Abschnitt 4.2.2.3.2.2] übereinstimmt. So wie bei Kaplan werden auch hier die beiden Zustände

Zustand 1: Nicht kontrollierbare Abweichungsursachen sind wirksam und
Zustand 2: kontrollierbare Abweichungsursachen sind wirksam

unterschieden, die entsprechend der Matrix

$$P = \begin{pmatrix} g & 1-g \\ 0 & 1 \end{pmatrix} \qquad (4.128)$$

ineinander übergehen. Es soll eine Kostengröße K kontrolliert werden, deren Verteilungsfunktion im Zustand 1 $F_1(K)$ und im Zustand 2 $F_2(K)$ ist. Die Erwartungswerte der Kosten sind μ_1 und μ_2 und es soll $\mu_2 > \mu_1$ sein, so daß dann für den Erwartungswert der Abweichungen $\mu(A) = (\mu_2 - \mu_1) > 0$ gilt. Der Erwartungswert μ_1 ist der Planwert.

In jedem Kontrollzyklus wird eine Abweichung der Istkosten von den Plankosten beobachtet und man entscheidet darüber, ob ausgewertet werden soll oder nicht. Entscheidet man sich für eine Auswertung, so entsteht der Auswertungsaufwand Aa_1 und es wird der tatsächlich bestehende Zustand festgestellt. Ist dies der Zustand 2, so wird die kontrollierbare Abweichungsursache mit Aufwendungen von Aa_2 beseitigt und so der Zustand 1 wiederhergestellt. Ergibt die Auswertung dagegen den Zustand 1, so liegt ein Fehler 1. Art vor. Entscheidet man sich aufgrund der Höhe der beobachteten Istkosten gegen eine Auswertung, so riskiert man einen Fehler 2. Art. Verfährt der Entscheidungsträger nach der Entscheidungsregel immer dann auszuwerten, wenn die beobachteten Istkosten K eine vorgegebene Höhe $\bar{K}$ überschreiten, dann können die bedingten Wahrscheinlichkeiten für Fehler der 1. und der 2. Art wie folgt berechnet werden:

$$p\,(\text{Auswertung} \mid \text{Zustand 1}) \quad = 1 - F_1(\bar{K}).$$
$$(4.129)$$
$$p\,(\text{Nichtauswertung} \mid \text{Zustand 2}) = F_2(\bar{K}).$$

Mit Hilfe dieser bedingten Fehlerwahrscheinlichkeiten läßt sich der Effekt einer Auswertung auf den beobachteten stochastischen Prozeß in Form der folgenden Matrix von Übergangswahrscheinlichkeiten angeben:

$$P_A = \begin{pmatrix} 1 & 0 \\ 1 - F_2(\bar{K}) & F_2(\bar{K}) \end{pmatrix}. \qquad (4.130)$$

Die Spalte 1 in der Matrix P_A gibt an, mit welcher Wahrscheinlichkeit sich der Zufallsprozeß nach einer Auswertung im Zustand 1 befindet, wenn vor der Auswertung bei Ermittlung der Abweichung der Zustand 1 oder 2 vorgelegen hat. Das Element in der zweiten Zeile der 1. Spalte besagt, daß der Prozeß nach einer Auswertung mit der Wahrscheinlichkeit $1 - F_2(\bar{K})$ im Zustand 1 ist, wenn er bei der Ermittlung der Abweichung unmittelbar vor der Auswertung im Zustand 2 war. Durch Multiplikation der Matrix P mit der Matrix P_A läßt sich nun die Matrix der Übergangswahrscheinlichkeiten des Markov-Entscheidungsprozesses berechnen:

$$
\begin{aligned}
P_{ME} &= \begin{pmatrix} g & 1-g \\ 0 & 1 \end{pmatrix} \cdot \begin{pmatrix} 1 & 0 \\ 1-F_2(\bar{K}) & F_2(\bar{K}) \end{pmatrix} \\[2mm]
&= \begin{pmatrix} 1 - (1-g) \cdot F_2(\bar{K}) & (1-g) \cdot F_2(\bar{K}) \\ 1 - F_2(\bar{K}) & F_2(\bar{K}) \end{pmatrix}.
\end{aligned}
\tag{4.131}
$$

Die Übergangswahrscheinlichkeiten in (4.131) sind abhängig von der Kostenhöhe $\bar{K}$, bei deren Überschreiten ausgewertet wird. Setzt man $\bar{K}$ so niedrig wie nur möglich fest ($\bar{K} \to -\infty$), dann bedeutet das, daß immer, also in jedem Zeitintervall, ausgewertet wird und man erhält wegen $F_2(\bar{K} \to -\infty) = 0$ für die Übergangswahrscheinlichkeiten die Matrix:

$$
P_{ME}(\bar{K} \to -\infty) = \begin{pmatrix} 1 & 0 \\ 1 & 0 \end{pmatrix}.
\tag{4.132}
$$

Setzt man dagegen $\bar{K}$ so hoch wie nur möglich fest ($\bar{K} \to \infty$), dann bedeutet das, daß nie ausgewertet wird und man erhält wegen $F_2(K \to \infty) = 1$ für die Übergangswahrscheinlichkeiten in der Matrix (4.131) genau die Matrix P in (4.128). Das heißt, der Prozeß läuft unkontrolliert ab.

Als stationäre Zustandswahrscheinlichkeiten erhält man aus der Beziehung

$$
(\pi_1(\bar{K}), \pi_2(\bar{K})) \cdot P_{ME} = (\pi_1(\bar{K}), \pi_2(\bar{K}))
\tag{4.133}
$$

und aus der Bedingung

$$
\pi_1(\bar{K}) + \pi_2(\bar{K}) = 1
\tag{4.134}
$$

die Ausdrücke:

$$
\begin{aligned}
\pi_1(\bar{K}) &= \frac{1 - F_2(\bar{K})}{1 - g \cdot F_2(\bar{K})} \\[3mm]
\pi_2(\bar{K}) &= \frac{(1-g) \cdot F_2(\bar{K})}{1 - g \cdot F_2(\bar{K})}.
\end{aligned}
\tag{4.135}
$$

Dies sind die stationären Zustandswahrscheinlichkeiten für die Zustände zum Beginn bzw. am Ende eines Kontrollzeitintervalles. Die stationären Zustandswahrscheinlichkeiten für die Zustände zum Zeitpunkt der Ermittlung der Abweichung sind dagegen:

$$s_1(\bar{K}) = g \cdot \pi_1(\bar{K})$$

$$s_2(\bar{K}) = (1-g) \cdot \pi_1(\bar{K}) + \pi_2(\bar{K}) = \frac{1-g}{1-g \circ F_2(\bar{K})}. \qquad (4.136)$$

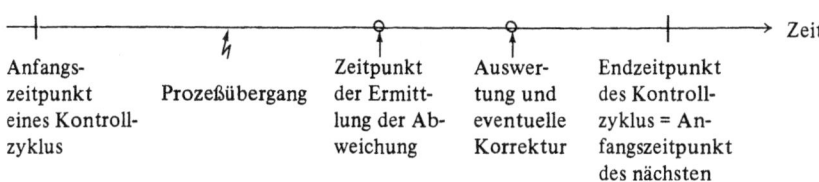

| Anfangs-
zeitpunkt
eines Kontroll-
zyklus | Prozeßübergang | Zeitpunkt
der Ermitt-
lung der Ab-
weichung | Auswer-
tung und
eventuelle
Korrektur | Endzeitpunkt
des Kontroll-
zyklus = An-
fangszeitpunkt
des nächsten |

Abb. 24: Zeitlicher Ablauf eines Kontrollzyklus

Die Abb. 24 verdeutlicht diesen Unterschied.

Die Kosten einer Auswertungspolitik, die durch die Kostenhöhe $\bar{K}$ gekennzeichnet ist, ergeben sich als die Summe der Kosten für

a) Unwirtschaftlichkeit, die dadurch gekennzeichnet ist, daß der Zustand 2 eingetreten ist und der Prozeß mit erhöhten Kosten abläuft bis eine Auswertung den Prozeß wieder in den Zustand 1 zurückversetzt,

b) Auswertung,

c) Korrektur.

Zu a) Der Erwartungswert der Kosten, die pro Kontrollzyklus entstehen, wenn eine Zustandsänderung vom Zustand 1 in den Zustand 2 unentdeckt bleibt, weil sie bei der Kosten-Kontrollgrenze $\bar{K}$ nicht angezeigt wird, ist:

$$
\begin{aligned}
C_0(\bar{K}) &= \mu_1 \cdot s_1(\bar{K}) + \mu_2 \cdot s_2(\bar{K}) \\
&= \mu_1 \cdot g \cdot \pi_1(\bar{K}) + \mu_2 \cdot (1-g) \cdot \pi_1(\bar{K}) + \mu_2 \cdot \pi_2(\bar{K}) \\
&= \mu_2 - \pi_1(\bar{K}) \cdot g \cdot \mu(A).
\end{aligned}
\qquad (4.137)
$$

Zu b) Der Erwartungswert für die Auswertungskosten (= Auswertungsaufwand) ist zu berechnen aus den Kosten einer Auswertung Aa_1 und der Wahrscheinlichkeit, mit der in einem Kontrollzyklus ausgewertet wird, d.h., mit der die beobachteten Kosten höher sind als die Kontrollgrenze $\bar{K}$. Man erhält [siehe *Dittman/Prakash*, 1978, S. 19]:

$$C_A(\bar{K}) = \pi_1(\bar{K}) \cdot (1 - g \cdot F_1(\bar{K})) \cdot Aa_1. \qquad (4.138)$$

Zu c) Korrekturkosten in Höhe von Aa_2 entstehen, wenn sich bei einer Auswertung der Zustand 2 ergibt, was mit einer Wahrscheinlichkeit von $\pi_1(\bar{K}) \cdot (1-g)$ geschieht.

$$C_K(\bar{K}) = \pi_1(\bar{K}) \cdot (1-g) \cdot Aa_2.$$

Damit erhält man für die Kosten in einem Kontrollzyklus in Abhängigkeit von $\bar{K}$:

$$
\begin{aligned}
C(\bar{K}) &= C_0(\bar{K}) + C_A(\bar{K}) + C_K(\bar{K}) \\
&= \mu_2 + \pi_1(\bar{K}) \cdot ((1-g) \cdot Aa_2 + Aa_1 - g \cdot \mu(A) - g \cdot Aa_1 \cdot F_1(\bar{K})) \\
&= \mu_2 + \pi_1(\bar{K}) \cdot (a - b \cdot F_1(\bar{K})).
\end{aligned}
\qquad (4.139)
$$

Darin ist

$$a = (1 - g) \cdot Aa_2 + Aa_1 - g \cdot \mu(A)$$

und

$$b = g \cdot Aa_1.$$

4.2.2.3.2.4.2 Ermittlung der optimalen Kontrollgrenze. Zur Ermittlung der optimalen Kontrollgrenze sucht man jenen Wert $\bar{K}^*$, für den die Kostenfunktion (4.139) minimal wird. Um zu prüfen, ob das absolute Minimum der Kostenfunktion an den Rändern liegt, berechnet man die Werte

$$C(\bar{K} \to \infty) = \mu_2 \quad \text{wegen } \pi_1(\bar{K} \to \infty) = 0 \tag{4.140}$$

und

$$C(\bar{K} \to -\infty) = \mu_2 + a \text{ wegen } \pi_1(\bar{K} \to -\infty) = 1 \text{ und } F_1(\bar{K} \to -\infty) = 0. \tag{4.141}$$

Die Kosten nach (4.140) ergeben sich, wenn nie ausgewertet wird, die Kosten nach (4.141), wenn immer ausgewertet wird. Zwischen diesen beiden Grenzfällen kann die Kostenfunktion (4.139) ein oder mehrere relative Minima besitzen, von denen das niedrigste die optimale Auswertungspolitik bestimmt. Notwendige Bedingung für ein relatives Minimum der Kostenfunktion ist, daß die 1. Ableitung der Kostenfunktion Null wird. Für die 1. Ableitung ergibt sich:

$$\frac{dC}{d\bar{K}} = \frac{d\pi_1(\bar{K})}{d\bar{K}} \cdot (a - b \cdot F_1(\bar{K})) - b \cdot \pi_1(\bar{K}) \cdot f_1(\bar{K}).$$

Und für $\dfrac{d\pi_1(\bar{K})}{d\bar{K}}$ erhält man:

$$\frac{d\pi_1(\bar{K})}{d\bar{K}} = \frac{-(1 - g) \cdot f_2(\bar{K})}{(1 - g \cdot F_2(\bar{K}))^2}.$$

Setzt man ein, so hat man die gesuchte 1. Ableitung:

$$\frac{dC}{d\bar{K}} = \frac{-(1 - g) \cdot f_2(\bar{K}) \cdot (a - b \cdot F_1(\bar{K})) - b \cdot \pi_1(\bar{K}) \cdot f_1(\bar{K}) \cdot (1 - g \cdot F_2(\bar{K}))}{(1 - g \cdot F_2(\bar{K}))^2}. \tag{4.142}$$

Da der Nenner von (4.142) stets größer Null und kleiner als eins ist, wird der ganze Bruch nur dann Null, wenn der Zähler Null wird. Der Zähler besteht aus zwei Summanden, von denen der zweite nicht negativ werden kann, so daß der Zähler nur dann Null werden kann, wenn entweder der erste Summand negativ ist oder wenn beide Summanden Null werden.

a) Der erste Summand im Zähler von (4.142) wird nur dann negativ, wenn gilt:

$$(a - b \cdot F_1(\bar{K})) < 0 \Leftrightarrow F_1(\bar{K}) > \frac{a}{b}; \quad (b > 0).$$

Da die Verteilungsfunktion $F_1(\bar{K})$ streng monoton steigend ist, bedeutet dies, daß die Ableitung der Kostenfunktion für Werte von $\bar{K}$, für die $F_1(\bar{K}) < a/b$ ist, negativ ist und daß die Kostenfunktion daher bis zu diesem Wert von $\bar{K}$ sinkt. Für größere Werte von $\bar{K}$

nimmt die Steigung der Kostenfunktion zu (sie wird weniger negativ), bis sie möglicherweise Null und danach positiv wird, wodurch ein Minimum der Kostenfunktion charakterisiert ist.

b) Sollen beide Summanden im Nenner von (4.142) Null werden, so muß gelten:

$$a - b \cdot F_1(\bar{K}) = 0 \tag{4.143}$$

und

$$1 - F_2(\bar{K}) = 0. \tag{4.144}$$

Dann ist aber auch $\pi_1(\bar{K}) = 0$, was bedeutet, daß nie ausgewertet werden soll.

Zur Berechnung des gesuchten Minimums empfehlen Dittman und Prakash nun die folgende Vorgehensweise:

a) Die Verteilungsfunktionen $F_1(\bar{K})$ und $F_2(\bar{K})$ werden diskretisiert, um enumerieren zu können.

b) Man beginnt mit einem $\bar{K}$, für das $F_1(\bar{K})$ nur geringfügig größer ist als a/b und erhöht $\bar{K}$ in Schritten, die der Diskretisierung entsprechen.

4.2.2.3.2.4.3 Diskussion des Ansatzes. Der Ansatz ist sorgfältig konzipiert und zeigt sehr anschaulich die wesentlichen Aspekte des Problems, eine Entscheidungsregel zur Abweichungsauswertung in dem konkreten, einfachen Fall zu berechnen. Die Problemstellung ist im wesentlichen mit der identisch, die von Kaplan bearbeitet wurde, weshalb sich die beiden Ansätze unmittelbar miteinander vergleichen lassen. Dabei zeigt sich allerdings, daß die von Dittman und Prakash vorgeschlagene Lösung grundsätzlich schlechter ist, das heißt zu höheren Kontrollkosten führt als die Lösung von Kaplan. *Dittman/Prakash* [1979, S. 358ff.] haben diesen Sachverhalt in einer Folgestudie sorgfältig untersucht und sind dabei zu dem Ergebnis gekommen, daß die Differenz zwischen den Kontrollkosten nach Kaplan und denen bei ihrem Ansatz von den Streuungen der Verteilungsfunktionen $F_1(K)$ und $F_2(K)$ abhängt. Die Differenz nimmt mit steigender Streuung von $F_2(K)$ ab, bis die Streuung von $F_2(K)$ etwas größer ist als die Streuung von $F_1(K)$ und nimmt von diesem Punkt an wieder zu [*Dittman/Prakash*, 1979, S. 371]. Der Grund für die Überlegenheit des Kaplan'schen Ansatzes liegt in der besseren Nutzung der verfügbaren Informationen. Beim Ansatz von Dittman und Prakash wird zur Auswertungsentscheidung immer nur die in dem jeweiligen Kontrollzyklus beobachtete Abweichung herangezogen und dieser Wert wird, so wie alle anderen, die seit der letzten Auswertung ermittelt wurden, „vergessen", wenn man sich gegen eine Auswertung entscheidet. Dagegen werden die Beobachtungswerte beim Ansatz von Kaplan dazu benützt, eine revidierte Bayes'sche Schätzung für die Wahrscheinlichkeit zu berechnen, mit der immer noch der Ausgangszustand 1 vorliegt. Mit wachsendem zeitlichen Abstand von der letzten Auswertung wird dieser Schätzwert tendenziell sinken und es kommt zur Auswertung, wenn er die berechnete kritische Wahrscheinlichkeit unterschreitet. Auf diese Weise werden beim Ansatz von Kaplan alle Abweichungsinformationen, die seit der letzten Auswertung erarbeitet wurden, bei der Entscheidung über Auswertung oder Nichtauswertung berücksichtigt.

4.2.3 Vergleichende Untersuchungen

Zur Beurteilung von Ansätzen zur Planung der Auswertungsentscheidung sind zwei vergleichende Untersuchungen durchgeführt worden. Es handelt sich dabei zum einen um eine Simulationsstudie von *Magee* [1976] und zum anderen um eine empirische Untersuchung von *Jacobs* [1978], die im Rahmen einer Dissertation erfolgte.

Magee geht bei seiner Simulationsstudie davon aus, daß nur eine Größe kontrolliert wird. Die Größe, wie z.B. die Kosten eines bestimmten Produktionsvorganges, soll signalisieren, ob der Prozeß störungsfrei abläuft (Zustand 1) oder ob eine Störung vorliegt (Zustand 2). Bei störungsfreiem Prozeß erwartet man Kosten, die nach einer Dichtefunktion $f_1(K)$ normalverteilt sind mit dem Erwartungswert μ_1 und der Standardabweichung σ_1. Entsprechend werden die Kosten bei gestörtem Prozeß als nach der Dichtefunktion $f_2(K)$ normalverteilt betrachtet mit dem Erwartungswert $\mu_2 > \mu_1$ und der Standardabweichung σ_2. Entsprechend der Matrix P in (4.128) soll der Zustand 1 mit der Wahrscheinlichkeit g in der Folgeperiode erhalten bleiben und mit der Wahrscheinlichkeit $(1 - g)$ in den Zustand 2 übergehen. Der Zustand 2 bleibt erhalten bis die Störung entdeckt und mit Kosten in Höhe von Aa beseitigt wird.

Es wurden sieben Entscheidungsregeln in die Untersuchung miteinbezogen:

1. Alle positiven (unvorteilhaften) Abweichungen werden ausgewertet.

2. Alle Abweichungen, deren Absolutbetrag nicht kleiner ist als 10% von μ_1, werden ausgewertet.

3. Alle Abweichungen, deren Absolutbetrag nicht kleiner ist als σ_1, werden ausgewertet.

4. Alle Abweichungen, deren Absolutbetrag nicht kleiner ist als $2 \cdot \sigma_1$, werden ausgewertet.

5. Eine Auswertung erfolgt n Zeiteinheiten vor dem Ende des Planungszeitraumes, wenn die Wahrscheinlichkeit für den Zustand 1 kleiner ist als:

$$g_n^* = 1 - \frac{Aa}{Ae_n}, \tag{4.145}$$

wobei

$$Ae_n = (\mu_2 - \mu_1) \cdot (\sum_{j=1}^{n-1} j \cdot g^j (1 - g) + n \cdot g^n).$$

6. Die kritische Wahrscheinlichkeit g_n^* wird nach dem dynamischen Programmierungsmodell von *Kaplan* [1969] berechnet.

7. Eine Auswertung erfolgt immer dann, wenn eine Störung auftritt (vollständige Information).

Die Tabelle 11 zeigt die Ergebnisse der Simulation für 18 verschiedene Datenkonstellationen, wobei jeweils 200 12-Monatszeiträume simuliert wurden.

Average Total Cost[1]) Over 200 12-Month Periods

$\mu_1 = 100; \sigma_1 = \sigma_2 = \sigma \times 20$

Case	μ_2	C	g	1	2	3	4	5	6	7
1	120	10	0.5	1,400	1,395	1,395	1,406	1,394	1,390	1,367
2	120	10.	0.7	1,348	1,340	1,342	1,368	1,344	1,337	1,306
3	120	10	0.9	1,291	1,277	1,269	1,286	1,275	1,266	1,239
4	120	30	0.5	1,559	1,521	1,484	1,442	1,425[2])	1,425[2])	1,425[2])
5	120	30	0.7	1,483	1,444	1,413	1,393	1,392	1,386	1,367
6	120	30	0.9	1,403	1,348	1,311	1,295	1,292	1,285	1,256
7	120	60	0.5	1,772	1,683	1,598	1,472	1,413[2])	1,413[2])	1,413[2])
8	120	60	0.7	1,706	1,609	1,530	1,443	1,411[2])	1,411[2])	1,411[2])
9	120	60	0.9	1,582	1,465	1,379	1,308	1,296	1,294	1,276
10	150	10	0.5	1,578	1,571	1,568	1,592	1,568	1,568	1,551
11	150	10	0.7	1,457	1,445	1,438	1,457	1,441	1,438	1,418
12	150	10	0.9	1,310	1,292	1,277	1,279	1,279	1,273	1,260
13	150	30	0.5	1,754	1,725	1,701	1,695	1,689	1,688	1,668
14	150	30	0.7	1,609	1,566	1,534	1,525	1,525	1,518	1,494
15	150	30	0.9	1,450	1,394	1,347	1,322	1,327	1,318	1,299
16	150	60	0.5	1,984	1,920	1,870	1,811	1,747[2])	1,747[2])	1,747[2])
17	150	60	0.7	1,797	1,704	1,638	1,586	1,585	1,584	1,556
18	150	60	0.9	1,628	1,520	1,435	1,363	1,368	1,358	1,332

[1]) Total cost includes operating costs *plus* the costs of investigations. Figures are rounded to nearest dollar.

[2]) In these cases, the values of the parameters were such that an investigation never was considered desirable.

Tab. 11: Ergebnisse der Simulationsstudie von Magee

Aufgrund dieser Ergebnisse kommt Magee bezüglich der Eignung der sechs Entscheidungsregeln zu folgenden Aussagen:

1. Die einfachen Entscheidungsregeln (1 – 4) schneiden grundsätzlich nicht wesentlich schlechter ab als die aufwendigen Regeln 5 und 6.
2. Bleiben die Auswertungsaufwendungen unberücksichtigt, so erweist sich die Regel 1 als besonders vorteilhaft.
3. Die einfachen Entscheidungsregeln führen zu relativ schlechten Ergebnissen, wenn der Auswertungsaufwand groß und die Stabilitätswahrscheinlichkeit g klein ist.
4. Berücksichtigt man die Informationsbeschaffungs- und Planungskosten, dann ergeben sich zusätzliche Vorteile für einfache Entscheidungsregeln.

In seiner empirischen Untersuchung hat *Jacobs* [1978] die folgenden sechs Entscheidungsregeln untersucht:

1. Eine einfache $\overline{X}$-Kontrollkarte mit 3σ-Abständen.
2. Eine einfache Kontrollkarte mit kumulierten Summen.
3. Eine $\overline{X}$-Kontrollkarte mit expliziter Berücksichtigung von Auswertungsaufwand und Auswertungsertrag entsprechend den Modellen von *Duncan* [1956] und *Gibra* [1971].

4. Eine Kontrollkarte mit kumulierten Summen und expliziter Berücksichtigung von Auswertungsaufwand und Auswertungsertrag entsprechend dem Modell von *Goel/Wu* [1973].
5. Eine Entscheidungsregel unter Verwendung des Bayes'schen Theorems.
6. Eine Entscheidungsregel auf der Grundlage des Modelles von *Kaplan* [1969].

Die Untersuchung wurde in einem Industriebetrieb durchgeführt. Es wurden vier Kostenstellen mit jeweils einem Fertigungsprozeß untersucht. Dabei wurden 10 Größen (Variablen) beobachtet. 7 davon waren technische Größen, 3 Kostenwerte, 9 von den 10 Größen wurden täglich beobachtet, eine nur wöchentlich. Die Untersuchung dauerte 5 Monate. Eine Auswertung wurde immer dann vorgenommen, wenn es eine von den sechs Stragegien erforderte.
Zur Beurteilung der sechs alternativen Entscheidungsregeln hat Jacobs zwei verschiedene Methoden verwendet:

1. Die Fehlermethode: Für jede Entscheidungsregel wurden die Fehler 1. und 2. Art gezählt, die bei den verschiedenen Größen auftreten. Um für alle Größen eine Rangordnung der Entscheidungsregeln zu erhalten, wurden die Fehler mit Kosten bewertet.
2. Die Sensitivitätsmethode: Für jede Entscheidungsregel und jede Größe wurde bei jeder Beobachtung berechnet, wie weit der Beobachtungswert von einer Fehlentscheidung entfernt war. Der tatsächliche Zustand wurde dabei durch die Arbeitskräfte jeweils festgestellt. Die einzelnen Entscheidungsregeln wurden für jede Größe und für jeden Beobachtungszeitpunkt in eine Rangfolge gebracht. Die Zusammenfassung der Rangfolgen für die verschiedenen Zeitpunkte erfolgt mit dem Kendall'schen Koeffizienten. Die Signifikanz wurde mit Hilfe der Fischer'schen Z-Verteilung getestet.

Jacobs kam zu folgenden Rangfolgen für 9 von den 10 Beobachtungsgrößen (Tabelle 12).

Combined Rankings

Variable	Shewhart $\bar{X}$-Chart	Cusum Chart	Economic $\bar{X}$-Chart	Economic Cusum Chart	Dyckman Model	Kaplan Model
v_1	4	6	2	3	5	1
v_2	4	1	5.5	1.5	3	5.5
v_2	4.5	2.75	4.5	2.25	1.5	1.5
v_4	2.5	1.5	6	3.5	2.5	5
v_6	6	5	2	1	3.5	3.5
v_8	5	6	1	2	3.5	3.5
v_9	2.25	2	2.75	2	5.5	5.5
v_{10}......	4.75	1.75	5.25	2.75	2.25	2.5
v_{11}.......	2.5	2	5.25	5.75	3.5	2

Tab. 12: Rangordnung der Modelle zur Ermittlung von Entscheidungsregeln aufgrund der Untersuchung von Jacobs

Aufgrund seiner Ergebnisse kommt Jacobs bezüglich der sechs getesteten Entscheidungsregeln zu folgenden Aussagen:

1. Keine der sechs Entscheidungsregeln war dominierend gut oder schlecht.
2. Die Entscheidungsregeln mit expliziter Berücksichtigung von Auswertungsaufwand und Auswertungsertrag erzielen nicht wesentlich bessere Ergebnisse als die einfachen Entscheidungsregeln.
3. Entscheidungsregeln, die mit Hilfe von mehrperiodigen Modellen ermittelt wurden, scheinen den einperiodigen grundsätzlich überlegen zu sein. Bei 7 von 9 Größen waren die Ergebnisse der Kontrollkarten mit kumulierten Summen und auch der anderen mehrperiodigen Modelle besser als die der einfachen $\bar{X}$-Kontrollkarten.
4. Für Größen mit niedrigem Verhältnis von Auswertungsertrag zu Auswertungsaufwand erzielte die Kontrollkarte mit kumulativen Summen konsistent bessere Ergebnisse als die anderen 5 Regeln.
5. Für Größen mit hohem Verhältnis von Auswertungsertrag zu Auswertungsaufwand waren die Regeln mit expliziter Berücksichtigung von Auswertungsaufwand und Auswertungsertrag konsistent besser als die anderen.

Meines Erachtens sind solche Untersuchungen nicht sonderlich sinnvoll, weil die Fragestellungen, von denen man dabei ausgeht, mit ausreichender Sicherheit auch ohne die Untersuchung beantwortet werden können. So sind denn auch die Ergebnisse durchweg einleuchtend und bedürfen keiner weiteren Erläuterung.

4.3 Simultane Planung der Auswertungsentscheidung für mehrere Situationsmerkmale

4.3.1 Vorbemerkungen

Die bisher dargestellten und diskutierten Ansätze zur Planung der Auswertungsentscheidung hatten alle gemeinsam, daß der Planungs- und Kontrollprozeß sich nur auf ein Situationsmerkmal bezog. Da Situationen jedoch in der Regel durch mehr als ein Merkmal beschrieben werden, was auch für die Zielpfade als Gegenstand von Planungs- und Kontrollprozessen gilt, müssen Überlegungen darüber angestellt werden, wie die Auswertungsentscheidungen für mehrere Situationsmerkmale simultan geplant werden können bzw. welche Schwierigkeiten sich dabei ergeben. Zunächst ist festzustellen, daß eine simultane Planung im Vergleich mit einer isolierten Planung nur dann zu einem anderen Ergebnis führt, wenn sich die Auswertungsentscheidungen bzw. die Auswertungspolitiken gegenseitig beeinflussen. Solche Einflüsse sind jedoch in den meisten Fällen schon dadurch gegeben, daß die Situationen Strukturmerkmale beinhalten, durch welche zwischen verschiedenen Situationsmerkmalen Abhängigkeiten formuliert bzw. definiert werden. Sind aber zwei oder mehrere Situationsmerkmale durch ein Strukturmerkmal voneinander abhängig, dann liefert die Abweichungsinformation für eines dieser Situationsmerkmale zugleich Kenntnisse über die tatsächliche Entwicklung der anderen. Ebenso kann die Auswertung einer Abweichung für ein Merkmal Infomationen über andere Merkmale ergeben, wobei die Merkmale nicht einmal notwendig voneinander abhängig sein müssen.

Neben dieser, durch die Situationsstruktur gegebenen Abhängigkeit der Auswertungsentscheidungen besteht zwischen den Auswertungsentscheidungen auch eine gegenseitige Abhängigkeit hinsichtlich der in Anspruch genommenen Produktionsfaktoren. Denn eine Auswertung erfordert den Einsatz produktiver Faktoren, wie menschlicher Arbeitsleistung, Stoffe und Betriebsmittel, sowie finanzielle Mittel. Diese sind nur in beschränktem

Ausmaß vorhanden und müssen, soweit sie für den Planungs- und Kontrollprozeß eingesetzt werden, dem Leistungserstellungsprozeß im engeren Sinne entzogen werden. Der Planungs- und Kontrollprozeß konkurriert also mit anderen Verwendungsmöglichkeiten um den Einsatz der produktiven Faktoren, sowie um den Einsatz von finanziellen Mitteln. Da diese Beschränkung bisher nicht beachtet worden ist, war in den vorangegangenen Abschnitten eine Auswertung immer dann vorteilhaft, wenn der Auswertungsertrag größer war als der Auswertungsaufwand. Sind Produktionsfaktoren und liquide Mittel begrenzt, so können möglicherweise nicht alle Abweichungen ausgewertet werden, bei denen der Auswertungsertrag größer ist als der Auswertungsaufwand. Sind nur die liquiden Mittel knapp, so kann man das optimale Auswertungsprogramm in einem Zeitpunkt dadurch bestimmen, daß man die auszuwertenden Abweichungen in der Reihenfolge sinkender Auswertungserfolge in das Programm aufnimmt. Ist einer der Produktionsfaktoren restriktiv und sind die anderen sowie die liquiden Mittel in ausreichendem Maße vorhanden, so kann man das optimale Auswertungsprogramm mit Hilfe der relativen Auswertungserfolge ermitteln. Bei mehr als einer Nebenbedingung muß man versuchen, das optimale Auswertungsprogramm mit Hilfe eines Programmierungs-Ansatzes zu berechnen.

Die geschilderte Problemstellung ist m.W. bisher nur von *Ozan/Dyckman* [1971, S. 88ff.] untersucht worden. Der Ansatz der Autoren zeigt deutlich die Schwierigkeiten, die sowohl bei der Formulierung als auch bei einer möglichen Anwendung auftreten. Sie liegen unter anderem in den Annahmen, welche über die möglichen Abweichungsursachen gemacht werden müssen.

4.3.2 Darstellung des Ansatzes von Ozan und Dyckman

4.3.2.1 Annahmen über die möglichen Abweichungsursachen

Ozan und Dyckman gehen bei der Formulierung ihres Modellansatzes von der Problemstellung aus, die bei der Planung und Kontrolle der Kosten einer Kostenstelle (cost center) zu lösen ist. In der Kostenstelle sollen m ($k = 1, 2, \ldots, m$) Produktionsfaktoren zur Produktion von n ($j = 1, 2, \ldots, n$) Zwischen- oder Endprodukten eingesetzt werden. Für einen Zeitraum von einem Zeitintervall berechnet man die Plankosten der Kostenart des Produktionsfaktors k bei Ist-Produktion als:

$$^{p}K_{k} = \sum_{j=1}^{n} {}^{p}a_{kj} \cdot {}^{i}x_{j} \cdot {}^{p}w_{kj}; \qquad k = 1, 2, \ldots, m. \tag{4.146}$$

Darin ist:

$^{p}a_{kj}$ = der geplante, technische Koeffizient der Produktion. Er gibt an, wieviele Einheiten des Produktionsfaktors k erforderlich sind, um eine Einheit des Produktes bzw. Zwischenproduktes j herzustellen.

$^{i}x_{j}$ = die in dem vergangenen Zeitintervall tatsächlich hergestellte Menge des Produktes bzw. Zwischenproduktes j.

$^{p}w_{kj}$ = der geplante Stückpreis bzw. die geplanten Stückkosten für eine Einheit des Produktionsfaktors k, der zur Produktion des Produktes j eingesetzt wird.

Für die Istkosten desselben Zeitintervalls soll gelten:

$$^{i}K_k = \sum_{j=1}^{n} (^{p}a_{kj} + {}^{a}a_{kj}) \cdot (^{p}w_{kj} + {}^{a}w_{kj}) \cdot {}^{i}x_j; \quad k = 1, 2, \ldots, m.$$ (4.147)

Die hier zusätzlich auftretenden Größen $^{a}a_{kj}$ und $^{a}w_{kj}$ geben die eingetretene Abweichung für den technischen Koeffizienten bzw. die beim Faktorpreis eingetretene Abweichung an. Damit ergibt sich für die Gesamtabweichung der Kostenart k in dem betrachteten Zeitintervall:

$$A_k = {}^{i}K_k - {}^{p}K_k = \sum_{j=1}^{n} {}^{a}a_{kj} \cdot {}^{p}w_{kj} \cdot {}^{i}x_j + \sum_{j=1}^{n} {}^{p}a_{kj} \cdot {}^{a}w_{kj} \cdot {}^{i}x_j$$

$$+ \sum_{j=1}^{n} {}^{a}a_{kj} \cdot {}^{a}w_{kj} \cdot {}^{i}x_j; \quad k = 1, 2, \ldots, m.$$ (4.148)

Der Entscheidungsträger kennt nur die Größe A_k und er muß an Hand dieser Größe über Auswertung oder Nichtauswertung entscheiden. Das ist nur möglich, wenn Informationen über die möglichen Abweichungsursachen vorliegen bzw. es müssen im Modell über die möglichen Abweichungsursachen Annahmen gemacht werden. Ozan und Dyckman nehmen an, daß es zwei nicht kontrollierbare Abweichungsursachen gibt und daß alle anderen Abweichungsursachen kontrollierbar sind. Die nicht kontrollierbare Abweichungsursache vom Typ I sei der Zufall. Die entsprechenden Abweichungen sind gemäß der Definition des Zufalls auf sehr viele verschiedene Ursachen zurückzuführen, von denen jede für sich allein genommen unwesentlich ist. Die nicht kontrollierbare Abweichungsursache vom Typ II sei eine bekannte Abweichungsursache, die zu einer Kostenerhöhung führt und vom Betrieb nicht beeinflußt werden kann. Als Beispiel sei an eine Grippe-Epidemie gedacht, durch die eine größere Anzahl von Arbeitskräften ausfällt. Wird dann die geplante Produktion durch Überstunden eingehalten, dann ergeben sich höhere Lohnkosten als geplant. Die Grippe-Epidemie kann aber vom Betrieb nicht beeinflußt werden.

Analog zu dem Ansatz von Duvall wird die Gesamtabweichung in einen kontrollierbaren und einen nicht kontrollierbaren Anteil aufgespalten. Ist Y_k der kontrollierbare und Z_k der nicht kontrollierbare Anteil an der Gesamtabweichung, so gilt:

$$A_k = Y_k + Z_k; \quad k = 1, 2, \ldots, m.$$ (4.149)

Die durch (4.148) gegebene Abweichung kann nicht unmittelbar in einen kontrollierbaren und einen nicht kontrollierbaren Teil aufgespalten werden, weil die rechte Seite von (4.148) nicht separierbar ist. Ozan und Dyckman nehmen deshalb die folgende, stückweise lineare Approximation vor:

$$\tilde{A}_k = \sum_{j=1}^{n} {}^{i}x_j \left((^{p}a_{kj} + \hat{a}_{kj}) \cdot {}^{a}w_{kj} + (^{p}w_{kj} + \hat{w}_{kj}) \cdot {}^{a}a_{kj} \right)$$

$$= \sum_{j=1}^{n} {}^{a}a_{kj} \cdot {}^{p}w_{kj} \cdot {}^{i}x_j + \sum_{j=1}^{n} {}^{p}a_{kj} \cdot {}^{a}w_{kj} \cdot {}^{i}x_j$$

$$+ \sum_{j=1}^{n} \hat{a}_{kj} \cdot {}^{a}w_{kj} \cdot {}^{i}x_j + \sum_{j=1}^{n} {}^{a}a_{kj} \cdot \hat{w}_{kj} \cdot {}^{i}x_j; \quad k = 1, 2, \ldots, m.$$ (4.150)

Darin sind $\hat{a}_{kj}$ und $\hat{w}_{kj}$ für bestimmte Intervalle von $^a a_{kj}$ und $^a w_{kj}$ jeweils konstant, d.h. es müssen für jedes Linearisierungsintervall $n \cdot m$ solche Konstanten berechnet werden.

Mit dieser Näherung kann die Gesamtabweichung in einen kontrollierbaren und einen nicht kontrollierbaren Anteil aufgespalten werden, wenn man die Teilabweichungen $^a a_{kj}$ und $^a w_{kj}$ in ihre kontrollierbaren und nicht kontrollierbaren Anteile aufgespalten hat. Es sei

$$^a a_{kj} = g_{kj} + h_{kj} + \beta_{kj}; \quad k = 1, \ldots, m; \ j = 1, \ldots, n \tag{4.151}$$

und

$$^a w_{kj} = u_{kj} + q_{kj} + \delta_{kj}; \quad k = 1, \ldots, m; \ j = 1, \ldots, n \tag{4.152}$$

wobei

g_{kj}, u_{kj} = die Teilabweichung von $^a a_{kj}$ bzw. $^a w_{kj}$, die auf der nicht kontrollierbaren Abweichungsursache vom Typ I (Zufall) beruht,

h_{kj}, q_{kj} = die Teilabweichung von $^a a_{kj}$ bzw. $^a w_{kj}$, die auf der nicht kontrollierbaren Abweichungsursache vom Typ II beruht,

β_{kj}, δ_{kj} = die Teilabweichung von $^a a_{kj}$ bzw. $^a w_{kj}$, die auf kontrollierbaren Abweichungsursachen beruht,

ist. Damit erhält man für die näherungsweise Abweichung und ihre kontrollierbaren bzw. nicht kontrollierbaren Anteile:

$$\tilde{A}_k = \sum_{j=1}^{n} \ (^i x_j \ (^p a_{kj} + \hat{a}_{kj}) \cdot g_{kj} + {}^i x_j \ (^p a_{kj} + \hat{a}_{kj}) \cdot h_{kj}$$
$$+ {}^i x_j \ (^p w_{kj} + \hat{w}_{kj}) \cdot u_{kj} + {}^i x_j \ (^p w_{kj} + \hat{w}_{kj}) \cdot q_{kj}$$
$$+ {}^i x_j \ (^p a_{kj} + \hat{a}_{kj}) \cdot \beta_{kj} + {}^i x_j \ (^p w_{kj} + \hat{w}_{kj}) \cdot \delta_{kj}) \tag{4.153}$$

$$Y_k = \sum_{j=1}^{n} \ (^i x_j \ (^p a_{kj} + \hat{a}_{kj}) \cdot \beta_{kj} + {}^i x_j \ (^p w_{kj} + \hat{w}_{kj}) \cdot \delta_{kj}) \tag{4.154}$$

$$Z_k = \sum_{j=1}^{n} \ (^i x_j \cdot (^p a_{kj} + \hat{a}_{kj}) \cdot g_{kj} + {}^i x_j \ (^p a_{kj} + \hat{a}_{kj}) \cdot h_{kj}$$
$$+ {}^i x_j \cdot (^p w_{kj} + \hat{w}_{kj}) \cdot u_{kj} + {}^i x_j \ (^p w_{kj} + \hat{w}_{kj}) \cdot q_{kj}). \tag{4.155}$$

jeweils für $k = 1, 2, \ldots, m$.

4.3.2.2 Annahmen über die Wahrscheinlichkeitsverteilungen für das Auftreten von Abweichungen

Soll über die Auswertung oder Nichtauswertung einer betrachteten Abweichung entschieden werden, so benötigt man Informationen darüber, zu welchem Anteil und mit welcher Wahrscheinlichkeit die beobachtete Abweichung auf kontrollierbare Abweichungsursachen zurückzuführen ist. Zur Gewinnung dieser Informationen sind Kenntnisse über die Wahrscheinlickkeitsverteilungen der Abweichungen erforderlich, die auf den verschiedenen, für möglich gehaltenen Ursachen beruhen. Wie oben erläutert, unterscheiden Ozan und Dyckman eine Preisabweichung ($^a w_{kj}$) und eine Abweichung des technischen Koeffizienten ($^a a_{kj}$), von denen jede aus drei Teilabweichungen besteht, die jeweils auf eine bestimmte Ursache zurückgeführt werden können (siehe (4.151) und (4.152)). Um Aussagen über die Zweckmäßigkeit einer Auswertung machen zu können, müssen die Wahrscheinlichkeitsverteilungen für diese 6 Teilabweichungen geschätzt werden.

Die Teilabweichungen g_{kj} und u_{kj} sind beziehungsweise jene Anteile von $^a a_{kj}$ und $^a w_{kj}$, welche auf die nicht kontrollierbare Ursache vom Typ I, also den Zufall, zurückzuführen sind. Es ist sinnvoll, für diese Teilabweichungen in Übereinstimmung mit den Überlegungen bei den weiter oben diskutierten Ansätzen anzunehmen, daß sie normalverteilt sind mit dem Erwartungswert Null und einer subjektiv oder aufgrund von statistischen Aufzeichnungen zu schätzenden Standardabweichung. Bei dem hier zu behandelnden Ansatz ist diese Annahme nicht erforderlich. Man muß nur davon ausgehen, daß die Dichtefunktionen $f(g_{kj})$ und $f(u_{kj})$ bekannt sind. Diese können, müssen aber nicht, Dichtefunktionen normalverteilter Zufallsvariablen sein.

Schwieriger ist es, die Dichtefunktionen der Teilabweichungen h_{kj} und q_{kj} zu ermitteln, welche jeweils für $^a a_{kj}$ und $^a w_{kj}$ den Anteil angeben, der auf die nicht kontrollierbare Ursache vom Typ II zurückzuführen ist. Die realisierten Werte von h_{kj} und q_{kj} sind davon abhängig, ob die Ursache II wirksam geworden ist oder nicht, bzw. wie oft sie in dem betroffenen, vergangenen Zeitraum wirksam war. Ist die nicht kontrollierbare Ursache vom Typ II nicht eingetreten, dann werden h_{kj} und q_{kj} gleich Null sein. Der Entscheidungsträger weiß aber nicht, ob und wie oft die Ursache eingetreten ist. Ozan und Dyckman schlagen zur Ermittlung der Dichtefunktionen $f(h_{kj})$ und $f(q_{kj})$ vor, daß:

a) die bedingten Wahrscheinlichkeiten $f(h_{kj} \mid \omega)$ bzw. $f(q_{kj} \mid \omega)$ geschätzt werden sollen. $f(h_{kj} \mid \omega)$ ist die Wahrscheinlichkeit bzw. bei einer stetigen Dichtefunktion die Likelihood für die Abweichungshöhe h_{kj} unter der Bedingung, daß die nicht kontrollierbare Ursache vom Typ II im Realisationszeitraum ω-mal wirksam war: Für $\omega = 0, 1, 2, \ldots$ ist also jeweils eine diskrete oder stetige Dichtefunktion zu schätzen.

b) die Häufigkeit des Eintretens der nicht kontrollierbaren Abweichungsursache vom Typ II als poissonverteilt angenommen werden soll. Die Poisson-Verteilung als die Verteilung der seltenen Ereignisse erscheint zweckmäßig. Es muß dann der Verteilungsparameter λ geschätzt werden, so daß man mit

$$P(\omega) = \frac{e^{-\lambda t} \cdot (\lambda \cdot t)^\omega}{\omega!} \qquad (4.156)$$

die Wahrscheinlichkeiten dafür berechnen kann, daß im Zeitraum t die betroffene Ursache ω-mal wirksam gewesen ist. Zur Schätzung von λ kann verwendet werden, daß in (4.156) $\lambda \cdot t$ der Erwartungswert für die Häufigkeit des Auftretens im Zeitraum t ist.

Sind die Dichtefunktionen $f(h_{kj} \mid \omega)$ bzw. $f(q_{kj} \mid \omega)$ für $\omega = 0, 1, 2, \ldots$ geschätzt worden und ist auch λ geschätzt worden, so berechnet man

$$f(h_{kj}) = f(h_{kj} \mid 0) \cdot P(\omega = 0) + f(h_{kj} \mid 1) \cdot P(\omega = 1)$$
$$+ f(h_{kj} \mid 2) \cdot P(\omega = 2) + \ldots; \qquad k = 1, \ldots, m; \; j = 1, \ldots, n \quad (4.157)$$

als Schätzung für die tatsächliche Dichtefunktion von h_{kj}. Bei der Ermittlung einer Schätzung für die Dichtefunktion von q_{kj} verwendet man dasselbe λ, muß jedoch die Funktionen $f(q_{kj} \mid \omega)$ für $\omega = 0, 1, 2, \ldots$ zusätzlich schätzen.

Schließlich braucht man noch die Wahrscheinlichkeitsverteilungen für die kontrollierbaren Teilabweichungen β_{kj} und δ_{kj}. Sie werden als die Wahrscheinlichkeitsverteilungen der Restgrößen ($\beta_{kj} = {}^a a_{kj} - g_{kj} - h_{kj}$ bzw. $\delta_{kj} = {}^a w_{kj} - u_{kj} - q_{kj}$) berechnet. Um diese Berechnung durchführen zu können, sind Annahmen über die stochastische Abhängigkeit der zu berücksichtigenden Zufallsvariablen erforderlich. Ozan und Dyckman gehen davon aus, daß die zu berücksichtigenden Zufallsvariablen alle voneinander stochastisch unabhängig sind. Das bedeutet zum einen, daß die nicht kontrollierbaren Teilabweichungen vom Typ I und vom Typ II und die kontrollierbaren Teilabweichungen voneinander jeweils stochastisch unabhängig sein sollen. Zum anderen verlangt diese Annahme aber auch, daß die Abweichungen ${}^a a_{kj}$ und ${}^a w_{kp}$ für alle j und p voneinander stochastisch unabhängig sind. Aufgrund dieser Annahme ergeben sich unter der Bedingung, daß die Teilabweichungen ${}^a \bar{a}_{kj}$ und ${}^a \bar{w}_{kj}$ beobachtet wurden, folgende bedingte Dichtefunktionen

$$f(\beta_{kj} \mid a_{kj} = {}^a \bar{a}_{kj}) = \int_{-\infty}^{+\infty} f_{g_{kj}}(\zeta) \cdot f_{h_{kj}} ({}^a \bar{a}_{kj} - \beta_{kj} - \zeta) \, d\zeta \qquad (4.158)$$

und

$$f(\delta_{kj} \mid {}^a w_{kj} = {}^a \bar{w}_{kj}) = \int_{-\infty}^{+\infty} f_{u_{kj}}(\zeta) \cdot f_{q_{kj}} ({}^a \bar{w}_{kj} - \delta_{kj} - \zeta) \, d\zeta \qquad (4.159)$$

wobei ζ lediglich als Integrationsvariable für die Faltung dient.

Damit ist gezeigt, wie man die Dichtefunktionen für alle in die Definitionsgleichung der Gesamtabweichung (4.150) eingehenden Zufallsvariablen ermitteln kann. Aufgrund der beobachteten Werte ${}^a \bar{a}_{kj}$ und ${}^a \bar{w}_{kj}$ können auch die zur Linearisierung erforderlichen Größen $\hat{a}_{kj}$ und $\hat{w}_{kj}$ bestimmt werden. Definiert man zur Vereinfachung der Schreibweise

$$\hat{\beta}_{kj} = {}^i x_j \cdot ({}^p a_{kj} + \hat{a}_{kj}) \cdot \beta_{kj} \qquad (4.160)$$

und

$$\hat{\delta}_{kj} = {}^i x_j \cdot ({}^p w_{kj} + \hat{w}_{kj}) \cdot \delta_{kj} \qquad (4.161)$$

so sind bei gegebenen Beobachtungswerten ${}^a \bar{a}_{kj}$ und ${}^a \bar{w}_{kj}$ die Erwartungswerte und Varianzen von $\hat{\beta}_{kj}$ und $\hat{\delta}_{kj}$ wie folgt zu berechnen:

$$\mu(\hat{\beta}_{kj} \mid {}^a a_{kj} = {}^a \bar{a}_{kj}) = {}^i x_j \cdot ({}^p a_{kj} + \hat{a}_{kj}) \cdot \mu(\beta_{kj} \mid {}^a a_{kj} = {}^a \bar{a}_{kj}) \qquad (4.162)$$

$$\mu(\hat{\delta}_{kj} \mid {}^a w_{kj} = {}^a \bar{w}_{kj}) = {}^i x_j \cdot ({}^p w_{kj} + \hat{w}_{kj}) \cdot \mu(\delta_{kj} \mid {}^a w_{kj} = {}^a \bar{w}_{kj}) \qquad (4.163)$$

$$\sigma^2(\hat{\beta}_{kj} \mid {}^a a_{kj} = {}^a \bar{a}_{kj}) = [{}^i x_j \cdot ({}^p a_{kj} + \hat{a}_{kj})]^2 \cdot \sigma^2(\beta_{kj} \mid {}^a a_{kj} = {}^a \bar{a}_{kj}) \qquad (4.164)$$

$$\sigma^2(\hat{\delta}_{kj} \mid {}^a w_{kj} = {}^a \bar{w}_{kj}) = [{}^i x_j \cdot ({}^p w_{kj} + \hat{w}_{kj})]^2 \cdot \sigma^2(\delta_{kj} \mid {}^a w_{kj} = {}^a \bar{w}_{kj}) \qquad (4.165)$$

jeweils für $k = 1, 2, \ldots, m; \; j = 1, 2, \ldots, n$.

Wegen der Annahme stochastischer Unabhängigkeit können damit Erwartungswert und Varianz des kontrollierbaren Anteils Y_k an der Gesamtabweichung der Kostenart k ermittelt werden. Wegen (4.160) und (4.161) vereinfacht sich die Schreibweise von (4.154) zu:

$$Y_k = \sum_{j=1}^{n} (\hat{\beta}_{kj} + \hat{\delta}_{kj}); \quad k = 1, 2, \ldots, m. \tag{4.166}$$

Für ein j, d.h. für ein Produkt bzw. Zwischenprodukt können Erwartungswert und Varianz von Y_k durch die Addition von (4.162) und (4.163) bzw. (4.164) und (4.165) berechnet werden. Zur Ermittlung der Dichtefunktion von Y_k unter der Bedingung, daß eine bestimmte Gesamtabweichung beobachtet worden ist, müssen die $2n$ Zufallsvariablen $\hat{\beta}_{kj}$ und $\hat{\delta}_{kj}$ summiert werden. Dazu ist die folgende $2n$-fache Faltung erforderlich:

$$f(Y_k \mid \tilde{A}_k \, ({}^a\bar{a}_{kj}; {}^a\bar{w}_{kj})) = \int_{-\infty}^{+\infty} \cdots \int_{-\infty}^{+\infty} f_{\hat{\beta}_{k1}} (\zeta_1 \mid {}^a\bar{a}_{k1})$$

$$\cdot f_{\hat{\delta}_{k1}} (\zeta_2 \mid {}^a\bar{w}_{k1}) \cdots \cdot f_{\hat{\beta}_{kn}} (\zeta_{2n-1} \mid {}^a\bar{a}_{kn}) \cdot f_{\hat{\delta}_{kn}} (\zeta_{2n} \mid {}^a\bar{w}_{kn})$$

$$\cdot d\zeta_1 \cdot d\zeta_2 \ldots \cdot d\zeta_{2n}; \quad k = 1, 2, \ldots, m. \tag{4.167}$$

Zur Berechnung dieses Integrals wird die folgende Laplace-Transformation vorgenommen:

$$L_{Y_k} (s) = \prod_{j=1}^{n} L_{\beta_{kj}} (s) \cdot L_{\delta_{kj}} (s); \quad k = 1, 2, \ldots, m. \tag{4.168}$$

Darin sind $L_{\beta_{kj}} (s)$ und $L_{\delta_{kj}} (s)$ die Laplace-Transformierten der Dichtefunktionen $(f (\beta_{kj} \mid {}^a\bar{a}_{kj})$ und $f (\delta_{kj} \mid {}^a\bar{w}_{kj})$. Die gesuchte Dichtefunktion (4.167) erhält man schließlich, indem man die inverse Laplace-Transformation von Y_k (s) bildet.

Diese relativ schwierige und aufwendige Berechnung kann etwas vereinfacht werden, wenn n groß ist. Denn wegen der angenommenen stochastischen Unabhängigkeit der Zufallsvariablen konvergiert die Dichtefunktion $f (Y_k \mid \tilde{A}_k)$ mit steigendem n gegen die Dichtefunktion einer Normalverteilung. Erwartungswert und Standardabweichung dieser Verteilung erhält man aber durch die Ableitungen von Y_k (s) an der Stelle $s = 0$ als:

$$\mu (Y_k \mid \tilde{A}_k) = - \frac{dY_k (s)}{ds} \bigg|_{s=0}; \quad k = 1, 2, \ldots, m \tag{4.169}$$

und

$$\sigma^2 (Y_k \mid \tilde{A}_k) = \frac{d^2 Y_k (s)}{ds^2} \bigg|_{s=0} - \left[\frac{dY_k (s)}{ds} \bigg|_{s=0} \right]^2; \quad k = 1, 2, \ldots, m. \tag{4.170}$$

Man hat somit eine Schätzung für die Wahrscheinlichkeitsverteilung der kontrollierbaren Abweichungen, die bei einer bestimmten beobachteten Gesamtabweichung gilt. Die genaue, tatsächliche Höhe der kontrollierbaren Abweichung bleibt immer unbekannt. Die berechnete Wahrscheinlichkeitsverteilung kann jedoch als Kriterium für die Auswertungsentscheidung verwendet werden.

4.3.2.3 Die Berechnung von Erwartungswert und Varianz des Auswertungserfolges

Es sei Aa_k der Auswertungsaufwand für die Kostenart k. Dieser Aufwand soll die Aufwendungen für die Auswertung und die Aufwendungen für die eventuell erforderlichen Korrekturmaßnahmen beinhalten. In Übereinstimmung mit den weiter oben angestellten Überlegungen zum Auswertungsaufwand wird auch hier angenommen, daß der Auswertungsaufwand nicht von der Abweichungshöhe abhängt. Er kann jedoch für verschiedene Kostenarten unterschiedlich hoch sein. Ozan und Dyckman gehen davon aus, daß der Auswertungsaufwand in dem Zeitintervall, in dem ausgewertet wird, in voller Höhe anfällt. Für den Auswertungsertrag dagegen nehmen sie an, daß er erst in den folgenden Zeitintervallen entsteht und im wesentlichen auf Kostenersparnissen beruht. Für die Höhe des Auswertungsertrages wird angenommen, daß sie von der Höhe der kontrollierbaren Abweichung Y_k abhängt, und daß sowohl eine positive als auch eine negative kontrollierbare Abweichung einen positiven Auswertungsertrag ergeben. Ist Ae_{kt} der Auswertungsertrag, der sich im zukünftigen Zeitintervall t ($t = 1, 2, \ldots$) ergibt, wenn im Kontrollzeitintervall ($t = 0$) ausgewertet wird, so soll gelten:

$$Ae_{kt} = \begin{cases} a_t \cdot Y_k : Y_k \geqslant 0 \\ -b_t \cdot Y_k : Y_k < 0; \quad t = 1, 2, \ldots \end{cases} \tag{4.171}$$

Dabei sollen a_t und b_t jeweils größer als Null sein. Der positive Auswertungsertrag einer negativen Abweichung kann z.B. darin bestehen, daß bislang nicht genutzte Einsparungsmöglichkeiten entdeckt werden, oder es können Planungsfehler aufgedeckt werden, welche zu einem überhöhten Ansatz der Plankosten geführt haben. Man beachte, daß die Koeffizienten a_t und b_t nicht von der jeweiligen Kostenart abhängen. Der Grund hierfür ist darin zu sehen, daß der Auswertungsertrag im wesentlichen als die mögliche, zukünftige Kostenersparnis angesehen wird. Daraus folgt aber, daß die Kostenersparnis, welche in dem zukünftigen Zeitintervall t durch eine Auswertung im Zeitintervall Null bewirkt wird, wesentlich davon abhängt, welche Abweichungsursachen im Zeitintervall t wirksam sind, bzw. in der Zeit von Null bis t wirksam werden. Dabei lassen sich 3 Fälle unterscheiden:

a) Die in Frage stehende Kostenart wird im Zeitintervall t gerade ausgewertet. Man wird dann davon ausgehen können, daß die kontrollierbare Abweichung, die in diesem Zeitintervall bei der betroffenen Kostenart entsteht, dieselbe ist, wie in dem davorliegenden Zeitintervall. Denn die Wirkung der in t möglicherweise ergriffenen Korrekturmaßnahmen wird die Abweichung Y_{kt} nicht mehr beeinflussen. Für ein solches Zeitintervall wird man daher $a_t = b_t = 0$ setzen.

b) Die in Frage stehende Kostenart ist im Zeitintervall $t - 1$ ausgewertet und korrigiert worden. Dann kann man davon ausgehen, daß sie sich im Zeitintervall t in einem Übergangszustand zu einem neuen Gleichgewichtszustand befindet. Die Höhe der Kosten dieser Kostenart kann in t aufgrund von Übergangsschwierigkeiten sogar noch größer sein als vor der Korrektur.

c) Die in Frage stehende Kostenart hat nach einer Korrektur einen stabilen Gleichgewichtszustand erreicht, in dem die Abweichung $Y_{kt} \sim 0$ ist. In diesen Zeitintervallen werden die Kostenersparnisse, die den Auswertungsertrag ausmachen, realisiert.

Insbesondere der Fall b) zeigt deutlich, wie problematisch die Schätzung von a_t und b_t ist. Denn genau genommen sind die Koeffizienten a_t und b_t von der zukünftigen Auswertungspolitik abhängig, die sie selbst mit bestimmen.

Es sei T der Entscheidungshorizont, d.h. jenes Zeitintervall, in dem die Auswertungsentscheidung im Zeitpunkt Null noch zu einer Kostenersparnis führen kann. Ist ferner q_t der Zinsfaktor für das Zeitintervall t, dann ergibt sich der Barwert des Auswertungsertrages für die Kostenart k als

$$Ae_k = \sum_{t=1}^{T} \frac{Ae_{kt}}{\prod_{\tau=0}^{t} q_\tau} = \begin{cases} Y_k \sum_{t=1}^{T} \cdot \dfrac{a_t}{\prod_{\tau=1}^{t} q_\tau} & : Y_k \geqslant 0 \\[4mm] -Y_k \sum_{t=1}^{T} \cdot \dfrac{b_t}{\prod_{\tau=1}^{t} q_\tau} & : Y_k < 0; \end{cases}$$

$$k = 1, 2, \ldots, m. \qquad (4.172)$$

Definiert man

$$a = \sum_{t=1}^{T} \frac{a_t}{\prod_{\tau=1}^{t} q_\tau} \quad \text{und} \quad b = \sum_{t=1}^{T} \frac{b_t}{\prod_{\tau=1}^{t} q_\tau}$$

und berechnet man den Auswertungserfolg als Differenz von Auswertungsertrag und Auswertungsaufwand, so ergibt sich:

$$AE_k = \begin{cases} a \cdot Y_k - Aa_k & : Y_k \geqslant 0 \\ -b \cdot Y_k - Aa_k & : Y_k < 0 \end{cases}; \qquad k = 1, 2, \ldots, m. \qquad (4.173)$$

Diese Funktion des Auswertungserfolges entspricht im wesentlichen den weiter oben, z.B. beim Ansatz von Duvall verwendeten. Man wird im Einzelfall prüfen müssen, ob die direkte Schätzung von a und b wesentliche Nachteile mit sich bringt gegenüber einer Schätzung der Werte von a_t, b_t und q_t für $t = 1, 2, \ldots, T$ und der Schätzung des Horizontes T.

Da die kontrollierbare Abweichung Y_k eine Zufallsvariable ist, deren Wahrscheinlichkeitsverteilung in dem unmittelbar vorangegangenen Abschnitt berechnet wurde, ist auch AE_k eine Zufallsvariable. Mit den Ergebnissen des letzten Abschnittes ergibt sich für den Erwartungswert von AE_k allgemein:

$$\mu(AE_k) = -Aa_k + a \cdot \mu(Y_k \mid \tilde{A}_k)$$

$$- (a + b) \cdot \int_{-\infty}^{0} y \cdot f_{Y_k}(y \mid \tilde{A}_k) \, dy; \quad k = 1, 2, \ldots, m. \qquad (4.174)$$

Ist die kontrollierbare Abweichung normalverteilt, so erhält man für den Erwartungswert und die Varianz [vgl. *Ozan/Dyckman*, S. 99]:

$$\mu\,(AE_k) = -\,Aa_k + a \cdot \mu\,(Y_k \mid \tilde{A}_k) - (a + b)$$
$$\cdot\,[\sigma\,(Y_k \mid \tilde{A}_k) \cdot \mu\,(w < \eta) + \mu\,(Y_k \mid \tilde{A}_k) \cdot F_w\,(\eta)]; \quad k = 1, 2, \ldots, m; \tag{4.175}$$

darin ist

$$\eta = -\,\frac{\mu\,(Y_k \mid \tilde{A}_k)}{\sigma\,(Y_k \mid \tilde{A}_k)}; \quad w = \frac{Y_k - \mu\,(Y_k \mid \tilde{A}_k)}{\sigma\,(Y_k \mid \tilde{A}_k)}$$

und $\mu\,(w < \eta)$ ist der Teilerwartungswert von w, wobei $\mu\,(w) = 0$ und $\sigma^2\,(w) = 1$ ist.

$$\sigma^2\,(AE_k) = \mu\,(AE_k^2) - [\mu\,(AE_k)]^2; \quad k = 1, 2, \ldots, m; \tag{4.176}$$

darin ist

$$\mu\,(AE_k^2) = Aa_k^2 + a^2 \cdot \mu\,(Y_k^2 \mid \tilde{A}_k) - 2a \cdot Aa_k \cdot \mu\,(Y_k \mid \tilde{A}_k)$$
$$+ 2\,(b + a) \cdot [(b - a) \cdot \sigma\,(Y_k \mid \tilde{A}_k) \cdot \mu\,(Y_k \mid \tilde{A}_k)$$
$$+ Aa_k \cdot \sigma\,(Y_k \mid \tilde{A}_k)] \cdot \mu\,(w < \eta)$$
$$+ (b + a) \cdot [(b - a) \cdot (\mu\,(Y_k \mid \tilde{A}_k))^2$$
$$+ 2 \cdot Aa_k \cdot \mu\,(Y_k \mid \tilde{A}_k)] \cdot F_w\,(\eta)$$
$$+ (b^2 - a^2) \cdot \sigma^2\,(Y_k \mid \tilde{A}_k) \cdot \mu\,(w^2 < \eta); \quad k = 1, 2, \ldots, m. \tag{4.177}$$

4.3.2.4 Die Berechnung des optimalen Auswertungsprogrammes

Hat man für alle Situationsmerkmale (Kostenarten) k $(k = 1, \ldots, m)$ in Abhängigkeit von der beobachteten Gesamtabweichung A_k bzw. der Näherung $\tilde{A}_k$ die Wahrscheinlichkeitsverteilung des Auswertungserfolges ermittelt, dann stellt sich die Frage nach dem optimalen Auswertungsprogramm, d.h. es ist darüber zu entscheiden, welche der m Kostenarten — Abweichungen der Kostenstelle weiter analysiert werden sollen und welche nicht. Ozan und Dyckman formulieren zur Berechnung der auszuwertenden Abweichungen folgendes lineare Programm:

$$\text{maximiere } \Psi\,(z) = \sum_{k=1}^{m} z_k \cdot (\mu\,(AE_k) - \alpha \cdot f\,(\sigma\,(AE_k))) \tag{4.178}$$

unter den Nebenbedingungen

$$(1) \quad \sum_{k=1}^{m} Aa_k \cdot z_k \leqslant E \qquad\qquad [\Gamma]$$

$$(2) \quad \sum_{k=1}^{m} d_k \cdot z_k \leqslant D \qquad\qquad [\upsilon]$$

$$(3) \quad z_k \leqslant 1; \quad k = 1, 2, \ldots, m \qquad [\epsilon_k]$$

$$(4) \quad z_k \geqslant 0; \quad k = 1, 2, \ldots, m. \tag{4.179}$$

Darin sind:

z_k = die Entscheidungsvariablen. $z_k = 1$ bedeutet, daß die Abweichung A_k ausgewertet werden soll. Entsprechend soll bei $z_k = 0$ die Abweichung A_k nicht ausgewertet werden. Da die z_k nicht als Binärvariable definiert sind, können sie auch Werte zwischen null und eins annehmen. (Andere Werte sind wegen der Nebenbedingungen (3) und (4) nicht möglich.) Daß z_k zwischen null und eins liegen kann, ist insofern unproblematisch, als bei zwei Nebenbedingungen ((1) und (2) in (4.179)) in der optimalen Lösung maximal zwei Entscheidungsvariable einen Wert annehmen können, der zwischen null und eins liegt.

$f(\sigma(AE_k))$ = eine beliebige, monoton nicht fallende Funktion der Standardabweichung des Auswertungserfolges. Sie ist unabhängig von der Kostenart. Ihr Funktionswert läßt sich als das Risiko der Auswertung der Kostenart k interpretieren.

α = der Risikoaversionskoeffizient. Er gibt die Gewichtung des Risikos in der Zielfunktion an. Für $\alpha > 0$ mindert das Risiko den Zielfunktionswert mit steigendem Risiko. (Risikoaversion). Für $\alpha < 0$ steigt der Zielfunktionswert mit steigendem Risiko (Risikovorliebe).

E = das Kostenbudget, das im Zeitintervall 0 für die Auswertung der Abweichungen zur Verfügung steht.

d_k = Die Mannstunden, die erforderlich sind, um die Abweichung A_k auszuwerten.

D = die zur Auswertung der m Abweichungen im Zeitintervall null zur Verfügung stehende Gesamtzahl von Mannstunden.

Γ, υ und ϵ_k = die Dualvariablen für die zugehörigen Nebenbedingungen.

Die von Ozan und Dyckman gewählte Zielfunktion ist relativ allgemein und ermöglicht daher vor allem durch die Spezifizierung der Funktion $f(\sigma(AE_k))$ die Berücksichtigung von unterschiedlichem Risikoverhalten; allerdings mit der Einschränkung, daß das Risikoverhalten durch die Standardabweichung $\sigma(AE_k)$ bestimmt werden muß. Wie die obigen Ableitungen gezeigt haben, ist schon die Berechnung von $\mu(AE_k)$ und $\sigma(AE_k)$ sehr aufwendig. Es erscheint deshalb unpraktikabel, noch höhere Momente der Verteilungsfunktion berücksichtigen zu wollen. Die Möglichkeit dazu ist allerdings durch die Laplace-Transformierte $L_{Y_k}(s)$ nach (4.168) bzw. durch die Dichtefunktion (4.167) grundsätzlich gegeben.

Problematisch ist m.E. an der Zielfunktion (4.178), daß die Funktion $f(\sigma(AE_k))$ eine Funktion der Standardabweichungen der verschiedenen Kostenarten ist. Sie müßte nach meiner Meinung eine Funktion der Standardabweichung des Auswertungserfolges des Auswertungsprogrammes sein. Wegen der Annahme, daß die Auswertungserfolge AE_k für alle k voneinander stochastisch unabhängig sind, erhält man für die Varianz des Auswertungserfolges eines Auswertungsprogrammes $z = (z_1, \ldots, z_k, \ldots, z_m)$:

$$\sigma^2(AE(z)) = \sum_{k=1}^{m} \sigma^2(AE_k) \cdot z_k^2. \tag{4.180}$$

Es müßte daher meines Erachtens an Stelle der Zielfunktion (4.178) die folgende Zielfunktion verwendet werden:

$$\bar{\Psi}(z) = \sum_{k=1}^{m} z_k \cdot \mu(AE_k) - \alpha \cdot \bar{f}(\sum_{k=1}^{m} \sigma^2(AE_k) \cdot z_k^2). \tag{4.181}$$

Die Zielfunktion (4.178) und (4.181) sind identisch, wenn $f(\sigma^2(AE_k)) = \sigma^2(AE_k)$ und

$$\bar{f}(\sum_{k=1}^{m} \sigma^2(AE_k)) = \sum_{k=1}^{m} \sigma^2(AE_k) \text{ ist.}$$

Diesen Fall haben Ozan und Dyckman offensichtlich im Auge gehabt. Der Unterschied ist trivialer Weise auch dann unwichtig, wenn $\alpha = 0$ gewählt wird. In vielen – wenn nicht in allen – anderen Fällen aber ist die von Ozan und Dyckman gewählte Funktion (4.178) nicht vereinbar mit der Zielfunktion (4.181).

Die Nichtlinearität der Zielfunktion (4.181) gilt ebenso für die Zielfunktion (4.178). Da jedoch für die hier interessierenden Werte von z_k, nämlich $z_k = 0$ und $z_k = 1$ gilt, daß $z_k = z_k^2$ ist, kann man beide Zielfunktionen linearisieren, so daß man ein lineares Programm erhält. Ist m klein, z.B. $m = 4$ und liegen zwei der optimalen Werte von z zwischen null und eins, dann kann die Linearisierung dazu führen, daß mit dem linearen Programm nicht das optimale Auswertungsprogramm gefunden wird. Man kann sich dann aber durch eine vollständige Enumeration helfen. Denn bei $m = 4$ gibt es nur $2^4 = 16$ alternative Auswertungsprogramme, von denen einige von vornherein als offensichtlich nicht optimal ausscheiden werden.

Die drei folgenden Spezifikationen der Zielfunktion (4.181) sind von besonderem Interesse, weil sie häufig verwendet werden.

a) Für $\alpha = 0$ bleibt die Varianz des Auswertungserfolges unberücksichtigt und es wird das Auswertungsprogramm berechnet, welches den maximalen Erwartungswert des Auswertungserfolges besitzt. Eine solche Zielfunktion ist im Sinne des Bernoulli-Prinzips risikoneutral.

b) Ist

$$\bar{f}(\sum_{k=1}^{m} \sigma^2(AE_k) z_k^2) = \sqrt{\sum_{k=1}^{m} \sigma^2(AE_k) z_k^2},$$

dann erhält man die von *Baumol* [1963, 174–182] vorgeschlagene Zielfunktion. Wie *Schneeweiß* [1967] gezeigt hat, ist diese Zielfunktion nicht bernoulli-rational.

c) Ist

$$\bar{f}(\sum_{k=1}^{m} \sigma^2(AE_k) \cdot z_k^2) = \sum_{k=1}^{m} \sigma^2(AE_k) \cdot z_k^2,$$

dann erhält man die von *Farrar* [1962, S. 19f.] vorgeschlagene Zielfunktion. Wie *Schneeweiß* [1967] zeigt, ist diese Zielfunktion allgemein nicht bernoulli-rational. Farrar hat jedoch eine interessante Näherung angegeben. Es sei $\varphi(AE)$ eine konkave, zweimal differenzierbare Risikonutzenfunktion des Auswertungsertrages. Ist $\mu(AE)$ der Erwartungswert des Auswertungsertrages, so kann man mit dem Zentrum $\mu(AE)$ folgende Taylorreihe entwickeln:

$$\varphi(AE) = \varphi(\mu(AE)) + \varphi'(\mu(AE)) \cdot (AE - \mu(AE))$$

$$+ \frac{1}{2} \cdot \varphi''(\mu(AE)) \cdot (AE - \mu(AE))^2 + \ldots \tag{4.182}$$

Vernachlässigt man die Summanden dritter und höherer Ordnung, und bildet man den Erwartungswert des Risikonutzens, so ergibt sich:

$$\mu\left(\varphi\left(AE\right)\right) \cong \varphi\left(\mu\left(AE\right)\right) + \frac{1}{2} \cdot \varphi''(\mu\left(AE\right)) \cdot \sigma^2\left(AE\right). \tag{4.183}$$

Da sich die relative Risikopräferenz durch eine positive lineare Transformation der Risikonutzenfunktion nicht ändert, kann man festlegen, daß $\varphi\left(\mu\left(AE\right)\right) = \mu\left(AE\right)$ sein soll. Setzt man ferner $\alpha = -1/2 \cdot \varphi''(\mu\left(AE\right))$, so wird (4.183) zu

$$\mu\left(\varphi\left(AE\right)\right) \cong \mu\left(AE\right) - \alpha \cdot \sigma^2\left(AE\right). \tag{4.184}$$

Dies entspricht bei der oben spezifizierten Funktion $\bar{f}$ der Zielfunktion (4.181). Da $\varphi\left(AE\right)$ konkav sein soll, ist $\varphi''\left(\mu\left(AE\right)\right) < 0$, wodurch $\alpha > 0$ wird. Entsprechend ergäbe sich für eine konvexe Risikonutzenfunktion $\alpha < 0$. Dies ist unmittelbar damit vereinbar, daß eine konkave Risikonutzenfunktion risikoscheuem Verhalten zugeordnet und eine konvexe Risikonutzenfunktion als risikofreudiges Verhalten interpretiert wird. Über die Güte der Näherung lassen sich keine allgemeinen Aussagen machen.

Um die Eigenschaften des optimalen Auswertungsprogrammes erkennen und diskutieren zu können, ist es zweckmäßig, das zu (4.178) und (4.179) duale lineare Programm zu betrachten. Es ist gegeben durch

$$\text{minimiere } E \cdot \Gamma + D \cdot \upsilon + \sum_{k=1}^{m} \epsilon_k \tag{4.185}$$

unter den Nebenbedingungen

(a) $\epsilon_k + Aa_k \cdot \Gamma + d_k \cdot \upsilon \geqslant \mu\left(AE_k\right) - \alpha \cdot \bar{f}^k\left(\sigma\left(AE_k\right)\right); k = 1, 2, \ldots, m \quad [z_k]$

(b) $\epsilon_k \geqslant 0; \qquad\qquad\qquad\qquad k = 1, 2, \ldots, m$

(c) $\Gamma, \upsilon \geqslant 0.$ \hfill (4.186)

Darin ist $\bar{f}^k\left(\sigma\left(AE_k\right)\right)$ der separierte Anteil der k-ten Kostenart an der Funktion $\bar{f}$. Die Nebenbedingung (a) in (4.186) setzt voraus, daß die Funktion $\bar{f}$ in m Funktionen $\bar{f}^k$, so separiert werden kann, daß

$$\bar{f} = \sum_{k=1}^{m} \bar{f}^k \tag{4.187}$$

gilt. Dies ist z.B. bei den oben in a) und c) angegebenen spezifischen Funktionen der Fall, nicht jedoch bei der in b) erörterten Funktion.

Es sei nun $z^* = (z_1^*, \ldots, z_k^*, \ldots, z_m^*)$ die optimale Lösung des linearen Programmes (4.178), (4.179) also das optimale Auswertungsprogramm. Ist $z_{k'}^* = 1$, d.h. die Kostenart k' wird ausgewertet, dann wird die zugehörige Ungleichung der Ungleichungen (3) von (4.179) zur Gleichung und die zugehörige Schlupfvariable wird null. Auf Grund der Eigenschaften komplementärer Schlupfvariabler muß dann bei diesem k' auch für die Nebenbedingung (a) von (4.186) das Gleichheitszeichen gelten. Unter Berücksichtigung von (b) in (4.186) ergibt sich damit für ein solches k':

$$\epsilon_{k'}^* = \mu\,(AE_{k'}) - \alpha \cdot \bar{f}^{k'}\,(\sigma\,(AE_{k'})) - Aa_{k'} \cdot \Gamma^* - d_{k'} \cdot v^* \geqslant 0. \tag{4.188}$$

Es muß daher für eine Kostenart k' die im optimalen Auswertungsprogramm voll ausgewertet wird, gelten:

$$\mu\,(AE_{k'}) \geqslant Aa_{k'} \cdot \Gamma^* + d_{k'} \cdot v^* + \alpha \cdot \bar{f}^{k'}\,(\sigma\,(AE_{k'})). \tag{4.189}$$

In (4.189) gibt der erste Ausdruck auf der rechten Seite die wertmäßigen Kosten des Budgets an, der zweite Ausdruck die wertmäßigen Kosten der zur Auswertung erforderlichen Arbeitszeit und der dritte die sogenannte Risikoprämie. Die Ungleichung (4.189) besagt also, daß alle die Abweichungen auszuwerten sind, bei denen der Erwartungswert des Auswertungserfolges größer ist als die Summe aus den wertmäßigen Kosten für das Budget und für die Arbeitskräfte und die Risikoprämie. Ist das Budget und sind die Arbeitskräfte nicht beschränkend, dann ist $\Gamma^* = v^* = 0$ und die Ungleichung (4.189) besagt, daß alle Abweichungen auszuwerten sind, bei denen der Erwartungswert des Auswertungserfolges größer ist als die Risikoprämie. Ist auch $\alpha = 0$, dann besagt die Ungleichung (4.189), daß alle Abweichungen mit einem positiven Erwartungswert des Auswertungserfolges auszuwerten sind, ein Kriterium, welches z.B. Lüder bei seinem Ansatz verwendet.

4.3.2.5 Erweiterungen des Modells

Ozan und Dyckman diskutieren zwei interessante Erweiterungen des Modells. Die eine — mehr eine Präzisierung — besteht in der Berücksichtigung der Möglichkeit, daß im Entscheidungszeitpunkt $t = 0$ einige Situationsmerkmale (Kostenarten) sich noch in einem Übergangsstadium befinden, d.h. sie sind in einem früheren Zeitintervall ausgewertet und korrigiert worden, haben aber noch nicht den angestrebten Gleichgewichtszustand erreicht. Die andere erweitert die Entscheidungsalternativen in der Weise, daß neben den Möglichkeiten der Auswertung und der Nichtauswertung noch die Alternative einer teilweisen Auswertung erwogen werden kann.

Während für den Fall einer Auswertung oben angenommen wurde, daß sie immer zur Feststellung der Abweichungsursache führt, und daß immer Korrekturmaßnahmen zur Beseitigung dieser Abweichungsursache zur Verfügung stehen, welche die Beseitigung — wenn auch mit zeitlicher Verzögerung — mit Sicherheit bewirken, muß bei einer teilweisen Auswertung berücksichtigt werden, daß die Abweichungsursache möglicherweise nicht gefunden wird. Es können dann auch keine Korrekturmaßnahmen ergriffen werden. Der Auswertungserfolg einer teilweisen Auswertung hängt daher zum einen von der Höhe und dem Vorzeichen der festgestellten Abweichung ab, zum anderen davon, ob die Abweichungsursache gefunden wurde oder nicht. Ist G_k der Auswertungsaufwand für eine teilweise Auswertung und ist M_k der Aufwand für die eventuell anschließende Korrektur der Kostenart k, dann gilt für den Auswertungserfolg einer teilweisen Auswertung analog zu (4.173):

$$\overline{AE}_k = \begin{cases} \text{(a)} & a \cdot Y_k - G_k - M_k : Y_k \geqslant 0 \quad \text{und Korrektur} \\ \text{(b)} & -b \cdot Y_k - G_k - M_k : Y_k < 0 \quad \text{und Korrektur} \\ \text{(c)} & -G_k : \qquad\qquad\qquad\qquad \text{keine Korrektur, da die Ursache} \\ & \qquad\quad ; k = 1, 2, \ldots, m; \quad \text{nicht gefunden wurde.} \end{cases} \tag{4.190}$$

Die drei Teilfunktionen (a), (b) und (c) in (4.190) gelten unter sich jeweils ausschließenden Bedingungen. Ist h die Wahrscheinlichkeit dafür, daß durch eine teilweise Auswertung die Auswertungsursache gefunden wird, dann lassen sich Erwartungswert und Varianz des Auswertungserfolges einer teilweisen Auswertung wie folgt berechnen:

Für den Erwartungswert gilt:

$$\mu(\overline{AE}_k) = \int\limits_{-\infty}^{0} h \cdot (-b \cdot y - G_k - M_k) \cdot f_{Y_k}(y \mid \tilde{A}_k)\,dy$$

$$+ \int\limits_{0}^{\infty} h \cdot (a \cdot y - G_k - M_k) \cdot f_{Y_k}(y \mid \tilde{A}_k)\,dy$$

$$+ (1-h) \cdot (-G_k); \qquad k = 1, 2, \ldots, m. \tag{4.191}$$

Die Varianz erhält man auf Grund der Beziehung

$$\sigma^2(\overline{AE}_k) = \mu(\overline{AE}_k^2) - (\mu(\overline{AE}_k))^2; \qquad k = 1, 2, \ldots, m; \tag{4.192}$$

wobei

$$\mu(\overline{AE}_k^2) = \int\limits_{-\infty}^{0} h \cdot (-b \cdot y - G_k - M_k)^2 \cdot f_{Y_k}(y \mid \tilde{A}_k)\,dy$$

$$+ \int\limits_{0}^{\infty} h \cdot (a \cdot y - G_k - M_k)^2 \cdot f_{Y_k}(y \mid \tilde{A}_k)\,dy$$

$$+ (1-h) \cdot (-G_k)^2; \qquad k = 1, 2, \ldots, m; \tag{4.193}$$

ist. Bezieht man die zusätzliche Möglichkeit von teilweisen Auswertungen in das lineare Programm zur Bestimmung des optimalen Auswertungsprogrammes mit ein, so ergibt sich unter der Annahme, daß die Zufallsvariablen AE_k und $\overline{AE}_p$ für alle k und p voneinander stochastisch unabhängig sind, das folgende, ganzzahlige, lineare Programm:

$$\text{maximiere } \psi(z; \bar{z}) = \sum\limits_{k=1}^{m} (z_k \cdot \mu(AE_k) + \bar{z}_k \cdot \mu(\overline{AE}_k))$$

$$- \alpha \cdot f\left(\sum\limits_{k=1}^{m} (\sigma^2(AE_k) \cdot z_k + \sigma^2(\overline{AE}_k)\,\bar{z}_k)\right) \tag{4.194}$$

unter den Nebenbedingungen

(1) $\sum\limits_{k=1}^{m} (Aa_k \cdot z_k + (G_k + M_k) \cdot \bar{z}_k) \leqslant E$

(2) $\sum\limits_{k=1}^{m} (d_k \cdot z_k + \bar{d}_k \cdot \bar{z}_k) \leqslant D$

(3) $z_k + \bar{z}_k \leqslant 1; \qquad k = 1, 2, \ldots, m$

(4) $\bar{z}_k \in \{0,1\}; \qquad k = 1, 2, \ldots, m$

(5) $z_k \in \{0,1\}; \qquad k = 1, 2, \ldots, m. \tag{4.195}$

Darin ist:

$\bar{z}_k$ = die Entscheidungsvariable für eine teilweise Auswertung. Ist $\bar{z}_k = 1$, so soll die Kostenart k teilweise ausgewertet werden. Ist $\bar{z}_k = 0$, so soll die Kostenart k nicht teilweise ausgewertet werden.

$\bar{d}_k$ = die Mannstunden, die erforderlich sind, um die Abweichung A_k teilweise auszuwerten.

Die Nebenbedingung (1) in (4.195) ist insofern unnötig restriktiv als unterstellt wird, daß jede teilweise Auswertung eine Korrektur nach sich zieht, was aber nur mit der Wahrscheinlichkeit h der Fall ist. Die Nebenbedingung (3) sichert, daß eine Abweichung nicht sowohl teilweise als auch vollständig ausgewertet werden kann. Wegen dieser Nebenbedingung müssen die z_k und $\bar{z}_k$ als Binärvariable definiert werden. Zur Lösung des durch (4.194), (4.195) gegebenen ganzzahligen linearen Programmes können die verfügbaren Verfahren der binären Optimierung eingesetzt werden. Auf Grund der spezifischen Eigenschaften der Nebenbedingungen (1) und (2), sowie der Zielfunktion (4.194) kann das von *Lüder/Streitferdt* [1972, B−89ff.] angegebene Verfahren empfohlen werden.

Anstelle der Zielfunktion (4.194) geben Ozan und Dyckman folgende Zielfunktion an:

$$\text{maximiere } \sum_{k=1}^{m} (\mu(AE_k) - \alpha_1 \cdot f_1(\sigma(AE_k))) \cdot z_k$$

$$+ \sum_{k=1}^{m} (\mu(\overline{AE}_k) - \alpha_2 \cdot f_2(\sigma(\overline{AE}_k))) \cdot \bar{z}_k. \tag{4.196}$$

Diese ist m.E. nur für spezielle Funktionen von f_1 und f_2 und spezielle Werte von α richtig. Denn der Entscheidungsträger wird sich vernünftigerweise an Hand von Erwartungswert und Varianz des Auswertungserfolges für ein Auswertungsprogramm entscheiden. Bei der Zielfunktion (4.196) ist das bei $\alpha_1 = \alpha_2$ nur für $f_1(x) = f_2(x) = x^2$ der Fall. Ist $\alpha_1 = \alpha_2 = 0$, dann stimmt die Zielfunktion (4.196) trivialerweise mit der Zielfunktion (4.194) überein, weil dann die Varianz unberücksichtigt bleibt.

Erweitert man das Modell der Art, daß man bei der Auswertungsentscheidung noch nicht abgeschlossene Korrekturen und Anpassungsprozesse berücksichtigt, so treten eine Reihe zusätzlicher Schwierigkeiten auf. Denn der Erfolg einer Auswertung hängt dann nicht nur von der vermuteten Höhe der kontrollierbaren Abweichung ab, sondern auch davon, ob diese Abweichung auf einen noch nicht abgeschlossenen Korrekturvorgang zurückzuführen ist oder nicht. Beruht eine festgestellte, kontrollierbare Abweichung auf einem noch nicht abgeschlossenen Korrekturvorgang, dann braucht man prinzipiell keine erneute Korrektur vorzunehmen, sondern man kann abwarten bis der Korrekturvorgang beendet ist. Eventuell könnte man Maßnahmen zur Beschleunigung des Korrekturvorganges ergreifen. Aufwand und Ertrag dieser Maßnahmen sind dann abhängig von dem im Entscheidungszeitpunkt gegebenen Stadium des Anpassungsprozesses.

Eine zweckmäßige und realistische Möglichkeit zur Berücksichtigung dieses Sachverhalts im Modell besteht darin, Abweichungen, die mit relativ großer Wahrscheinlichkeit auf noch nicht abgeschlossene Anpassungsprozesse zurückzuführen sind, grundsätzlich nicht auszuwerten. Allerdings muß man dazu die Wahrscheinlichkeit, von der man die Auswertung oder Nichtauswertung abhängig macht, im Entscheidungszeitpunkt kennen, bzw. man muß sie schätzen. *Ozan/Dyckman* [1971, S. 108] nehmen an, daß die Zeit für den Anpassungsprozeß, also die Zeit, die vom Abschluß der Korrektur bis zu ihrer vollen Wirksamkeit vergeht, exponentialverteilt ist. Die Dichtefunktion für diese Zeit t ist dann:

$$f_\tau(t) = \lambda \cdot e^{-\lambda t} \; ; \quad t \geqslant 0. \tag{4.197}$$

Darin ist $\lambda > 0$ der Parameter der Exponentialverteilung, der hier als von k unabhängig angenommen wird, und der geschätzt werden muß. Soll eine Abweichung A_k zum Zeitpunkt t nur dann ausgewertet werden, wenn der durch die (letzte) Korrektur zum Zeitpunkt t_k ausgelöste Anpassungsprozeß mit der Wahrscheinlichkeit q abgeschlossen ist, so müssen in dem lineare Programm (4.178), (4.179), m Wahrscheinlichkeitsnebenbedingungen folgender Art zusätzlich berücksichtigt werden:

$$P\{\tau_k \leqslant t_k^0 = t - t_k\} \geqslant q; \quad k = 1, 2, \ldots, m. \tag{4.198}$$

Die Nebenbedingungen (4.198) sollen den Wert der Entscheidungsvariablen z_k so begrenzen, daß bei $z_k = 1$ gelten muß: $\tau_k \leqslant t_k^0 \cdot z_k$. Ist $z_k = 0$, so darf die Nebenbedingung (4.198) keine Beschränkung darstellen. Man erreicht dies durch folgende Formulierung:

$$P\{\tau_k \leqslant t_k^0 \cdot z_k + U \cdot (1 - z_k)\} \geqslant q; \quad k = 1, 2, \ldots, m. \tag{4.199}$$

Darin ist U eine sehr große Zahl, so daß die Bedingung (4.199) für $z_k \neq 1$ in jedem Fall erfüllt ist. Das bedeutet vor allem, daß (4.199) für $z_k = 0$ erfüllt ist. Es besagt aber auch, daß (4.199) für jene, maximal zwei Entscheidungsvariablen, die im optimalen Auswertungsprogramm einen Wert zwischen 0 und 1 annehmen, keine Beschränkung ist. Für die zugehörigen Kostenarten ist deshalb nach der Berechnung des optimalen Auswertungsprogrammes gesondert zu prüfen, ob die Wahrscheinlichkeit dafür, daß der durch die letzte Korrektur ausgelöste Anpassungsprozeß schon abgeschlossen ist, größer ist als q oder nicht.

Die Bedingung (4.199) kann in dieser Form noch nicht als Nebenbedingung im linearen Programm verwendet werden. Verwendet man die Dichtefunktion (4.197) für τ_k, so erhält man für die Wahrscheinlichkeit auf der linken Seite von (4.199):

$$P\{\tau_k \leqslant t_k^0 \cdot z_k + U(1 - z_k)\} = \int\limits_0^{t_k^0 \cdot z_k + U \cdot (1 - z_k)} \lambda e^{-\lambda t}\, dt$$

$$= 1 - e^{-\lambda \cdot (t_k^0 \cdot z_k + U(1 - z_k))}; \quad k = 1, 2, \ldots, m. \tag{4.200}$$

Setzt man dieses Ergebnis in (4.199) ein, so erhält man schließlich die folgenden Wahrscheinlichkeitsnebenbedingungen (Chance-Constrained):

$$z_k \cdot (U - t_k^0) \leqslant U + \frac{\ln(1 - q)}{\lambda}; \quad k = 1, 2, \ldots, m. \tag{4.201}$$

Das von Ozan und Dyckman abgeleitete Ergebnis ist wegen eines Vorzeichenfehlers bei der Integration in (4.200) falsch [*Ozan/Dyckman*, S. 109].

4.3.2.6 Diskussion des Modells

Unabhängig von der Frage der Anwendung ist das dargestellte Modell interessant, weil es ziemlich umfassend die Probleme deutlich macht, die bei der Ermittlung eines optimalen Auswertungsprogrammes zu lösen sind. Geht man etwa wie *Laux* [1974a, S. 433] von der Vorstellung aus, daß eine Kontrollinstanz eine Entscheidungsinstanz überwachen will, und daß die Kontrollinstanz sich mit der Entscheidungsinstanz für den Planungszeitraum auf einen Zielpfad mit den Planwerten ^pK_k ($k = 1, \ldots, m$) für m verschiedene Planungs- und Kontrollgrößen (Situationsmerkmale) einigt, dann hat man genau die Problemstellung, die dem dargestellten Modell zugrunde liegt. Denn, werden der Kontrollinstanz nach

Ablauf des Planungszeitraumes die Istwerte ${}^{i}K_k$ $(k = 1, \ldots, m)$ gemeldet, dann steht sie vor der Frage, ob und welche Abweichungen bzw. Situationsmerkmale auf ihre Ursachen hin untersucht werden sollen. Bei ihrer Entscheidung wird die Kontrollinstanz in der Regel berücksichtigen müssen, daß sie zur Auswertung der Abweichungen Arbeitszeit und Kosten nur in begrenztem Umfang einsetzen bzw. in Kauf nehmen kann. Die Kontrollinstanz wird versuchen, das optimale Auswertungsprogramm zu finden und zu realisieren. Die relative Verteilhaftigkeit der alternativ möglichen Auswertungsprogramme wird die Kontrollinstanz an Hand von Wahrscheinlichkeitsüberlegungen über den Auswertungserfolg dieser Programme beurteilen. Das zentrale Problem der Ermittlung des optimalen Auswertungsprogrammes liegt in diesen Wahrscheinlichkeitsüberlegungen und die Modelle zur Bestimmung des optimalen Auswertungsprogrammes müssen danach beurteilt werden, welche Annahmen sie hierzu machen bzw. welche Überlegungen sie dazu implizit oder explizit enthalten. Dabei stellt sich die grundsätzliche Frage, ob es überhaupt möglich ist, solche Wahrscheinlichkeitsüberlegungen allgemein anzustellen, oder ob man nicht vielmehr jeweils abhängig von dem speziell gegebenen, zugrundeliegenden Sachproblem diese wohl meist subjektiven Wahrscheinlichkeitsüberlegungen anstellen muß. Soweit allgemeine Aussagen möglich sind, erscheinen die von Ozan und Dyckman gemachten Annahmen zweckmäßig und weitgehend realistisch. Es sind dies:

a) Die Annahme von zwei verschiedenen, nicht kontrollierbaren Abweichungsursachen (Typ I und Typ II). Die an sich wünschenswerte Berücksichtigung von noch mehr unterschiedlichen kontrollierbaren Abweichungsursachen bedeutet keine konzeptionelle Änderung, sondern nur eine Erweiterung des Ansatzes, die allerdings zu erheblichen rechnerischen Schwierigkeiten führt.

b) Die Annahme, daß die nicht kontrollierbaren Abweichungen auf Grund der Abweichungsursachen vom Typ I zufällig und damit normalverteilt sein sollen mit dem Erwartungswert null. Dies ist wohl eine unverzichtbare Annahme in allen diesen Modellen. Sie verlangt, daß der Planwert der Situations-Merkmale dem Erwartungswert entspricht. Bei dem dargestellten Modell muß allerdings nur verlangt werden, daß die Dichtefunktion der zufälligen Abweichungen bekannt ist.

c) Die Annahme, daß die Wahrscheinlichkeitsverteilung für die Abweichungen auf Grund der nicht kontrollierbaren Abweichungsursache vom Typ II abhängig ist von der Häufigkeit des Auftretens dieser Ursache im Planungszeitraum. Diese Annahme ist m.E. sehr zweckmäßig. Die weitere Annahme der Poisson-Verteilung für die Häufigkeit des Auftretens erscheint wegen der Eigenschaften dieser Wahrscheinlichkeitsverteilung („Verteilung der seltenen Ereignisse") plausibel. Wie oben gezeigt, gibt es für die Schätzung des Parameters dieser Wahrscheinlichkeitsverteilung einen hilfreichen Sachverhalt. Daß in Abhängigkeit von der Häufigkeit des Auftretens dieser Ursache die Wahrscheinlichkeitsverteilung der sich dabei ergebenden Abweichungen subjektiv geschätzt werden muß, wird wohl auch bei anderen Ansätzen kaum zu umgehen sein.

d) Die Annahme, daß alle Abweichungen, die nicht auf diesen beiden Ursachen beruhen, kontrollierbar sind. Dies ist problematisch und es sollte überlegt werden, ob es nicht zweckmäßiger wäre, diese Annahme in der Weise umzukehren, daß man über die kontrollierbaren Ursachen spezifische Annahmen macht und alle Abweichungen, die nicht auf diesen kontrollierbaren Abweichungsursachen beruhen, als nicht kontrollierbar betrachtet.

e) Die Annahme über die Funktion des Auswertungserfolges in Abhängigkeit von der Höhe der kontrollierbaren Abweichung. Ozan und Dyckman stellen hierzu recht sorgfältige Überlegungen an, die zu einem plausiblen, auch von den anderen Autoren verwendeten Ergebnis führen.

f) Die Annahme stochastischer Unabhängigkeit für die miteinander zu verknüpfenden Zufallsvariablen. Diese Annahme ist außerordentlich problematisch und sozusagen die Crux des Modells. Denn in der Realität werden die Situationsmerkmale auf Grund der Situationsstruktur miteinander verknüpft sein, so daß eine Abweichung bei einem Merkmal Abweichungen bei anderen Situationsmerkmalen zur Folge haben kann, bzw. bei Definitionsbeziehung – haben muß. Man wird deshalb durch die Auswertung einer Abweichung auch Erkenntnisse über die Ursachen anderer Abweichungen gewinnen. Aus demselben Grund wird der Auswertungsaufwand in vielen Fällen mit steigender Anzahl ausgewerteter Abweichungen degressiv verlaufen. Diese Zusammenhänge müßten bei der Entscheidung für ein Auswertungsprogramm berücksichtigt werden. Sie sind eigentlich nicht zuletzt der Grund für die Vorteilhaftigkeit einer simultanen Planung des Auswertungsprogrammes.

g) Die Annahme, daß eine Auswertung mit Sicherheit zur Ermittlung der relevanten Ursache führt, und daß die Korrektur mit Sicherheit zur Beseitigung der Abweichung führt. Davon ist die erste Annahme besonders problematisch. Soll die Ursache quasi mit Sicherheit festgestellt werden, dann wird der Auswertungsaufwand nicht bei allen Auswertungen eines Merkmals gleich hoch sein.

Als ein grundsätzlicher Mangel des Modells ist anzusehen, daß es ein statisches, auf einen Entscheidungszeitpunkt bezogenes Modell ist. Die zuletzt erörterte Möglichkeit einer Wahrscheinlichkeitsnebenbedingung für den zeitlichen Mindestabstand von 2 Auswertungen eines Merkmals ist nur ein kleiner Schritt in die Richtung einer dynamischen Betrachtung.

Schließlich soll noch eine Konsequenz aufgezeigt werden, die bei Modellen zur Optimierung von Kontrollen allgemein beobachtet werden kann. Die Ungleichung (4.189) besagt, daß alle die Merkmale ausgewertet werden, bei denen der Erwartungswert des Auswertungserfolges größer ist als die Summe aus wertmäßigen Budget- und Arbeitskosten der Auswertung und der Risikoprämie. Es ist interessant festzustellen, daß ein Entscheidungsträger, der im Sinne des Konzeptes der Nutzenerwartung risikoscheu ist, ($\alpha > 0$) weniger auswerten wird als ein im selben Sinne risikofreudiger Entscheidungsträger ($\alpha < 0$). Der risikofreudige Entscheidungsträger geht in höherem Ausmaß das Risiko ein, daß eine Auswertung keinen oder gar einen negativen Erfolg hat. Landläufig scheint mir, würde man dagegen jemanden, der weniger auswertet, als risikofreudig bezeichnen und jemanden, der viele Abweichungen auswertet, als risikoscheu.

5. Abweichungsursachen und Möglichkeiten ihrer Ermittlung

5.1 Allgemeine Abweichungsursachen und Vorbemerkungen

Allgemeine Ursache für das Auseinanderfallen von Plan-Entwicklung und Ist-Entwicklung ist, daß der Entscheidungsträger bei unvollkommener Information planen und entscheiden muß. Die primäre Aufgabe der Suche nach Abweichungsursachen besteht daher darin, den Informationsstand des Entscheidungsträgers zu verbessern. Die Suche nach den Ursachen einer Abweichung beruht immer auf einer Hypothese, einer Vermutung über die möglichen Abweichungsursachen. Ein wesentliches Element der Abweichungsanalyse ist deshalb die Formulierung solcher Hypothesen. Sie kann zum einen rein deduktiv erfolgen, indem aus logischen Zusammenhängen, einem Modell oder einer Theorie auf Ursachen geschlossen wird. Sie kann zum anderen induktiv erfolgen, indem man aus der Erfahrung auf Abweichungsursachen schließt. Übergeordneter Gesichtspunkt bei der Formulierung von Hypothesen über Abweichungsursachen muß die Zielsetzung des Entscheidungsträgers sein. Die Fragestellung, die zur Hypothesenbildung führt, lautet daher: Durch welche Größen ist in welchem Ausmaß die beobachtete Ist-Entwicklung bewirkt worden, und warum weicht sie von der angestrebten Plan-Entwicklung ab, bzw. warum stimmt sie mit dieser überein?

Die Frage nach den Einflußgrößen führt damit im Rahmen der Abweichungsanalyse wieder zurück zu dem Problem der Beschreibung von Situationen. Denn als Situationsmerkmale sollten ja alle die Größen definiert und erfaßt werden, die nach den Vorstellungen des Entscheidungsträgers für die Steuerung der Zielerreichung wesentlich sind. Es kann sich nun nachträglich herausstellen, daß eine oder mehrere Einflußgrößen nicht oder nicht richtig berücksichtigt worden sind und daß deshalb die eingetretenen Abweichungen zum Teil oder ganz hätten vermieden werden können. Es kann aber auch sein, daß die Situationsbeschreibung richtig, die Steuerung optimal und die Abweichungen unvermeidbar, z.B. zufällige Abweichungen waren.

Im folgenden wird sukzessive eine Systematisierung allgemeiner Abweichungsursachen erarbeitet. Es werden dabei – wie bisher — grundsätzlich nur solche Planungs- und Kontrollprozesse betrachtet, die der Steuerung von Handlungen dienen. Das bedeutet, daß bei der Situationsbeschreibung jeweils mindestens ein Präferenzmerkmal und ein Handlungsmerkmal berücksichtigt wird. Es ist für die folgenden Überlegungen ferner besonders wichtig, sich immer vor Auge zu halten, daß ein Planungs- und Kontrollprozeß nur für einen bestimmten konstanten Aggregations- bzw. Detaillierungsgrad definiert ist. Das kann leicht in Vergessenheit geraten, wenn man bei der Suche nach Abweichungsursachen in einem Planungs- und Kontrollprozeß nachgeordnete, detailliertere Planungs- und Kontrollprozesse betrachten muß.

Die Systematisierung der Abweichungsursachen ist vor allem wegen des Interdependenzproblems, welches im 3. Kapitel behandelt wurde, schwierig. Denn wenn man weder die Ursachen, noch die funktionalen Zusammenhänge zwischen Ursache und Wirkung kennt, ist es schwer Vermutungen darüber anzustellen, in welchem Ausmaß eine beobachtete Wirkung von verschiedenen möglichen Ursachen einzeln bzw. gemeinsam verursacht worden ist. Für die Zwecke der betrieblichen Abweichungsanalyse erscheint es zweckmäßig, die möglichen Ursachen nach dem schwerpunktmäßigen Verantwortunsträger im betrachteten Planungs- und Kontrollprozeß zu systematisieren. Dabei müssen in der ersten Stufe kontrollierbare und nicht kontrollierbare Abweichungsursachen jeweils danach unterschieden werden, ob sie von dem Entscheidungsträger oder der Ausführungseinheit des betrachteten Planungs- und Kontrollprozesses hätten vermieden werden können und deshalb von diesen verantwortet werden müssen oder nicht.

Die nicht kontrollierbaren Abweichungsursachen sollen hier nicht weiter unterteilt werden. Ein Beispiel für eine solche Ursache ist der bereits oben erwähnte Zufall, bei dem definitionsgemäß eine große Zahl verschiedener Ursachen wirksam gewesen ist, wobei die Wirkung jeder einzelnen dieser Ursachen für sich allein genommen unbedeutend gewesen wäre. Ein anderes Beispiel für eine nicht kontrollierbare Abweichungsursache ist „höhere Gewalt" im juristischen Sinne. Dieser Sachverhalt ist etwa in Katastrophenfällen wie Feuer, Flut oder auch bei Epidemien gegeben.

Systematisiert man die kontrollierbaren Abweichungsursachen danach, ob sie primär vom Entscheidungsträger oder von der Ausführungseinheit zu verantworten sind, so kann man Planungsfehler und Ausführungsfehler als Abweichungsursachen unterscheiden, wobei allerdings die Abgrenzung nicht immer leicht sein wird. Um in einem konkreten Fall festzustellen, daß die Ausführung und nicht die Planung fehlerhaft war, muß nachgewiesen werden, daß eine andere, „bessere" als die verwirklichte Ausführung möglich gewesen wäre und von der Ausführungseinheit schuldhaft versäumt wurde. Das aber ist ex-post immer problematisch, weil man ex-post über Informationen verfügt, die ex-ante nicht verfügbar waren. Schließt man jedoch eine fehlerhafte Ausführung als Abweichungsursache aus, dann wird in letzter Konsequenz die Steuerung des betrieblichen Geschehens unmöglich, weil die Ausführungseinheit nicht zur Verantwortung gezogen werden kann.

Um diese Schwierigkeit zu vermeiden, versucht man in der betrieblichen Praxis die Ausführungseinheit bei der Planung, insbesondere bei der endgültigen Planfestlegung zu beteiligen. Wird der Plan für einen Planungszeitraum von der Ausführungseinheit vorbehaltlos akzeptiert, dann besteht für Plan-Ist-Abweichungen zunächst grundsätzlich die Vermutung, daß sie auf Ausführungsfehler zurückzuführen sind. Wie bereits im 2. Kapitel erwähnt wurde, ist vor allem von *Demski* [1967, 701–712] ein Konzept entwickelt worden, bei welchem mit Hilfe einer ex-post Planung versucht wird, für eine beobachtete Plan-Ist-Abweichung zu ermitteln, inwieweit sie durch Planungsfehler und inwieweit sie durch Ausführungsfehler verursacht worden ist. Die Grundüberlegungen dieses Konzeptes werden im folgenden Abschnitt (5.2) mit Hilfe eines Beispiels dargestellt und kritisch gewürdigt.

Im Abschnitt 5.3 werden Möglichkeiten zur Ermittlung von Planungsfehlern aufgezeigt und diskutiert. Dabei werden zwei mögliche Ursachen von Planungsfehlern unterschieden:

a) Planungsfehler als Folge einer fehlerhaften Beschreibung von Situationen, Pfaden und Zielen. Hierunter sind Abweichungsursachen einzuordnen, wie die Nichtberücksichtigung von Einflußgrößen auf die Zielerreichung, die Verwendung eines ungeeigneten Modells bei der Planung oder die fehlerhafte Definition bzw. Abgrenzung von Situationsmerkmalen. Dabei soll fehlerhafte Beschreibung bedeuten, daß durch eine andere Beschreibung bestimmte Abweichungen hätten vermieden werden können. Analysiert man eine Stufe weiter, so kann die Ursache für eine fehlerhafte Beschreibung in unpräzisen Zielvorstellungen, mangelhaftem statistischem Material usw. liegen.
Als Möglichkeiten zur Ermittlung von Fehlern bei der Situationsbeschreibung werden die statistischen Verfahren der Regressions- und Faktoranalyse ihrer jeweiligen Grundüberlegung nach erörtert. Diese Verfahren zeigen sehr gut, wie man allgemein die Situationsbeschreibung verbessern kann. Darüber hinaus liefern sie eine gute Beschreibung des vermuteten Denk-Ablaufs bei der intuitiven Auswahl von Art und Anzahl der Ziel-Einflußgrößen, d.h. Situationsmerkmale.

b) Planungsfehler als Folge fehlerhafter Prognose der Merkmalsausprägungen. Diese Abweichungsursache liegt vor, wenn der Entscheidungsträger bei fehlerfreier Situationsbeschreibung von falschen Prognosewerten für die Merkmalsausprägungen ausgeht. Die fehlerhafte Prognose kann ihrerseits eine Reihe verschiedener Ursachen haben, wie Änderung der Prognosevoraussetzungen, mangelhaftes Prognoseverfahren usf.

Die Unterscheidung von Planungsfehlern, die auf fehlerhafte Situationsbeschreibung und solchen, die auf fehlerhafter Prognose beruhen, basiert auf dem im 2. Kapitel aufgezeigten Sachverhalt, daß Handlungsentscheidungen durch Formalziel und Informationsstand bestimmt werden. Während die Situationsbeschreibung primär durch das Formalziel festgelegt wird, ist der Informationsstand die Grundlage für die Prognosen. Die Abgrenzung zwischen Fehlern bei der Situationsbeschreibung und Fehlern bei der Prognose wird in der Realität nicht immer leicht sein. Ebenso wie Formalziel und Informationsstand oft nur schwer gegeneinander abgegrenzt werden können, weil die Informationen durch Präferenzen selektiert, die Präferenzen aufgrund von Informationen gebildet werden.

Im Abschnitt 5.4 werden Möglichkeiten zur Ermittlung von Ausführungsfehlern erörtert. Dabei wird zwischen fehlerhaften Ausführungshandlungen und fehlerhafter Istwert-Aufnahme unterschieden. Das ist insofern problematisch, als die Istwert-Aufnahme nicht zwingend in den Verantwortungsbereich der Ausführungseinheit fällt. Sie kann im Rahmen eines anderen Regelkreises bzw. Regelkreissystems – etwa als Teil des betrieblichen Rechnungswesens – gesteuert werden. Dennoch wird die Ausführungseinheit die Istwert-Aufnahme in mehr oder minder starkem Ausmaß beeinflussen können. Natürlich insbesondere dann, wenn sie selbst die Istwerte an den Entscheidungsträger meldet. Beispiele für Fehler bei der Istwert-Aufnahmen sind Meßfehler, Rechenfehler, Fehlbuchungen usf.

Die ausführliche Behandlung der Möglichkeiten zur Ermittlung fehlerhafter Ausführungshandlungen würde die detaillierte Betrachtung einzelner betrieblicher Teilbereiche erfordern. Die Möglichkeiten zur Ermittlung von Fehlern bei der Istwert-Aufnahmen zwingt zu detaillierten Überlegungen über das betriebliche Informationssystem. Beides würde hier zu weit vom aktuellen Problem der Abweichungsanalyse wegführen. Es sollen deshalb im Abschnitt 5.4 nur einige wenige, allgemeine Überlegungen zu diesem Problem angestellt werden.

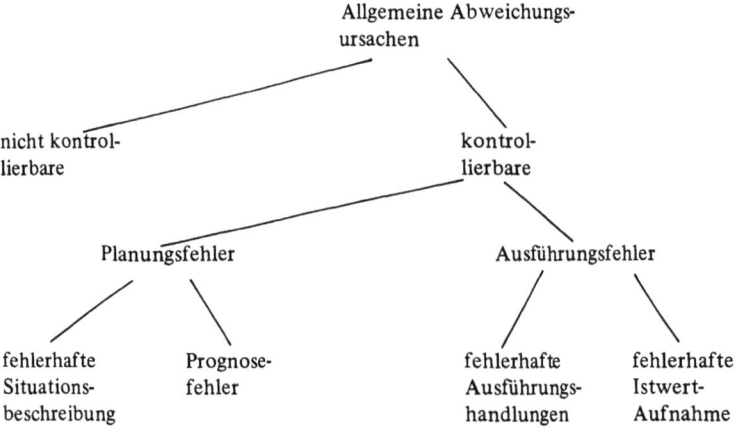

Abb. 25: Systematisierung allgemeiner Abweichungsursachen

Das Ergebnis der oben sukzessiv erarbeiteten Systematisierung allgemeiner Abweichungsursachen ist in Abb. 25 noch einmal anschaulich dargestellt. Sie entspricht weitgehend der von *Demski* [1970, S. B-486] vorgeschlagenen Systematisierung.

Im letzten Abschnitt dieses Kapitels, dem Abschnitt 5.5, wird das Reihenfolgeproblem bei der Suche nach Abweichungsursachen erörtert. Für eine realtiv allgemeine Problemstellung wird ein einfaches Verfahren zur Bestimmung der optimalen Suchfolge angegeben.

5.2 Darstellung und kritische Würdigung des ex-post Ansatzes zur Ermittlung von Planungsfehlern und Ausführungsfehlern als Ursache von Plan-Ist-Abweichungen

In seiner unveröffentlichten Dissertation und in einigen Folgearbeiten — zum Teil zusammen mit anderen Autoren — hat Demski vorgeschlagen, die Ermittlung und Auswertung von Plan-Ist-Abweichungen im Rahmen der Plankostenrechnung durch die Einbeziehung von Abweichungen zwischen dem ex-ante-Plan und einem ex-post-Plan zu erweitern und zu verbessern [siehe *Demski*, 1967; *Dopuch/Birnberg/Demski*]. Der Kern seiner Überlegungen läßt sich mit einem einfachen Beispiel leicht und anschaulich aufzeigen [*Demski*, 1967, S. 706f.].

Ein Betrieb produziert zwei Güter X_1 und X_2 in zwei Abteilungen. Die Deckungsbeiträge der beiden Produkte sind 1.— DM für X_1 und 3.— DM für X_2 und die beiden Abteilungen haben eine Kapazität von 400 Einheiten in Abteilung 1 und 600 Einheiten in Abteilung 2 jeweils im Planungszeitraum. Die Produktion von einem Stück X_1 erfordert in beiden Abteilungen jeweils eine Kapazitätseinheit. Die Produktion von einem Stück X_2 erfordert eine Kapazitätseinheit der Abteilung 1 und 2 Kapazitätseinheiten der Abteilung 2. Das lineare Programm

$$\text{maximiere } DB = X_1 + 3X_2$$

unter den Nebenbedingungen

$$X_1 + X_2 = 400$$
$$X_1 + 2X_2 = 600$$

führt zu dem ex-ante-Plan $^{ap}X = (0;300)$ d.h. es soll nur das Produkt X_2, und zwar in einer Menge von 300 Stück, hergestellt werden. Der Deckungsbeitrag (Bruttogewinn) bei diesem Produktionsprogramm ist $^{ap}DB = 900$ DM.

Es sollen nun zwei Fälle von Datenänderungen betrachtet werden:

Fall 1: Unmittelbar nach Beginn des Planungszeitraumes steigt der Preis des Produktes X_1 um 3 DM. Sein Deckungsbeitrag beträgt dann 4 DM. Die Betriebsleitung bemerkt diese Änderung nicht und produziert das geplante Produktionsprogramm. Als Istwerte ergeben sich dann $^{i}X = (0;300)$ und $^{i}DB = 900$, so daß die Plan-Ist-Abweichung null ist.

Plant man nun ex-post, was die Betriebsleitung hätte erreichen können, wenn sie auf die Preisänderung unmittelbar reagiert hätte, so ergibt sich als optimales Produktionsprogramm $^{pp}X = (400;0)$ mit einem Deckungsbeitrag von $^{pp}DB = 1600.—$ DM. Das bedeutet, bei der Überprüfung des von der Betriebsleitung erzielten Ergebnisses könnte ihr eine übergeordnete Instanz vorwerfen, sie habe schlecht gewirtschaftet, obwohl sie ihren Plan realisiert hat.

Als Erweiterung der Plankostenrechnung schlägt Demski vor, die Plan-Ist-Abweichung wie folgt zu gliedern:

$$A = {}^iDB - {}^{ap}DB = ({}^iDB - {}^{pp}DB) + ({}^{pp}DB - {}^{ap}DB).$$

Für den obigen Fall ergibt sich dann:

$$A = (900 - 1600) + (1600 - 900)$$
$$= -700 + 700 = 0.$$

Ein solches Ergebnis würde zeigen, daß das realisierte Ist um 700.— DM hinter dem, was bei ex-post-Betrachtung möglich gewesen wäre, zurückgeblieben ist, und daß dies in voller Höhe auf die Planung zurückzuführen ist. Die Ausführung dagegen ist planmäßig durchgeführt worden.

Fall 2: Unmittelbar nach Beginn des Planungszeitraumes sinkt der Preis des Produktes X_2 um 2 DM. Sein Deckungsbeitrag beträgt dann 1.— DM und ist damit genau so groß wie der des Produktes X_1. Die Betriebsleitung bemerkt diese Änderung nicht — eine Annahme, die zweifellos nicht sehr realistisch ist — und produziert das geplante Produktionsprogramm. Als Istwerte ergeben sich dann ${}^iX = (0;300)$ und ${}^iDB = 300$. Bei ex-post-Planung erhält man ${}^{pp}X = (200;200)$ und ${}^{pp}DB = 400.$— DM als die optimalen Werte. Die Abweichung ist

$$A = ({}^iDB - {}^{pp}DB) + ({}^{pp}DB - {}^{ap}DB)$$
$$= (300 - 400) + (400 - 900)$$
$$= -100 - 500 = -600.— DM.$$

Dieses Ergebnis besagt, daß das realisierte Ist um 600.— DM hinter dem ex-ante geplanten Deckungsbeitrag zurückgeblieben ist, und daß von diesen 600.— DM nur 100.— DM vermeidbar gewesen wären, wenn man ex-ante mit den ex-post Daten geplant hätte.

Die Berechnung und vor allem die Auswertung solcher Plan-Plan-Abweichungen wirft viele Probleme auf. Einige davon haben Demski und seine Mitautoren selbst erörtert. Andere hat *Cushing* [1968, S. 668] in einer Stellungnahme zu einem Aufsatz von Demski aufgezeigt und *Demski* [1968, S. 672] ist darauf in einer Entgegnung eingegangen. In dieser Diskussion werden jedoch die beiden m.E. wichtigsten Probleme gar nicht oder nur beiläufig angesprochen. Es sind dies:

a) Das Problem der Unabhängigkeit der Daten vom Verhalten des Entscheidungsträgers.

b) Das Problem der Informationsbeschaffung und als Folge und etwas weiter gefaßt das Problem der Bestimmung der Länge des Planungszeitraumes.

Zu a): Allgemein muß man davon ausgehen, daß die tatsächlich eingetretene Entwicklung, die Istwerte, auch davon abhängig sind, was der Entscheidungsträger im Planungszeitraum tut. Findet man bei der ex-post Planung heraus, daß ein anderes Handlungsprogramm bei dem tatsächlich beobachteten Geschehensablauf besser gewesen wäre, so muß man berücksichtigen, daß bei einem anderen Verhalten des Entscheidungsträgers im Planungszeitraum möglicherweise auch der Geschehensablauf anders gewesen wäre. Für den Fall 1 im obigen Beispiel könnte das etwa bedeuten, daß die Deckungsspanne des Produktes X_1 bei einer Produktion von ${}^iX = (0;300)$ zwar 4.— DM betragen hat, daß sie aber bei der ex post als optimal herausgefundenen Produktion von $^{pp}X = (400;0)$ möglicherweise kleiner gewesen wäre. Weiterführende Überlegungen zu diesem Problem findet man bei *Lüder* [1969, S. 80ff.] im Zusammenhang mit der Frage nach der ex-post Beurteilung nicht realisierter Investitionsalternativen.

Zu b): Zwischen dem ex-ante Plan und dem ex-post Plan tritt eine Abweichung nur dann auf, wenn nicht auf jede Datenänderung im Planungszeitraum unmittelbar reagiert wird. Um sicherzustellen, daß auf jede Datenänderung unmittelbar reagiert wird, müßte im Grunde der zeitliche Verlauf aller Situationsmerkmale kontinuierlich beobachtet und registriert werden, und es müßte jeweils durch Neuplanung oder zumindest durch eine Sensitivitätsanalyse geprüft werden, ob bei der geänderten Datensituation eine Planänderung erfolgen soll oder nicht. Der Aufwand für die kontinuierliche Beobachtung und Planung muß verglichen werden mit dem Ertrag dieser Maßnahme, der eben darin besteht, daß zwischen dem ex-ante Plan und dem ex-post Plan keine Abweichung entsteht. Läßt man solche Abweichungen zu, dann kann man auch den Aufwand für die Informationsbeschaffung und Informationsverarbeitung senken, indem man von der kontinuierlichen Beobachtung und Planung zu einer diskreten, intervallweisen Beobachtung und Planung übergeht. Genau das aber ist der Normalfall und das Intervall, für das jeweils geplant wird, ist der Planungszeitraum. Wird der Planungszeitraum zu groß gewählt, dann ist die Wahrscheinlichkeit für Datenänderungen in diesem Zeitraum und damit für Abweichungen zwischen dem ex-post Plan und dem ex-ante Plan groß. Dafür wird in einem solchen Fall der Aufwand für die Beobachtung und Registrierung der Situationsmerkmale und für die Planung relativ gering sein. Mit abnehmendem Planungszeitraum sinkt tendenziell die Wahrscheinlichkeit für Abweichungen zwischen dem ex-post Plan und dem ex-ante Plan. Der Aufwand für die Beobachtung, Registrierung und Planung wird dafür tendenziell größer. Wie im Abschnitt 2.2.2 bereits erwähnt, ist dies ein Teilproblem des Problems der Bestimmung des optimalen Aggregations- bzw. Detaillierungsgrades.

5.3 Möglichkeiten zur Ermittlung von Planungsfehlern

5.3.1 Möglichkeiten zur Ermittlung von Fehlern bei der Situationsbeschreibung

5.3.1.1 Vorbemerkungen

Voraussetzung für die Ermittlung von Fehlern bei der Situationsbeschreibung ist die Beschaffung zusätzlicher Informationen über den Geschehensablauf in der Vergangenheit. Denn vom Entscheidungsträger und vor allem von der Ausführungseinheit werden nur die Situationsmerkmale beobachtet, registriert, gemessen und es werden die entsprechenden Werte gespeichert. Sind bei der Definition von Situationsmerkmalen einige Größen unberücksichtigt geblieben, dann liegen über solche Größen zunächst keine Informationen über ihre Entwicklung in der Vergangenheit vor. Solche Informationen müssen dann von anderen Entscheidungsträgern oder noch allgemeiner von anderen Informationsquellen beschafft werden. Da eine solche Informationsbeschaffung grundsätzlich mit Kosten verbunden ist, wird man abwägen müssen, ob die Erträge, die sich durch die Auswertung dieser Informationen ergeben, die entstehenden Kosten aufwiegen werden.

Die Auswertung der zusätzlichen Informationen erfolgt unter dem Ziel, weitere, bisher nicht berücksichtigte Einflußgrößen zu ermitteln. Es handelt sich dabei immer um eine statistische Auswertung des zusätzlich beschafften Informationsmaterials. Das Instrumentarium, das dabei zur Anwendung kommt, ist die Einflußgrößenrechnung (Regressionsanalyse, Korrelationsanalyse, Faktoranalyse, Varianzanalyse). Sie „stellt den Zusammenhang dar, den mehrere Ursachen-Einflußgrößen — eines komplexen Vorganges auf eine beobachtete Gesamtwirkung-Zielgröße — ausüben" [Haller-Wedel, S. 25]. Als Zielgröße soll der größeren Anschaulichkeit wegen im folgenden nicht ein abstrakter Zielerreichungsgrad, sondern es sollen – beispielhaft – Kosten betrachtet werden. Die Fragestellung für die Einflußgrößenrechnung lautet dann: Von welchen Größen ist ein bestimmter Kostenbetrag in welchem Ausmaß beeinflußt worden?

5.3.1.2 Die Ermittlung von Einflußgrößen mit Hilfe der Regressionsanalyse

Bei der Regressionsanalyse und der Korrelationsanalyse handelt es sich um statistische Verfahren zur Auswertung von Aufzeichnungen aus der Vergangenheit. Sind etwa in einem vergangenen Zeitraum bei 20 Beobachtungen der Tagesproduktion einer Abteilung und der zugehörigen Kosten die in Abb. 26 eingetragenen Werte registriert worden, so kann man die Hypothese formulieren, daß die Kosten einer Tagesproduktion von der produzierten Menge abhängen. Das Ausmaß der Abhängigkeit läßt sich quantifizieren, wenn man eine Regressionsfunktion berechnet.

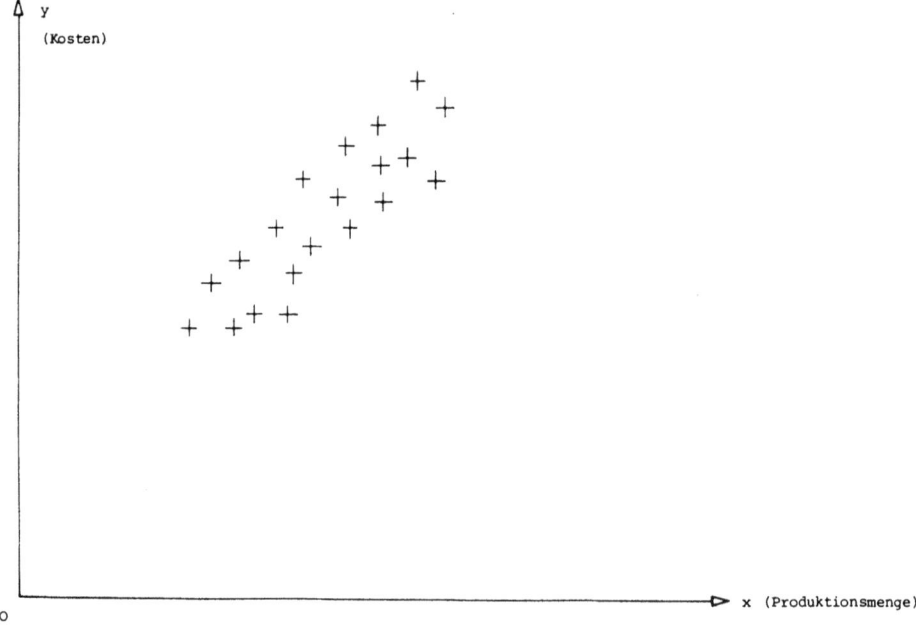

Abb. 26: Streuungsdiagramm aus 20 Beobachtungswerten für die Kosten und die Menge einer Tagesproduktion

Bei der einfachen, linearen Regression formuliert man für die Abhängigkeit der abhängigen Größe (hier die Kosten) von der unabhängigen Größe (hier die Produktionsmenge) die Hypothese, daß der funktionale Zusammenhang

$$Y = a + bx \tag{5.1}$$

gilt. Bei der am häufigsten angewandten Methode der kleinsten Quadrate berechnet man für die beobachteten Wertepaare y_j und x_j die Koeffizienten a und b so, daß die Summe der quadrierten Abweichungen minimiert wird. Dabei können die Abweichungen auf dreierlei Weise definiert werden:

a) die Abweichung in der y-Richtung ist: $y_j - (a + b \cdot x_j)$;
b) die Abweichung in der x-Richtung ist: $x_j - (y_j - a)/b$;
c) die orthogonale Abweichung ist die kürzeste (rechtwinklige) Entfernung eines beobachteten Wertepaares (x_j, y_j) von der Geraden nach (5.1).

Für Abweichungen in der y-Richtung erhält man z.B. als Werte für a und b unter der Annahme, daß m Wertepaare (x_j, y_j) beobachtet werden:

$$a = \frac{1}{m} \cdot \left(\sum_{j=1}^{m} y_j - b \cdot \sum_{j=1}^{m} x_j \right)$$

$$b = \frac{\sum_{j=1}^{m} y_j \cdot x_j - (1/m) \cdot \sum_{j=1}^{m} y_j \cdot \sum_{j=1}^{m} x_j}{\sum_{j=1}^{m} x_j^2 - (1/m) \cdot \sum_{j=1}^{m} x_j \cdot \sum_{j=1}^{m} x_j}. \tag{5.2}$$

Ergibt sich bei einer solchen Rechnung für $b = 0$, dann kann man vermuten, daß die Größe x keinen Einfluß auf die Größe y hat. Eine solche Folgerung ist allerdings nur dann zulässig, wenn als Voraussetzung für die Regressionsanalyse die Abweichungen von der Regressionsfunktion stochastisch voneinander unabhängig sind und eine konstante, endliche Streuung haben. Sind diese Voraussetzungen nicht erfüllt, dann treten Probleme der Autokorrelation und Heteroskedesie auf [siehe hierzu *Comiskey*, 235–238; *Jensen*, 265–273]. Ferner ist es wichtig, daß die beiden Größen x und y nicht auf Grund einer Definition miteinander verknüpft sind, wie z.B. die fixen Kosten pro Stück mit der Produktionsmenge. Wird in einem solchen Fall eine Regressionsanalyse durchgeführt, dann spricht man von einer Nonsens-Korrelation.

Besteht zwischen der abhängigen Größe und der unabhängigen Größe ein Einfluß, dann wird er nicht immer linear sein. Auf einen nicht-linearen Zusammenhang kann man z.B. auf Grund der Meßergebnisse (der Punktwolke) oder aus einer Theorie (z.B. Kostentheorie) oder auf Grund der Erfahrung schließen. Die genaue Spezifizierung der nicht-linearen Abhängigkeit wird im Einzelfall schwierig sein. Denn es gibt eine große Anzahl nicht-linearer Funktionen, die für den Meßwertbereich möglicherweise zum Teil ähnlich gute Ergebnisse liefern. Relativ häufig angewandte nicht-lineare Regressionfunktionen sind quadratische Regressionsfunktionen in Form einer Parabel oder hyperbolische Regressionsfunktionen. Im Falle der Parabel lautet der Ansatz:

$$Y = a + b_1 X + b_2 X^2. \tag{5.3}$$

Beim ersten Ansatz ist es zweckmäßig, sowohl die Regressionskonstante a, als auch das lineare Glied b_1, zu berücksichtigen. Die spätere statistische Beurteilung der Ergebnisse gibt u.U. Hinweise, in einem nochmaligen Ansatz auf das eine oder andere zu verzichten.

Die Regressionsfaktoren a, b_1, b_2 werden in der Regel wieder so bestimmt, daß die Summe der quadrierten Abweichungen minimiert wird. Dabei können wieder die 3 verschiedenen Arten von Abweichungen definiert werden, jeweils abhängig davon, auf welchen Einfluß es im vorliegenden Fall besonders ankommt.

Der durch die fehlerhafte Situationsbeschreibung eingetretene Abweichungseffekt muß nicht unbedingt nur von einer einzelnen Einflußgröße verursacht worden sein. Bei betriebswirtschaftlichen Problemstellungen „sind kaum 'Laborsituationen' anzutreffen, in denen man den Einfluß aller Faktoren bis auf den einen zu untersuchenden weitgehend ausschalten kann, so daß eine einfache Analyse nicht anwendbar ist. Es muß vielmehr das Gesamtresultat der wichtigsten in der bestehenden Situation wirkenden Faktoren zur gleichen Zeit gemessen werden" [*Recksiegel*, S. 23]. Das kann mit Hilfe einer mehrfachen (multiplen) Regression geschehen. Für eine zweifache lineare Regression geht man von der Hypothese aus, daß zwei Einflußgrößen auf Grund einer linearen Funktion den Wert für die abhängige Variable bestimmen.

$$Y = a + b_1 Y_1 + b_2 Y_2. \tag{5.4}$$

Auch hier läßt sich das Konzept der kleinsten Quadrate anwenden, wobei jetzt für die Abweichungsberechnung vier Möglichkeiten gegeben sind. Man kann diesen Fall noch graphisch veranschaulichen, indem man eine dreidimensionale Darstellung wählt. Das Konzept der mehrfachen Regression kann auf beliebig viele Einflußgrößen erweitert werden. Nur wird der Rechenaufwand, zumal bei einer mehrfachen nicht-linearen Regression groß und es ergibt sich das Problem zu beurteilen, welche Regressionsfunktion in einem konkreten Fall die besten Ergebnisse liefert. Als Beurteilungsmaß ist es sinnvoll, das Abweichungsmaß heranzuziehen. Es wird in % als die durchschnittliche, relative Abweichung definiert:

$$AM = \frac{1}{m} \cdot \sum_{j=1}^{m} \frac{y_j - Y(x_j)}{Y(x_j)} \cdot 100. \tag{5.5}$$

Je kleiner der Absolutbetrag des Abweichmaßes ist, umso besser ist die berechnete Regression zu beurteilen.

Die Frage nach der Stärke der Abhängigkeit der abhängigen von der unabhängigen Variablen wird mit Hilfe des Korrelationskoeffizienten beantwortet. Er ist definiert als

$$r_{yx} = \sqrt{\frac{\sum\limits_{j=1}^{m} (Y(x_j) - \bar{y})^2}{\sum\limits_{j=1}^{m} (y_j - \bar{y})^2}}. \tag{5.6}$$

Darin ist

r_{yx} = der Korrelationskoeffizient für die Abhängigkeit der Variablen Y von der unabhängigen Variablen X.

$Y(x_j)$ = die y-Werte auf der Regressionsgeraden für den jeweiligen Wert x_j der unabhängigen Variablen

$$\bar{y} \quad = \frac{1}{m} \cdot \sum_{j=1}^{m} y_j = \text{der durchschnittliche Beobachtungswert für } y.$$

In (5.6) gibt der Zähler den durch die Regressionsfunktion erklärten Betrag an der Gesamtstreuung der y_j-Werte an. Ist dieser Betrag genau so hoch wie die Gesamtstreuung, dann ergibt sich für r_{yx} ein Wert von eins. Den quadrierten Korrelationskoeffizienten nennt man das Bestimmtheitsmaß. Die Aussage des einfachen Korrelationskoeffizienten läßt sich auf multiple Zusammenhänge analog übertragen. Der multiple Korrelationskoeffizient drückt die „Stärke" oder „Strammheit" des Zusammenhanges zwischen *allen* in die Analyse einbezogenen Faktoren und der Zielgröße aus. Der partielle Korrelationskoeffizient gibt den Grad der Verbundenheit zwischen *einer* unabhängigen Variablen und der Zielgröße an, wenn in die Analyse mehrere unabhängige Veränderliche eingegangen sind, ihr Einfluß auf die Zielgröße aber ausgeschaltet wurde [vgl. *Recksiegel*, S. 29]. Schließlich sei noch darauf hingewiesen, daß die Regressionfunktion nur innerhalb ihrer Einflußweite $x_j \max \geqq x_j \geqq x_j \min$ unmittelbar angewandt werden kann. Eine Extrapolation dieser Funktion über die Grenzen hinaus ist grundsätzlich unzulässig.

Da dieses Verfahren für die Ermittlung von Einflußgrößen von großer Bedeutung ist, soll es an einem Beispiel erläutert werden. Beispiel [vgl. *Recksiegel*, S. 47ff.]:

In der Werkstatt eines Betriebes werden 3 verschiedene Sorten eines Produktes auf 3 verschiedenen Maschinen gefertigt. Die Stromkosten KS wurden bisher als Funktion der insgesamt produzierten Stückzahl $x = x_1 + x_2 + x_3$ geplant und kontrolliert. Auf Grund einer beobachteten Abweichung wird vermutet, daß als zusätzliche Einflußgröße auf die Stromkosten die Zusammensetzung der insgesamt produzierten Stückzahl durch die verschiedenen Sorten wesentlich ist (Produkt-Mix). Da die Stromkosten eines Planungszeitraumes sich durch die Multiplikation des Stromverbrauches mit dem konstanten Preis pro Kilowattstunde ergeben, genügt es, den Einfluß der Sortenmischung auf den Stromverbrauch zu analysieren. Als Hypothese formuliert man, daß sich der Stromverbrauch als eine lineare Funktion der von den verschiedenen Sorten hergestellten Produktmenge ergibt:

$$SV(x_1, x_2, x_3) = a + b_1 x_1 + b_2 x_2 + b_3 x_3. \tag{5.7}$$

Aus zusätzlichen Informationsquellen habe man das in Tab. 13 wiedergebene statistische Datenmaterial für 20 aufeinander folgende Arbeitstage gewonnen:

Bei der dreifachen, linearen Regressionsfunktion ergeben sich mit Hilfe der Methode der kleinsten Quadrate folgende Regressionkoeffizienten:

$$SV(x_1, x_2, x_3) = -0,023 + 0,5295 \cdot x_1 + 0,796 x_2 + 0,1607 x_3. \tag{5.8}$$

Man erkennt aus (5.8), daß die Produktmischung eine wesentliche Einflußgröße für den Stromverbrauch darstellt. Will man diese Einflußgröße in der Planung berücksichtigen, dann bedeutet das, daß man nicht nur die insgesamt produzierte Menge des Produktes, sondern auch die von den 3 Sorten produzierten Mengen als Situationsmerkmal definieren muß. Die Regressionskoeffizienten von b_1, b_2 und b_3 können so interpretiert werden, daß pro Stück der Sorte eins 0,5295 kWh, pro Stück der Sorte zwei 0,796 kWh und pro Stück der Sorte drei 0,1607 kWh erforderlich sind. Anlaß zu weiteren Analysen liefert in (5.8) das absolute Glied ($a = -0,023$). Es zeigt, daß die Regressionsfunktion für Werte außerhalb der Einflußweite $(8;1;3) \leqslant (x_1; x_2; x_3) \leqslant (15;15;13)$ zu unsinnigen Ergebnissen führen kann. Man könnte dies als Anhaltspunkt dafür nehmen, zu einer nicht linearen Regressionsfunktion überzugehen.

Arbeitstag j	Stromverbrauch SV_j in Kwh	x_{1j} in Stück	x_{2j} in Stück	x_{3j} in Stück
1	10,1	11	4	7
2	17,8	10	15	3
3	13,5	8	10	8
4	10,3	15	1	10
5	16,8	9	14	11
6	14,7	13	9	5
7	10,8	10	5	9
8	15,9	13	10	7
9	15,4	15	8	7
10	19,6	12	14	12
11	14,8	10	10	10
12	14,0	8	11	6
13	16,9	16	8	13
14	16,8	14	10	9
15	17,1	11	12	10
16	18,0	9	14	11
17	16,4	9	12	12
18	13,7	13	7	8
19	15,1	11	10	9
20	19,8	16	12	11
Summe	307,5	233	196	178

Tab. 13: Stromverbrauch und Produktionsmengen für 20 Arbeistage

5.3.1.3 Die Ermittlung von Einflußgrößen mit Hilfe der Faktoranalyse

Besonders schwer zu ermittelnde Fehler bei der Situationsbeschreibung bestehen darin, daß zu viele Situationsmerkmale definiert werden, die möglicherweise in ihrer Gesamtheit insbesondere, was die Struktur der Situationen angeht, die Situationen „schlecht" beschreiben. Aber auch wenn die Situationen durch zu viele Merkmale zutreffend beschrieben werden, läßt sich wohl durch die Verminderung der Situationsmerkmale bei gleich guter Beschreibung eine Minderung der Informationskosten und damit insgesamt ein Vorteil erzielen. Zur Lösung der Problemstellung, eine größere Zahl von Situationsmerkmalen (Variablen) durch eine kleinere Anzahl anderer Situationsmerkmale (Faktoren) zu ersetzen, kann die Faktoranalyse herangezogen werden. Die der Faktoranalyse zu Grunde liegende Hypothese wird durch die Abb. 27 veranschaulicht:

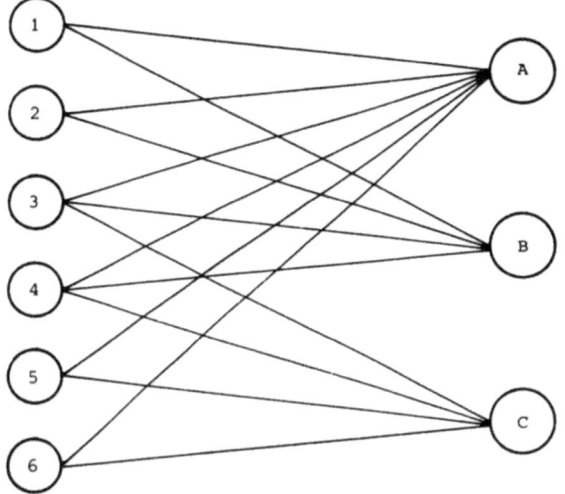

bisher definierte   Faktoren,
Situationsmerkmale   bestimmende
(Variablen)   Einflußgrößen

Abb. 27: Die Hypothese der Faktorenanalyse

„Die Faktorenanalyse stellt die Frage, welches die einfachste Struktur ist, die die vorliegenden Daten genügend genau reproduziert und erklärt" [vgl. *Überla*, S. 4]. Für die betrieblichen Planungs- und Kontrollprozesse geht es um eine möglichst genaue und präzise Situationsbeschreibung. Die Fakotrenanalyse ist ein Hilfsmittel, um dies zu erreichen. Ihre Grundüberlegung sollte auch dann angestellt werden, wenn die quantitative Anwendung des Verfahrens wegen des Fehlens von statistischem Datenmaterial, Rechenanlagen oder anderer Voraussetzungen nicht möglich ist.

Ausgangspunkt für eine Faktorenanalyse in dem hier interessierenden Zusammenhang ist, daß eine Anzahl von Merkmalen y_j $(j = 1, 2, \ldots, m; m < n)$ in mehreren Situationen beobachtet und gemessen wurde. Liegen die Werte aus T Situationen vor, so kann man nach der Formel

$$r_{jk} = \frac{\sum\limits_{t=1}^{T} (y_{jt} - \bar{y}_j) \cdot (y_{kt} - \bar{y}_k)}{\sqrt{\sum\limits_{t=1}^{T} (y_{jt} - \bar{y}_j)^2 \cdot \sum\limits_{t=1}^{T} (y_{kt} - \bar{y}_k)^2}} = \frac{s_{jk}}{s_j \cdot s_k}; \quad j, k = 1, 2, \ldots, m \ (5.9)$$

den Korrelationskoeffizienten als Maß für die stochastische Abhängigkeit zwischen dem Merkmal y_j und dem Merkmal y_k berechnen. In (5.9) ist:

$$\bar{y}_j = \frac{1}{T} \cdot \sum_{t=1}^{T} y_{jT}$$

= eine Schätzung für den Erwartungswert von y_j; $\bar{y}_k$ entsprechend für y_k.

$$s_j = \sqrt{\frac{1}{T-1} \cdot \sum_{t=1}^{T} (y_{jt} - \bar{y}_j)^2}$$

= eine Schätzung für die Standardabweichung von y_j; s_k entsprechend für y_k.

$$s_{jk} = \frac{1}{T-1} \cdot \sum_{t=1}^{T} (y_{jt} - \bar{y}_j) \cdot (y_{kt} - \bar{y}_k)$$

= eine Schätzung für die Kovarianz zwischen y_j und y_k.

Es ist für die Faktorenanalyse zweckmäßig, nicht mit den ursprünglichen Werten y_{jt} $(j = 1, 2, \ldots, m; t = 1, 2, \ldots, T)$, sondern mit standardisierten Werten z_{jt} $(j = 1, 2, \ldots, m; t = 1, 2, \ldots, T)$ zu rechnen. Man erhält:

$$z_{jt} = \frac{y_{jt} - \bar{y}_j}{s_j}; \qquad j = 1, 2, \ldots, m; \quad t = 1, 2, \ldots, T; \tag{5.10}$$

und für die Matrizen der absoluten bzw. standardisierten Merkmalswerte:

$$Y = \begin{pmatrix} y_{11}, y_{12}, \ldots, y_{1T} \\ y_{21}, y_{22}, \ldots, y_{2T} \\ \cdot \quad \cdot \quad \cdot \\ \cdot \quad \cdot \quad \cdot \\ \cdot \quad \cdot \quad \cdot \\ y_{m1}, y_{m2}, \ldots, y_{mT} \end{pmatrix} \Rightarrow Z = \begin{pmatrix} z_{11}, z_{12}, \ldots, z_{1T} \\ z_{21}, z_{22}, \ldots, z_{2T} \\ \cdot \quad \cdot \quad \cdot \\ \cdot \quad \cdot \quad \cdot \\ \cdot \quad \cdot \quad \cdot \\ z_{m1}, z_{m2}, \ldots, z_{mT} \end{pmatrix}. \tag{5.11}$$

Für jede Zeile der Matrix Z gilt:

$$\frac{1}{T} \sum_{t=1}^{T} z_{jt} = 0; \qquad j = 1, 2, \ldots, m \tag{5.12}$$

$$\frac{1}{T-1} \sum_{t=1}^{T} z_{jt}^2 = 1; \qquad j = 1, 2, \ldots, m.$$

Setzt man schließlich die Umkehrung von (5.10) in die Definition für den Korrelationskoeffizienten (5.9) ein, so erhält man:

$$r_{jk} = \frac{\sum_{t=1}^{T} (z_{jt} \cdot z_{kt})}{\sqrt{\sum_{t=1}^{T} z_{jt}^2 \cdot \sum_{t=1}^{T} z_{kt}^2}} = \frac{\sum_{t=1}^{T} z_{jt} \cdot z_{kt}}{\sqrt{(T-1)^2}} = \frac{1}{T-1} \sum_{t=1}^{T} z_{jt} \cdot z_{kt}; \; j, k = 1, 2, \ldots, m. \tag{5.13}$$

Die Korrelationsmatrix $R = (r_{jk})$ $(j = 1, 2, \ldots, m; k = 1, 2, \ldots, m)$ ist symmetrisch und hat in der Hauptdiagonalen die Werte $r_{jj} = 1$. Sie ist der Ausgangspunkt der Faktoranalyse.

In Matrixschreibweise gilt für die Matrix R auf Grund von (5.13):

$$R = \frac{1}{T-1} \cdot Z \cdot Z'. \tag{5.14}$$

Darin ist Z' die transponierte Matrix Z. Es ist das Ziel jeder Faktorenanalyse, die Werte z_{jt} als eine lineare Kombination mehrerer, zunächst hypothetischer Faktoren zu beschreiben. Wählt man $r < m$ Faktoren, so muß gelten:

$$z_{jt} = a_{j1} \cdot p_{1t} + a_{j2} \cdot p_{2t} + \ldots + a_{jr} \cdot p_{rt}; \quad j = 1, 2, \ldots, m; \\ t = 1, 2, \ldots, T. \tag{5.15}$$

Darin sind die a_{ji} die Koeffizienten der Linearkombination und $p_{1t}, \ldots, p_{rt}$ sind die Werte der r Faktoren in dem Zeitintervall t. Da (5.14) für alle Werte von z_{jt} gelten soll, schreibt man in Matrixform:

$$Z = A \cdot P. \tag{5.16}$$

Die Matrix Z mit der Dimension $m \times T$ enthält die standardisierten Meßwerte für die Situationsmerkmale, A ist die $m \times r$ Matrix der zu ermittelnden Koeffizienten der Linearkombination und P ist die $r \times T$ Matrix der in den Zeitintervallen $1, 2, \ldots, T$ gemessenen Werte für die r gesuchten Faktoren. Die Matrix A wird als Faktorenmuster (factor pattern) bezeichnet und ihre Elemente werden Faktorladungen (factor loadings) genannt. Da von den 3 Matrizen Z, A und P nur die Matrix Z bekannt ist, besteht die Schwierigkeit der Faktorenanalyse darin, die r Faktoren $i = 1, 2, \ldots, r$ so zu bestimmen, daß ihre Ausprägung p_{it} in den Perioden $t = 1, 2, \ldots, T$ gewichtet mit den Koeffizienten a_{ji} möglichst genau die Merkmalsausprägungen der bisher beobachteten Situationsmerkmale z_{jt} ergeben. Dabei legen die Koeffizienten a_{ji} fest, in welchem Ausmaß der Faktor p_i das Situationsmerkmal y_j beeinflußt.

Besonders deutlich wird das zentrale Problem der Faktorenanalyse, wenn man die Beziehung (5.16) in (5.14) einsetzt. Man erhält dann:

$$R = \frac{1}{T-1} \cdot Z \cdot Z' = \frac{1}{T-1}(A \cdot P) \cdot (A \cdot P)'$$

$$= \frac{1}{T-1} \cdot A \cdot P \cdot P' \cdot A' = A \cdot \frac{1}{T-1} \cdot P \cdot P' \cdot A'. \tag{5.17}$$

Darin läßt sich der Ausdruck $1/(T-1) \cdot P \cdot P'$ analog zu (5.14) wieder als eine Korrelationsmatrix interpretieren, wenn die Matrix P die beobachteten Werte der Faktoren in standardisierter Form enthält. Die $r \times r$ Korrelationsmatrix $C = 1/(T-1) \cdot P \cdot P'$ enthält die Korrelationskoeffizienten, die zwischen den r Faktoren ermittelt werden können. Das zentrale Problem der Faktorenanalyse besteht somit darin, für eine Anzahl von m Situationsmerkmalen mit der Korrelationsmatrix R eine Anzahl von r Faktoren mit der Korrelationsmatrix C so zu finden, daß für eine ebenfalls zu suchende Koeffizientenmatrix A gilt

$$R = A \cdot C \cdot A'. \tag{5.18}$$

Für den Fall, daß die r Faktoren voneinander stochastisch unabhängig sind, wird die Matrix C gleich der Einheitsmatrix, so daß (5.18) zu (5.19) wird:

$$R = A \cdot A'. \tag{5.19}$$

In der $m \times r$ Matrix A der Koeffizienten ist jeder Faktor durch eine Spalte und jedes Merkmal durch eine Zeile gekennzeichnet. Zur Kennzeichnung dieses Faktorenmusters werden in einer schematischen Darstellung die Elemente mit hoher Faktorladung ($|a_{ij}| \gg 0$) durch ein Kreuz (x) symbolisiert. In Abb. 25 ist ein Beispiel angegeben. Für die 6 Merkmale ergeben sich in dem Beispiel die 3 gemeinsamen Faktoren, A, B und C. Der Faktor A wird als allgemeiner Faktor oder auch Generalfaktor bezeichnet, weil alle Elemente der entsprechenden Spalte eine hohe Faktorladung besitzen.

		Faktoren							
	A	B	C	U_1	U_2	U_3	U_4	U_5	U_6
1	x	x		x					
2	x	x			x				
3	x	x	x			x			
4	x	x	x				x		
5	x		x					x	
6	x		x						x

(Merkmale, rows 1–6)

gemeinsame Faktoren   einzelne Faktoren

↓

allgemeiner Faktor

Abb. 28: Schematische Darstellung eines Faktorenmusters

Faktoren, bei denen nur ein Element eine hohe Ladung besitzt wie die Faktoren U_1 bis U_6 in Abbildung 28 nennt man Einzelrestfaktoren (unique factors). Die Abhängigkeit der 6 Merkmale von den 3 Faktoren A, B und C ist in Abbildung 28 dargestellt. Das folgende Zahlenbeispiel soll das Grundkonzept der Faktorenanalyse deutlich machen:

Beispiel: Es soll hier nur das durch die Beziehung (5.19) gekennzeichnete Problem veranschaulicht werden. Aus einer Matrix Y von Beobachtungen über $m = 6$ Merkmale in $T = 12$ Situationen sei die standardisierte $m \times T$ Matrix Z und damit die $m \times m$ Korrelationsmatrix R berechnet worden.

$$R = \begin{pmatrix} 1 & -0{,}73 & 0{,}65 & -0{,}18 & 0{,}17 & 0{,}25 \\ -0{,}73 & 1 & -0{,}58 & 0{,}17 & -0{,}16 & -0{,}23 \\ 0{,}65 & -0{,}58 & 1 & -0{,}25 & 0{,}23 & 0{,}28 \\ -0{,}18 & -0{,}17 & -0{,}25 & 1 & -0{,}73 & 0{,}65 \\ 0{,}17 & -0{,}16 & 0{,}23 & -0{,}73 & 1 & 0{,}58 \\ 0{,}25 & -0{,}23 & 0{,}28 & 0{,}65 & 0{,}58 & 1 \end{pmatrix}.$$

Aus der Korrelationsmatrix R erkennt man, daß die ersten 3 Merkmale und die letzten 3 Merkmale miteinander relativ stark korreliert sind. Die Submatrix, welche durch die ersten 3 Elemente der Zeilen 1 bis 3 und die letzten 3 Elemente der Zeilen 4 bis 6 gebildet werden, enthalten Werte, die relativ stark von null verschieden sind. Die übrigen Werte in der Matrix liegen realtiv nahe bei null. Man wird auf Grund dieser Beobachtung versuchen, eine Koeffizientenmatrix A zu finden, die zwei Faktoren umfaßt. Diese sollen voneinander stochastisch unabhängig sein, so daß (5.19) gilt. Man findet folgende Matrix

$$A = \begin{pmatrix} 0,9 & 0,1 \\ -0,8 & -0,1 \\ 0,7 & 0,2 \\ -0,1 & -0,9 \\ 0,1 & 0,8 \\ 0,2 & 0,7 \end{pmatrix}.$$

Man prüft leicht nach, daß die Multiplikation $A \cdot A'$ die Matrix R ergibt, mit Ausnahme der Hauptdiagonalen, in der sich bei der Multiplikation nicht die Einsen ergeben. Die Restwerte müssen dann jeweils durch die Einzelrestfaktoren bewirkt werden. Als schematisches Faktorenmuster ergibt sich:

Faktoren

		A	B	U_1	U_2	U_3	U_4	U_5	U_6
Merkmale	1	x		x					
	2	x			x				
	3	x				x			
	4		x				x		
	5		x					x	
	6		x						x

Abb. 29: Faktorenmuster für das Beispiel

Das Ergebnis besagt, daß die Werte der 6 Merkmale durch 2 Faktoren (A, B) determiniert werden. Man erhält nach (5.15) die standardisierten Werte der sechs Merkmale in einem Zeitintervall T durch

$$z_{1t} = 0,9\,p_{At} + 0,1\,p_{Bt}$$
$$z_{2t} = -0,8\,p_{At} - 0,1\,p_{Bt}$$
$$z_{3t} = 0,7\,p_{At} + 0,2\,p_{Bt}$$
$$z_{4t} = -0,1\,p_{At} - 0,9\,p_{Bt}$$
$$z_{5t} = 0,1\,p_{At} - 0,8\,p_{Bt}$$
$$z_{6t} = 0,2\,p_{At} - 0,7\,p_{Bt} \quad \text{jeweils für } t = 1, 2, \ldots, T.$$

Da die 6 Situationsmerkmale weitgehend durch die beiden Faktoren bestimmt sind, muß der Entscheidungsträger nun prüfen, wie die Zielfunktion zu ändern ist. Denn es muß nun grundsätzlich möglich sein, die Zielfunktion so zu formulieren, daß an Stelle der 6 Merkmale die beiden Faktoren als Merkmale treten.

5.3.2 Möglichkeiten zur Ermittlung von Prognosefehlern

Prognosen sind Wahrscheinlichkeitsaussagen über zukünftige Beobachtungen, zukünftige Realisationen. Sie beruhen auf der Annahme, daß gewisse, in der Vergangenheit beobachtete Gesetzmäßigkeiten auch in der Zukunft gelten werden. Bei einer deterministischen Prognose wird für ein oder mehrere Situationsmerkmale in bestimmten zukünftigen Situationen eine Realisation mit Sicherheit vorhergesagt. Wenn eine solche Vorhersage begründet sein soll, dann müssen auch die Bedingungen, die Voraussetzungen formuliert werden, unter denen die Prognose erstellt wurde und gelten soll. Im allgemeinen ist es nicht möglich, diese Voraussetzungen alle anzugeben. Man wird sich auf einige wesentliche spezifische Voraussetzungen beschränken müssen. Unspezifische, allgemeine Voraussetzungen sind z.B.: gleichbleibende Marktsituation, gleiches Produktionsverfahren und dergleichen. Spezifische Voraussetzungen können z.B. für eine Materialbedarfsprognose sein: gleichbleibende Ausschußquote, spezifische Annahmen über die Veränderung von Lagerbeständen und dergleichen.

Die Zuverlässigkeit einer Prognose hängt von mehreren Faktoren ab. Zunächst ist es wichtig, ob eine sehr stark aggregierte oder detaillierte Größe für ein nahes oder fernes zukünftiges Zeitintervall mit großer oder kleiner Meßgenauigkeit vorhergesagt werden soll. Grundsätzlich kann man davon ausgehen, daß eine Prognose mit zunehmendem Detaillierungsgrad, mit zunehmendem zeitlichem Abstand und mit zunehmender Meßgenauigkeit schwieriger und damit unsicherer und weniger zuverlässig wird. Für die zeitliche Entfernung hat *Tinbergen* [1932, S. 169ff.] diesen Sachverhalt mit dem Konzept des ökonomischen Horizonts verdeutlicht. Ähnliche Überlegungen können für den Aggregations- und Detaillierungsgrad sowie für die Meßgenauigkeit angestellt werden.

Weitere wesentliche Faktoren für die Prognosesicherheit sind der Informationsstand und das gewählte Prognoseverfahren. Eine unumgängliche Voraussetzung für die Ermittlung eines Prognosefehlers besteht darin, daß das Prognoseverfahren nachvollziehbar sein muß. Besteht eine Prognose in einer subjektiven Schätzung, die weder schriftlich noch auf eine andere Weise allgemein nachprüfbar begründet ist, dann liegt es im Ermessen des Schätzers, einen Prognosefehler anzugeben oder nicht; immer unterstellt, daß dies möglich sei.

Der Begriff des Prognosefehlers soll hier enger gefaßt sein, als allgemein üblich. In der Regel versteht man unter einem Prognosefehler die Abweichung zwischen dem prognostizierten und dem realisierten Wert. Dagegen wird hier unter einem Prognosefehler ein Fehler verstanden, der beim Erstellen der Prognose gemacht worden ist. Die Prognoseabweichung kann aber neben einem Fehler bei der Erstellung der Prognose auch noch andere Ursachen haben. So zum Beispiel unkontrollierte, zufällige Abweichungen oder irgendeine Ursache aus einer der oben angeführten Gruppen.

Fehler bei der Prognose stehen in engem Zusammenhang sowohl mit Fehlern bei der Ausführung von geplanten Aktionen als auch mit Fehlern bei der Situationsbeschreibung. Denn zum einen werden im Rahmen der Situationsbeschreibung durch die Definition der Situationsmerkmale, durch die Festlegung der Meßgenauigkeit und des Aggregations- bzw. Detaillierungsgrades die Bedingungen für die Prognose festgelegt, zum anderen ist für viele Prognosen das Verhalten des Entscheidungsträgers und der von ihm gesteuerten Organisation eine allgemeine oder spezifische Prognosevoraussetzung.

Die Möglichkeit zur Ermittlung von Fehlern, die bei der Erstellung von Prognosen auftreten, bestehen

a) in der Überprüfung des Datenmaterials, das der Prognose zugrunde lag,
b) in der Überprüfung des angewandten Prognoseverfahrens,
c) in der Überprüfung der Prognoserechnung.

Die Zuverlässigkeit des betrieblichen Datenmaterials wird durch die Organisation der betrieblichen Dokumentation bestimmt. Sie regelt die Beschaffung, Speicherung, Übertragung und Darbietung der Informationen, die im Betrieb regelmäßig verfügbar sind. Art und Umfang der kontinuierlich zu beschaffenden, zu erarbeitenden und zu speichernden Informationen werden durch die im Betrieb regelmäßig ablaufenden Planungs- und Kontrollprozesse bestimmt. Dabei wird das Gros der Informationen im Rahmen der Kontrollphasen erarbeitet, z.B. bei der Istwertermittlung im Rechnungswesen. In Einzelfällen werden durch die Planung zusätzliche Informationsbeschaffungsaktionen ausgelöst, insbesondere bei selten ablaufenden Planungs- und Kontrollprozessen. Bei solchen Prozessen ist zu entscheiden, ob die im Rahmen der Kontrollphase erarbeiteten Informationen gespeichert werden sollen oder nicht. Es kann sein, daß die Kosten der Informationsspeicherung größer sind als die Kosten der Neubeschaffung. Dabei wird auch zu berücksichtigen sein, daß Informationen gewöhnlich mit ihrem Alter an Wert verlieren.

Im Informations- und Dokumentationssystem eines Betriebes gibt es praktisch unbegrenzt viele Möglichkeiten für das Auftreten von Fehlern, die sich alle in einem mangelhaften Informationsmaterial niederschlagen. Dieses Informationsmaterial ist die Grundlage für die Prognosen. Fehler im Informations- und Dokumentationssystem eines Betriebes zeigen sich in Prognosefehlern. Zu deren Ermittlung überprüft man das bei einem Planungs- und Kontrollprozeß jeweils verwendete Informationsmaterial. Bei der Auswahl des Prognoseverfahrens können methodische Fehler auftreten, deren Ermittlung in der Regel unproblematisch ist. Sie erfordert lediglich eine Überprüfung der methodischen Voraussetzungen des eingesetzten Verfahrens. Häufige Fehlerquelle ist z.B. die Anwendung des Verfahrens gleitender Durchschnitte oder des Verfahrens der exponentiellen Glättung bei Situationsmerkmalen, die einem Trend folgen. Bei einem steigenden Trend führen die beiden genannten Prognoseverfahren zu einer systematischen Unterschätzung, bei einem sinkenden Trend zu einer systematischen Überschätzung. Weitere Fehler sind die Extrapolation einer Regressionsgeraden über ihre Einflußweite hinaus, die Berechnung einer linearen Regression bei nichtlinearen Einflußgrößen.

Die Überprüfung der Prognoserechnung schließlich erfordert das Nachvollziehen der Prognoseermittlung unter den alten Bedingungen. Voraussetzung dafür ist, daß die Prognoseermittlung ausreichend ausführlich dokumentiert ist. Je geringer der Grad der Dokumentation und der Nachvollziehbarkeit ist, um so größer sind die Manipulationsmöglichkeiten für den Schätzer. An einer Manipulation kann z.B. der Leiter einer dezentralen Abteilung interessiert sein, um für seinen Bereich eine möglichst leicht realisierbare Planvorgabe zu erreichen. In der angloamerikanischen Literatur werden solche Reserven als "budgetary slack" bezeichnet [vgl. *Onsi*, 1973, S. 535].

5.4 Möglichkeiten zur Ermittlung von Ausführungsfehlern

Wie in den Vorbemerkungen zu diesem Kapitel erläutert wurde und aus der Abb. 23 ersichtlich ist, sollen bei den Ausführungsfehlern zum einen fehlerhafte Ausführungshandlungen und zum anderen Fehler bei der Istwert-Aufnahme unterschieden werden.

Fehler bei der Istwertermittlung ergeben sich bei der Erfassung, Übertragung und Speicherung der Realisationswerte für die einzelnen Situationsmerkmale. Man findet diese Fehler, indem man den Prozeß der Erfassung, Übertragung und Speicherung überprüft. Das kann zum Beispiel dadurch geschehen, daß Belege in der Buchhaltung auf Vollständigkeit überprüft werden, daß Buchungen auf ihre Korrektheit überprüft werden u.dgl.m.

Solche Überprüfungen erfolgen unter anderem durch die interne und externe Revision. Für einen Entscheidungsträger ist es im Rahmen der Kontrollphase von Planungs- und Kontrollprozessen wichtig, die Möglichkeit fehlerhafter Istwerte im Auge zu behalten und bei begründetem Verdacht eine Überprüfung vorzunehmen. Da bei der Istwertermittlung die ausführenden Personen einen großen Ermessensspielraum haben können, besteht grundsätzlich die Möglichkeit der Manipulation. Dies gilt ganz besonders für die Erfassung, wenn Beobachtungen registriert und Messungen durchgeführt werden müssen.

Die Ermittlung fehlerhafter Ausführungshandlungen erfordert den Nachweis, daß unter den realisierten Bedingungen eine planmäßige Ausführung möglich gewesen wäre. Das ist – wie weiter oben bereits erörtert – insofern problematisch, als man ex-post nur schwer herausfinden kann, was geschehen wäre, wenn die Ausführungseinheit andere Handlungen oder die tatsächlich ausgeführten Handlungen anders durchgeführt hätte. Der Nachweis, daß unter den realisierten Bedingungen eine planmäßige Ausführung möglich gewesen wäre, muß grundsätzlich von dem durch die Entscheidungsinstanz mit der Analyse Beauftragten geführt werden. Ist allerdings unter vergleichbaren Bedingungen die Planhandlung häufig beobachtet worden oder läßt sich der Nachweis durch eine laborartige Rekonstruktion der Bedingungen führen, dann muß die Ausführungseinheit die beobachtete Abweichung begründen. Dabei ist neben dem Aspekt der Überwachung von Mitarbeitern die Informationsermittlung im Rahmen des Ablaufs von Nachweis und Begründung wesentlich. Sofern Abweichungen nicht verschleiert werden, ergibt sich hier kein Ermittlungsproblem. Bei verschleierten, manipulierten Ausführungsfehlern ist zu beachten, daß sowohl die Planungsdaten als auch die Kontrolldaten manipuliert sein können.

5.5 Die Planung der Suche nach Abweichungsursachen

5.5.1 Vorbemerkungen

Hat man sich für die Auswertung einer oder mehrerer Abweichungen entschieden, so ist im Rahmen einer detaillierten Betrachtung die Frage zu beantworten, in welcher Weise die Suche nach den Abweichungsursachen erfolgen soll. Im 2. Kapitel wurde bereits allgemein die Aussage gemacht, daß aggregierte Planungs- und Kontrollprozesse andere, weniger aggregierte beinhalten. So wurde auch bei der Planung der Auswertungsentscheidung unterstellt, daß die Suche nach den Abweichungsursachen mit einem bestimmten Aufwand und einem bestimmten Ergebnis und dem damit verbundenen Ertrag durchführbar sei, ohne daß etwa explizit und detailliert festgelegt worden wäre, in welcher Reihenfolge z.B. nach den verschiedenen Abweichungsursachen gesucht werden soll oder welche Abweichung zuerst und welche danach usw. zu untersuchen ist. Natürlich ließe sich grundsätzlich der Detaillierungsgrad des Planungs- und Kontrollprozesses für die Auswertungsentscheidung erhöhen, was auch zur Berücksichtigung der Suche nach Abweichungsursachen und zur Einbeziehung einer Reihe anderer Probleme, die bei detaillierterer Betrachtung auftreten, führen würde. Eine so starke Detaillierung ist aber bei dem zur Zeit verfügbaren Instrumentarium zur Behandlung solcher Probleme unzweckmäßig, weil der Planungsaufwand im Verhältnis zu den — allerdings nur vermuteten — Ergebnissen prohibitiv wird. Ein Anhaltspunkt dafür ergibt sich durch die Überlegung, daß beim Planungs- und Kontrollprozeß zur Suche nach den Abweichungsursachen wegen des größeren Detaillierungsgrades die Zeitintervalle grundsätzlich kürzer gewählt werden müssen als bei der Planung der Auswertungsentscheidung. Die Komplexität der Problemstellung wird dadurch wesentlich erhöht.

Bei relativ geringer Detaillierung ist eine Politik zur Suche nach Abweichungsursachen dadurch bestimmt, daß festgelegt wird, in welcher Reihenfolge die auszuwertenden Abweichungen ausgewertet werden sollen. Die Bestimmung einer solchen Reihenfolge ist schwierig, weil man in der Regel keine Informationen darüber besitzt, in welcher Weise Auswertungsaufwand und Auswertungsertrag von der Reihenfolge, in der die Abweichungen ausgewertet werden, abhängig sind. Sofern eine solche Abhängigkeit nicht offensichtlich ist, weil etwa zwei Situationsmerkmale durch eine Definitionsbeziehung miteinander verknüpft sind, werden sie vor der Durchführung einer Auswertung kaum feststellbar bzw. prognostizierbar sein.

Bei stärkerer Detaillierung betrachtet man eine einzelne Abweichung und stellt sich die Frage, in welcher Reihenfolge man nach den möglichen Ursachen für diese Abweichung suchen soll. Sind Abweichungen dieses Situationsmerkmales in der Vergangenheit schon häufiger analysiert worden, so wird man die verschiedenen Abweichungsursachen mit bestimmten Wahrscheinlichkeiten erwarten. Ist der Auswertungsertrag unabhängig von der Reihenfolge, in der man nach den möglichen Ursachen sucht, dann wird man an der kostenminimalen Suchpolitik interessiert sein. Häufig sind diese Kosten fast ausschließlich von der Zeit abhängig, die bis zur Ermittlung der Abweichungsursache vergeht, so daß die suchzeitminimale Politik gleichzeitig auch die kostenminimale ist.

Das Problem der Suche nach den Ursachen einer Abweichung ist auf den ersten Blick sehr ähnlich dem Problem der Suche nach dem Fehler, der den Ausfall einer Anlage verursacht hat. Die verhältnismäßig wenigen Arbeiten, die sich hiermit beschäftigen [siehe z.B. *Küpper*, S. 86ff.; *Chu*, S. 915ff.; *Firstman/Gluss*, S. 512ff.] sind jedoch hinsichtlich der Methode und der Ergebnisse kaum auf das hier vorliegende Problem übertragbar. Während man nämlich bei der Suche nach den Ursachen einer Abweichung meist eine relativ kleine Zahl möglicher Ursachen unterscheidet, sind die Probleme der Fehlersuche im Rahmen der Reparaturplanung besonders schwerwiegend, wenn bei komplexen Anlagen mit 2000 und mehr Teilen (z.B. bei einem Fernsehapparat) das schadhafte Teil ermittelt werden soll. Man versucht dann den Fehler möglichst rasch einzugrenzen, indem man Subsysteme definiert, die jeweils unabhängig voneinander auf ihre Funktionsfähigkeit überprüft werden. Danach wird das schadhafte System segmentiert usf.

5.5.2 Ein Ansatz zur Ermittlung einer optimalen Suchpolitik

Die folgenden Überlegungen gelten dem Problem, für eine beobachtete Abweichung die vorteilhafteste Politik zur Suche nach ihren Ursachen zu ermitteln. Die Erörterungen beruhen im wesentlichen auf einer Arbeit von *Demski* [1970, S. B-486ff.], der in weitgehender Übereinstimmung mit den obigen Erörterungen allgemeiner Abweichungsursachen, die 5 Ursachen

a) Ausführungsfehler,

b) Schätzfehler (Prognosefehler),

c) Meßfehler bei der Ermittlung der Abweichung,

d) Modellfehler,

e) Zufallsabweichungen

unterscheidet. Diese Ursachen sollen im folgenden mit $U_1, U_2, \ldots, U_5$ bezeichnet werden und es sei immer möglich, diese fünf Ursachen voneinander zu trennen, so daß eine beobachtete Abweichung A immer nur von einer dieser fünf Ursachen bewirkt wurde. Ferner sollen im Planungszeitraum nie mehr als eine von diesen fünf Ursachen eintreten. Auf Grund einer Reihe von früheren Abweichungsanalysen sei bekannt, daß die Ursachen $U_1, U_2, \ldots, U_5$ mit den relativen Häufigkeiten bzw. subjektiven Wahrscheinlichkeiten $p_1, p_2, \ldots, p_5$ zu erwarten sind. Ferner ist bekannt, daß man zur Ermittlung der Ursache U_i eine Zeit von T_i $(i = 1, 2, \ldots, 5)$ benötigt. Eine Suchpolitik ist durch die Reihenfolge bestimmt, in der nach den verschiedenen Ursachen gesucht wird. Optimal ist die Reihenfolge, bei welcher der Erwartungswert der Suchzeit minimal ist.

Für eine beliebige Suchpolitik i, j, k, l, m ist der Erwartungswert der Suchzeit bei den obigen Annahmen gegeben durch:

$$\mu \left(T \left(i, j, k, l, m \right) \right) = T_i \cdot p_i + \left(T_i + T_j \right) \cdot p_j$$
$$+ \left(T_i + T_j + T_k \right) \cdot p_k + \left(T_i + T_j + T_k + T_l \right) \cdot p_l$$
$$+ \left(T_i + T_j + T_k + T_l + T_m \right) \cdot p_m. \tag{5.20}$$

Dies entspricht dem Ergebnis, zu welchem Demski nach einer relativ umfangreichen, m.E. aber unnötigen, wenn nicht sogar fehlerhaften Ableitung kommt [siehe *Demski*, 1970, S. B-489 und das Beispiel auf S. B-490]. Wie *Boothroyd* [1960] und *Mitten* [1960] gezeigt haben, nimmt eine Funktion der Form von (5.20) ihr Minimum bei jener Reihenfolge $i^*, j^*, k^*, l^* \ m^*$ an, bei der gilt:

$$\frac{T_{i^*}}{p_{i^*}} \leqslant \frac{T_{j^*}}{p_{j^*}} \leqslant \frac{T_{k^*}}{p_{k^*}} \leqslant \frac{T_{l^*}}{p_{l^*}} \leqslant \frac{T_{m^*}}{p_{m^*}}. \tag{5.21}$$

Damit hat man eine Vorschrift, mit der man bei der oben beschriebenen Problemstellung die optimale Suchpolitik bestimmen kann. Da diese Vorschrift sehr einfach und leicht anwendbar ist, wird man sie als Näherungsverfahren auch dann anwenden, wenn die sehr weitgehenden Modellannahmen nur näherungsweise erfüllt sind. Sie wird man etwa in der Regel die Zeiten T_i $(i = 1, 2, \ldots, 5)$ nur ungefähr kennen oder auch von den Wahrscheinlichkeiten p_i $(i = 1, 2, \ldots, 5)$ nur ungenaue Vorstellungen haben. Größere Schwierigkeiten ergeben sich allerdings, wenn eine beobachtete Abweichung durch die gemeinsame Wirkung mehrerer Ursachen entstanden sein kann. Denn dann kann die Suche nach einer Ursache U_i auch Informationen über andere Ursachen liefern, so daß die Suchzeiten T_i $(i = 1, 2, \ldots, 5)$ und die Wahrscheinlichkeiten p_i $(i = 1, 2, \ldots, 5)$ nicht mehr von der Reihenfolge, in der gesucht wird, unabhängig sind. Dies wird sehr häufig der Fall sein und man wird daher bei einer solchen Planung immer prüfen müssen, in wie weit die Unabhängigkeitsannahme für die T_i und die p_i gerechtfertigt ist.

Eine methodisch einfache Erweiterung dieses Verfahrens besteht darin, daß man nicht die suchzeitminimale, sondern die kostenminimale Suchpolitik bestimmen will. Sind

C_i $(i = 1, 2, \ldots, 5)$ die pro Zeiteinheit entstehenden Kosten, wenn nach der Ursache U_i gesucht wird, so gilt für den Erwartungswert der Suchkosten in Abhängigkeit von der Suchreihenfolge analog zu (5.20):

$$\mu\,(C\,(i, j, k, l, m)) = C_i \cdot T_i \cdot p_i + C_j \cdot (T_i + T_j) \cdot p_j$$
$$+ \ldots + C_m \cdot (T_i + T_j + T_k + T_l + T_m) \cdot p_m. \tag{5.22}$$

Diese Funktion nimmt ihr Minimum für die Reihenfolge i^*, j^*, k^*, l^*, m^* an, für die analog zu (5.21) gilt:

$$\frac{T_{i^*}}{C_{i^*} \cdot p_{i^*}} \leqslant \frac{T_{j^*}}{C_{j^*} \cdot p_{j^*}} \leqslant \frac{T_{k^*}}{C_{k^*} \cdot p_{k^*}} \leqslant \frac{T_{l^*}}{C_{l^*} \cdot p_{l^*}} \leqslant \frac{T_{m^*}}{C_{m^*} \cdot p_{m^*}}. \tag{5.23}$$

Demski [1970, S. B-491ff.] formuliert noch eine Reihe weiterer Modellvarianten. Unter anderem auch einen spieltheoretischen Ansatz, bei dem der Entscheidungsträger aus den $5! = 120$ verschiedenen Reihenfolgestrategien die, in der Regel wohl gemischte, Minimax-Strategie ermittelt. Dabei wird unterstellt, daß der „Gegenspieler" die Wahrscheinlichkeiten für die Abweichungsursachen möglichst ungünstig wählt. Diese Modifikationen liefern jedoch m.E. keine zusätzlichen Erkenntnisse.

6. Ein Ansatz zur Planung des Auswertungsprogrammes bei Anwendung des Return-on-Investment-Verfahrens (ROI-Verfahrens)

6.1 Vorbemerkungen

In den vorangegangenen Kapiteln wurde gezeigt, wie man unter verschiedenen Bedingungen Abweichungsinformationen ermitteln kann, wie auf Grund solcher Informationen die Entscheidung über die Auswertung oder Nichtauswertung von Abweichungen getroffen werden kann und wie schließlich die Suche nach den Abweichungsursachen zu planen ist bzw. welche Probleme sich dabei ergeben. In diesem abschließenden Kapitel wird erörtert, wie das Auswertungsprogramm in einem speziellen Fall, nämlich beim Return-on-Investment-Verfahren geplant werden kann. Dieses Verfahren zur Steuerung divisional organisierter Unternehmen wurde gewählt, weil es in der Praxis relativ häufig anzutreffen ist [*Mauriel/Anthony; Poensgen; Kirsch* et al.].

Zu der im folgenden ausschließlich interessierenden Frage der Planung des Auswertungsprogrammes findet man in der recht umfangreichen Literatur zum ROI-Verfahren bisher kaum Überlegungen. Die viel diskutierten organisatorischen Vor- und Nachteile des ROI-Verfahrens sollen hier nur so weit erörtert werden, wie es die aktuelle Problemstellung erfordert [siehe hierzu *Henderson/Dearden; Rappaport; Lüder*, 1971; *Coenenberg*, 1972; *Kloock*].

6.2 Die Situationsbeschreibung und die Zielfunktion

Beim Planungs- und Kontrollprozeß zur Steuerung von Divisions kann die Unternehmenszentrale als Regler und es können die Divisions als Regelstrecke interpretiert werden. Beim Return-on-Investment-Verfahren werden als Situationsmerkmale für jede Division die Größen der "Du Pont Formula Chart" entsprechend der Abb. 30 festgelegt.

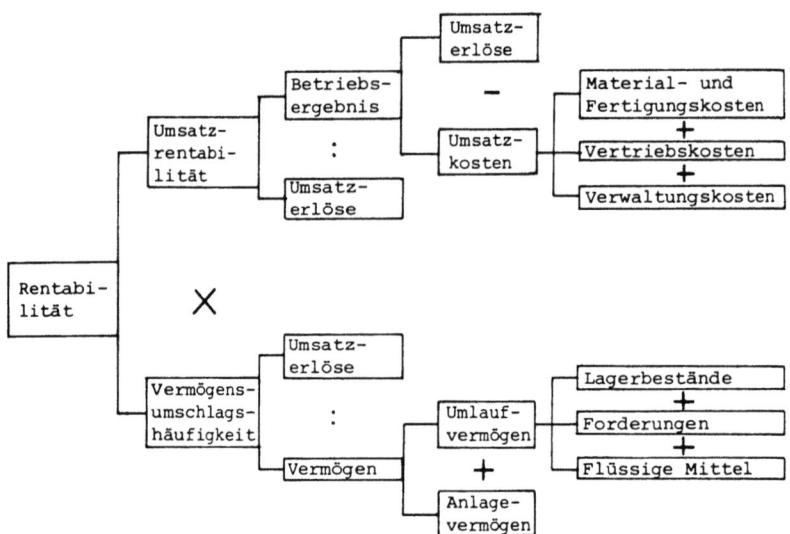

Abb. 30: Situationsmerkmale für eine Division nach der "Du Pont Formula Chart"

Die Größen des Vermögensbereiches in Abb. 30 sind Bestandsmerkmale, die Größen des Erfolgsbereiches sind Strömungsmerkmale. Da die Größen zum Teil durch Definitionsbeziehungen miteinander verknüpft sind, braucht man sie bei der Informationsübertragung und damit bei der Situationsbeschreibung nicht notwendig alle explizit zu berücksichtigen. Es genügen die 8 elementaren Situationsmerkmale: Umsatzerlöse; Material- und Fertigungskosten; Vertriebskosten; Verwaltungskosten; Lagerbestände; Forderungen; flüssige Mittel; Anlagevermögen. Diese müssen allerdings durch die erforderlichen Strukturmerkmale und deren Funktionsgröße (abhängige Variable) ergänzt werden.

Als Zeiteinheit gilt beim ROI-Verfahren entsprechend dem Abrechnungszyklus in der Kostenrechnung ein Monat. Der Planungszeitraum beträgt 12 Monate. Die Meßintervalle müssen betriebsindividuell festgelegt werden. Bei Du Pont wurden z.B. für die Umsatzerlöse Intervalle von Tausend Dollar angegeben [siehe Du Pont de Nemours & Co., S. 16].

Die Abb. 30 ist eine anschauliche Darstellung der Zielfunktion für die einzelne Division. Die Argumente dieser Zielfunktion sind die 8 oben genannten elementaren Situationsmerkmale. Bei herkömmlicher Schreibweise könnte die Zielfunktion etwa geschrieben werden als:

$$R_{jt} = \frac{U_{jt} - M_{jt} - Vt_{jt} - Vw_{jt}}{U_{jt}}$$

$$\cdot \frac{2 \cdot U_{jt}}{A_{jt} + A_{jt+1} + L_{jt} + L_{jt+1} + F_{jt} + F_{jt+1} + FM_{jt} + FM_{jt+1}} \; ; \qquad (6.1)$$

$$(t = 1, 2, \ldots, 12; \; j = 1, 2, \ldots, N + 1).$$

Darin ist:

R_{jt}:   die Rentabilität der Division j im Monat t, bezogen auf einen Monat. Wenn man diese Rentabilität per annum angeben will, muß man sie mit 12 exponieren.

U_{jt}:   die Umsatzerlöse der Division j im Monat t.

M_{jt}; Vt_{jt}; Vw_{jt}:   die Material- und Fertigungskosten bzw. die Vertriebskosten bzw. die Verwaltungskosten der Division j im Monat t.

A_{jt}; L_{jt}; F_{jt}; FM_{jt}:   das Anlagevermögen bzw. die Lagerbestände bzw. die Forderungen bzw. die flüssigen Mittel der Division j zu Beginn des Monats t.
Für $t = 12$ sind $A_{j,13}$; $L_{j,13}$; $F_{j,13}$ und $FM_{j,13}$ die Vermögenswerte am Jahresende.

N: die Anzahl der Divisions. Die Zentrale soll die $N + 1$-te Division sein. Sie soll auf diese Weise bei der Berechnung der Gesamtunternehmensrentabilität berücksichtigt werde.

In 6.1 wurden zur Rentabilitätsberechnung die Vermögensmittelwerte als die durchschnittlich in der Division vorhandenen Vermögenswerte eingesetzt. Beim ROI-Verfahren ist nicht eindeutig festgelegt, welche Vermögenswerte verwendet werden sollen. Es könnten z.B. auch die Werte zu Beginn des Monats bzw. Jahres verwendet werden. Die Wahl der Mittelwerte erscheint jedoch zweckmäßig, weil dadurch in der Rentabilität eines Monats bzw. Jahres auch die Vermögsänderungspolitik (Investitions- und Desinvestitionspolitik) der Division bzw. Gesamtunternehmung in dem jeweiligen Zeitraum berücksichtigt wird. Der Vermögensmittelwert für einen Monat wird, wie in 6.1 geschehen, aus Monats-Anfangswert und Monats-Endwert berechnet. Der Jahres-Mittelwert soll z.B. für das Anlagevermögen wie folgt berechnet werden:

$$\bar{A}_j 0 = \frac{\sum\limits_{t=1}^{12} (A_{jt} + A_{jt+1})/2}{12} = \sum\limits_{t=1}^{12} \frac{A_{jt} + A_{jt+1}}{24}$$

$$= \sum\limits_{t=2}^{12} \frac{A_{jt}}{12} + \frac{A_{j1} + A_{j,13}}{24}; \qquad (j = 1, 2, \ldots, N+1). \tag{6.2}$$

Darin ist die in diesem Kapitel nicht definierte Größe:

$\bar{A}_j 0$:   der Mittelwert des Anlagevermögens in der Division j im Planjahr.

Für die Jahresrentabilität einer Division gilt bei bekannten Monatsrentabilitäten:

$$R_j 0 = \sum\limits_{t=1}^{12} R_{jt} \cdot \frac{\bar{V}_{jt}}{\bar{V}_j 0}; \quad (j = 1, 2, \ldots, N+1). \tag{6.3}$$

Darin sind die bisher in diesem Kapitel nicht definierten Größen:

$R_j 0$:   die Jahresrentabilität der Division j, bezogen auf ein Jahr.

$\bar{V}_{jt}$: der Mittelwert des Vermögens, das im Monat t in der Division j vorhanden ist. Es ist $V_{jt} = A_{jt} + L_{jt} + F_{jt} + FM_{jt}$ das in der Division j zu Beginn des Monats t vorhandene Vermögen und man berechnet $\bar{V}_{jt}$ als: $\bar{V}_{jt} = (V_{jt} + V_{jt+1})/2$.

$\bar{V}_j 0$: der Mittelwert des Vermögens in der Division j im Planjahr.

Will man schließlich die Jahresrentabilität der Gesamtunternehmung mit Hilfe der Jahresrentabilitäten der Divisions berechnen, so gilt:

$$R_0 = \sum_{j=1}^{N+1} R_j 0 \cdot \frac{\bar{V}_j 0}{\bar{V}_0}. \tag{6.4}$$

Darin sind die bisher in diesem Kapitel nicht definierten Größen:

R_0: die Jahresrentabilität der Gesamtunternehmung, bezogen auf ein Jahr.

$\bar{V}_0$: der Mittelwert des Vermögens der Gesamtunternehmung im Planjahr.

6.3 Die Ermittlung von Abweichungsinformationen

Am Ende eines Jahres besitzt die Unternehmenszentrale bei diesem Steuerungsverfahren für jede Division von jeder der 17 Größen der "Du Pont Formula Chart" in Abb. 30 jeweils 12 Planwerte und Istwerte. Es stellt sich dann die Frage, wie aus diesen Daten zweckmäßige Abweichungsinformationen gewonnen werden können. Die Unternehmenszentrale wird vor allem daran interessiert sein, herauszufinden, wie die Abweichung der Jahresrentabilität der Gesamtunternehmung zeitlich, sachlich und nach Bereichen gegliedert entstanden ist. Diese 3 Kriterien für die Abweichungsaufspaltung können in 6 verschiedenen Reihenfolgen angewandt werden, von denen m.E. die folgenden 3 besonders sinnvoll sind.

1. Die Abweichung der Jahresrentabilität der Gesamtunternehmung wird zunächst nach den Divisions aufgespalten um herauszufinden, in welchem Ausmaß die Abweichung auf die einzelnen Divisions zurückzuführen ist. In einem zweiten Schritt werden die Jahres-Rentabilitätsabweichungen der Divisions nach den Größen der "Formula Chart" aufgespalten. Schließlich werden im dritten Schritt die Abweichungen der einzelnen Größen in den verschiedenen Monaten ermittelt und es wird untersucht, in wie weit jede einzelne von ihnen die beobachteten Rentabilitätsabweichungen bewirkt hat.

2. Eine andere Möglichkeit besteht darin, der Aufspaltung nach Divisions die zeitliche Aufspaltung unmittelbar folgen zu lassen. Hat man dann herausgefunden, in welchen Monaten bei den Divisions die Abweichung in welchem Ausmaß entstanden ist, dann wird nach den verschiedenen Größen der "Formula Chart" aufgespalten.

3. Führt man zuerst die Aufspaltung nach den Größen durch, so findet man, in welchem Ausmaß die Jahres-Rentabilität der Gesamtunternehmung auf eine Abweichung bei den Umsatzerlösen, den Umsatzkosten usw. zurückzuführen ist. Im zweiten Schritt könnte man dann nach Divisions und im dritten nach der Zeit aufspalten.

Grundsätzlich können natürlich auch mehrere Reihenfolgen der Aufspaltung nebeneinander durchgeführt werden, wenn der Aufwand hierfür vertretbar erscheint. Für die folgenden Überlegungen wird davon ausgegangen, daß die in 1. genannte Reihenfolge gewählt worden sei. Sie erscheint besonders zweckmäßig, weil sie weitgehend mit der organisatorischen Verantwortungshierarchie übereinstimmt. Die 3 Schritte der Aufspaltung bei dieser Reihenfolge werden im folgenden ausführlich erörtert:

Schritt 1: Aufspaltung der Jahresrentabilität der Gesamtunternehmung nach den Divisions.

Für die Abweichung der Jahresrentabilität der Gesamtunternehmung gilt:

$$AR_0 = {}^iR_0 - {}^pR_0 = \sum_{j=1}^{N+1} {}^iR_j0 \cdot \frac{{}^i\bar{V}_{j0}}{{}^i\bar{V}_0} - \sum_{j=1}^{N+1} {}^pR_j0 \cdot \frac{{}^p\bar{V}_{j0}}{{}^p\bar{V}_0}. \tag{6.5}$$

Darin bedeutet das hochgestellte i bzw. p wie bisher, daß es sich um Istwerte bzw. Planwerte handelt. Entsprechend dem Prinzip der hierarchischen Abweichungsaufspaltung sei die Teilabweichung für die Division j definiert als:

$$TAR_{j0} = {}^iR_{j0} \cdot \frac{{}^i\bar{V}_{j0}}{{}^i\bar{V}_0} - {}^pR_{j0} \cdot \frac{{}^p\bar{V}_{j0}}{{}^p\bar{V}_0}; \quad (j = 1, 2, \ldots, N+1). \tag{6.6}$$

TAR_{j0} ist der Anteil der Division j an der Abweichung der Jahresrentabilität der Gesamtunternehmung. Aus (6.6) und (6.5) sieht man sofort, daß

$$AR_0 = \sum_{j=1}^{N+1} TAR_{j0} \tag{6.7}$$

gilt. Man beachte, daß die Teilabweichung TAR_{j0} bei der obigen Definition auch dann ungleich Null sein kann, wenn die Ist-Jahresrentabilität in der Division j mit der Plan-Jahresrentabilität übereinstimmt. Es erscheint deshalb sinnvoll, die Teilabweichung TAR_{j0} wie folgt weiter aufzuspalten:

$$TARTAR_{j0} = {}^iR_{j0} \cdot \frac{{}^i\bar{V}_{j0}}{{}^i\bar{V}_0} - {}^pR_{j0} \cdot \frac{{}^i\bar{V}_{j0}}{{}^i\bar{V}_0}; \quad (j = 1, 2, \ldots, N+1) \tag{6.8}$$

$$TAVTAR_{j0} = {}^iR_{j0} \cdot \frac{{}^i\bar{V}_{j0}}{{}^i\bar{V}_0} - {}^iR_{j0} \cdot \frac{{}^p\bar{V}_{j0}}{{}^i\bar{V}_0}; \quad (j = 1, 2, \ldots, N+1) \tag{6.9}$$

$$TAVGTAR_{j0} = {}^iR_{j0} \cdot \frac{{}^i\bar{V}_{j0}}{{}^i\bar{V}_0} - {}^iR_{j0} \cdot \frac{{}^i\bar{V}_{j0}}{{}^p\bar{V}_0}; \quad (j = 1, 2, \ldots, N+1). \tag{6.10}$$

Darin sind die bisher in diesem Kapitel nicht definierten Größen:

$TARTAR_{j0}$: die Teilabweichung von TAR_{j0}, die auf eine Plan-Ist-Abweichung der Jahresrentabilität in der Division j zurückzuführen ist.

$TAVTAR_{j0}$: die Teilabweichung von TAR_{j0}, die auf eine Plan-Ist-Abweichung des Jahresvermögens-Mittelwertes der Division j zurückzuführen ist.

$TAVGTAR_{j0}$: die Teilabweichung von TAR_{j0}, die auf eine Plan-Ist-Abweichung des Jahresvermögens-Mittelwertes der Gesamtunternehmung zurückzuführen ist.

Die Summe der 3 Teilabweichungen (6.8), (6.9) und (6.10) ergibt wegen der Vernachlässigung der Abweichungsinterpendenz bei der hier vorgenommenen alternativen Aufspaltung nicht die Teilabweichung TAR_{j0}. Es ist deshalb zweckmäßig, noch eine Residualabweichung einzuführen, welche die Summe der 3 Teilabweichungen zu TAR_{j0} ergänzt.

Schritt 2: Aufspaltung der Jahresrentabilität der Division j nach den Größen der "Formula Chart".

1. Aufspaltung der Division-Rentabilitäts-Abweichung in eine Teilabweichung für die Umschlagshäufigkeit und eine Teilabweichung für die Umsatzrentabilität. Für die Abweichung der Division-Jahresrentabilität gilt:

$$AR_{j0} = {}^iR_{j0} - {}^pR_{j0} = \frac{{}^iBE_{j0}}{{}^iU_{j0}} \cdot \frac{{}^iU_{j0}}{{}^i\bar{V}_{j0}} - \frac{{}^pBE_{j0}}{{}^pU_{j0}} \cdot \frac{{}^pU_{j0}}{{}^p\bar{V}_{j0}}; (j = 1, 2, \ldots, N+1). \quad (6.11)$$

Darin sind die bisher in diesem Kapitel nicht definierten Größen:

AR_{j0}: die Abweichung der Jahresrentabilität der Division j.

${}^iBE_{j0}; {}^pBE_{j0}$: das Ist- bzw. Plan-Betriebsergebnis der Division j im Planjahr.

${}^iU_{j0}; {}^pU_{j0}$: der Ist- bzw. Plan-Umsatz·der Division j im Planjahr.

Man erhält für die Teilabweichungen:

$$TAURDR_{j0} = {}^iR_{j0} - {}^iUH_{j0} \cdot {}^pUR_{j0}; \qquad (j = 1, 2, \ldots, N+1) \quad (6.12)$$

$$TAUHDR_{j0} = {}^iR_{j0} - {}^pUH_{j0} \cdot {}^iUR_{j0}; \qquad (j = 1, 2, \ldots, N+1) \quad (6.13)$$

$$RADR_{j0} = -({}^iUR_{j0} - {}^pUR_{j0}) \cdot ({}^iUH_{j0} - {}^pUH_{j0}); (j = 1, 2, \ldots, N+1) \quad (6.14)$$

Darin sind die bisher in diesem Kapitel nicht definierten Größen:

$TAURDR_{j0}$: die Teilabweichung der Abweichung der Jahresrentabilität der Division j, die auf eine Abweichung der Jahresumsatzrentabilität in dieser Division zurückzuführen ist.

$TAUHDR_{j0}$: entsprechend für die Umschlagshäufigkeit.

$RADR_{j0}$: die Residualabweichung von $TAURDR_{j0}$ und $TAUHDR_{j0}$ bezüglich AR_{j0}.

${}^iUH_{j0}; {}^pUH_{j0}; {}^iUR_{j0}; {}^pUR_{j0}$: die Ist- bzw. Plan-Jahresumschlagshäufigkeit bzw. Jahresumsatzrentabilität der Division j.

Man prüft leicht nach, daß gilt:

$$TAURDR_{j0} + TAUHDR_{j0} + RADR_{j0} = AR_{j0}; \quad (j = 1, 2, \ldots, N+1). \quad (6.15)$$

2. Aufspaltung der Abweichung der Jahresrentabilität der Division j (AR_{j0}) in eine Teilabweichung für das Betriebsergebnis und eine Teilabweichung für das Vermögen.

$$TABEDR_{j0} = {}^iR_{j0} - \frac{{}^pBE_{j0}}{{}^i\bar{V}_{j0}}; \qquad (j = 1, 2, \ldots, N+1) \quad (6.16)$$

$$TAVDR_{j0} = {}^iR_{j0} - \frac{{}^iBE_{j0}}{{}^p\bar{V}_{j0}}; \qquad (j = 1, 2, \ldots, N+1). \quad (6.17)$$

Darin sind die bisher in diesem Kapitel nicht definierten Größen:

$TABEDR_{j0}$: die Teilabweichung von AR_{j0}, die auf eine Abweichung des Betriebsergebnisses zurückzuführen ist.

$TAVDR_{j0}$: die Teilabweichung von AR_{j0}, die auf eine Abweichung des durchschnittlich in der Division j vorhandenen Vermögens zurückzuführen ist.

Auch hier gilt, daß die Summe der Teilabweichungen nicht die Gesamtabweichung AR_{j0} ergeben muß. Es könnte daher auch in diesem Fall sinnvoll sein, eine Residualabweichung einzuführen.

3. Aufspaltung der Abweichung der Jahresrentabilität der Division j (AR_{j0}) in eine Teilabweichung für die Umsatzerlöse, eine Teilabweichung für die Umsatzkosten, eine Teilabweichung für das Umlaufvermögen und eine Teilabweichung für das Anlagevermögen.

$$TAUBEDR_{j0} = {}^{i}R_{j0} - \frac{{}^{p}U_{j0} - {}^{i}UK_{j0}}{{}^{i}\bar{V}_{j0}} ; \qquad (j = 1, 2, \ldots, N + 1) \qquad (6.18)$$

$$TAUKDR_{j0} = {}^{i}R_{j0} - \frac{{}^{i}U_{j0} - {}^{p}UK_{j0}}{{}^{i}\bar{V}_{j0}} ; \qquad (j = 1, 2, \ldots, N + 1) \qquad (6.19)$$

$$TAUVDR_{j0} = {}^{i}R_{j0} - \frac{{}^{i}BE_{j0}}{{}^{p}\overline{UV}_{j0} + {}^{i}\bar{A}_{j0}} ; \qquad (j = 1, 2, \ldots, N + 1) \qquad (6.20)$$

$$TAAVDR_{j0} = {}^{i}R_{j0} - \frac{{}^{i}BE_{j0}}{{}^{i}\overline{UV}_{j0} + {}^{p}\bar{A}_{j0}} ; \qquad (j = 1, 2, \ldots, N + 1). \qquad (6.21)$$

Darin sind die bisher in diesem Kapitel nicht definierten Größen:

$TAUBEDR_{j0}$: die Teilabweichung von AR_{j0}, die auf eine Abweichung der Umsatzerlöse zurückzuführen ist.

$TAUKDR_{j0}$; $TAUVDR_{j0}$; $TAAVDR_{j0}$: entsprechend für die Umsatzkosten, das Umlaufvermögen und das Anlagevermögen.

${}^{i}\overline{UV}_{j0}$; ${}^{p}\overline{UV}_{j0}$: das Ist- bzw. Plan-Umlaufvermögen in der Division j als Jahres-Mittelwert analog zu (6.2).

4. Schließlich sind die Teilabweichungen für die drei Kostenarten und für die drei Kategorien des Umlaufvermögens zu berechnen. Man erhält:

$$TAMDR_{j0} = {}^{i}R_{j0} - \frac{{}^{i}U_{j0} - {}^{p}M_{j0} - {}^{i}Vt_{j0} - {}^{i}Vw_{j0}}{{}^{i}\bar{V}_{j0}} \qquad (6.22)$$

$$TAVtDR_{j0} = {}^iR_{j0} - \frac{{}^iU_{j0} - {}^iM_{j0} - {}^pVt_{j0} - {}^iVw_{j0}}{{}^i\bar{V}_{j0}} \tag{6.23}$$

$$TAVwDR_{j0} = {}^iR_{j0} - \frac{{}^iU_{j0} - {}^iM_{j0} - {}^iVt_{j0} - {}^pVw_{j0}}{{}^i\bar{V}_{j0}} \tag{6.24}$$

$$TALDR_{j0} = {}^iR_{j0} - \frac{{}^iBE_{j0}}{{}^i\bar{A}_{j0} + {}^p\bar{L}_{j0} + {}^i\bar{F}_{j0} + {}^i\overline{FM}_{j0}} \tag{6.25}$$

$$TAFDR_{j0} = {}^iR_{j0} - \frac{{}^iBE_{j0}}{{}^i\bar{A}_{j0} + {}^i\bar{L}_{j0} + {}^p\bar{F}_{j0} + {}^i\overline{FM}_{j0}} \tag{6.26}$$

$$TAFMDR_{j0} = {}^iR_{j0} - \frac{{}^iBE_{j0}}{{}^i\bar{A}_{j0} + {}^i\bar{L}_{j0} + {}^i\bar{F}_{j0} + {}^p\overline{FM}_{j0}} \tag{6.27}$$

jeweils für $j = 1, 2, \ldots, N+1$.

Darin sind die bisher in diesem Kapitel nicht definierten Größen:

$TAMDR_{j0}$: die Teilabweichung von AR_{j0}, die auf eine Abweichung der Material- und Fertigungskosten zurückzuführen ist.

$TAVtDR_{j0}$; $TAVwDR_{j0}$; $TALDR_{j0}$; $TAFDR_{j0}$; $TAFMDR_{j0}$: entsprechend für die Vertriebskosten, Verwaltungskosten, die Lagerbestände, die Forderungen und die flüssigen Mittel.

${}^i\bar{L}_{j0}$; ${}^p\bar{L}_{j0}$; ${}^i\bar{F}_{j0}$; ${}^p\bar{F}_{j0}$; ${}^i\overline{FM}_{j0}$; ${}^p\overline{FM}_{j0}$: die Ist- bzw. Planlagerbestände, Forderungen bzw. flüssigen Mittel als Jahres-Mittelwerte analog zu (6.2).

Die Summe der Teilabweichungen der Kostenarten (6.22 bis 6.24) ergibt die Teilabweichung der Umsatzkosten.

Schritt 3: Aufspaltung der Rentabilitätsabweichung bezüglich der Monats-Plan-Ist-Abweichungen der Größen in der "Formula Chart".

Für die Jahresrentabilität der Gesamtunternehmung in Abhängigkeit von den Monatswerten der Größen der "Formula Chart" gilt unter Berücksichtigung der hier zusätzlich getroffenen Vereinbarungen:

$$R_0 = 24 \cdot \frac{\sum\limits_{t=1}^{12} \sum\limits_{j=1}^{N+1} (U_{jt} - M_{jt} - Vt_{jt} - Vw_{jt})}{\sum\limits_{t=1}^{12} \sum\limits_{j=1}^{N+1} (A_{jt} + A_{jt+1} + L_{jt} + L_{jt+1} + F_{jt} + F_{jt+1} + FM_{jt} + FM_{jt+1})}. \tag{6.28}$$

Mit Hilfe dieser Gleichung kann man nun für die einzelnen Größen und für einige ihrer Aggregationen wie z.B. das Betriebsergebnis, die Umschlagshäufigkeit usw. berechnen, zu welchem Anteil die Abweichung der Gesamtrentabilität der Unternehmung durch eine Abweichung der jeweiligen Größe in einem bestimmten Monat und in einer bestimmten Division bewirkt worden ist. Man kann das weiterhin auch für die Jahresrentabilität einer Division, für die Monatsrentabilität der Gesamtunternehmung usw. tun. Zu beachten ist allerdings, daß bei der Berechnung von Teilabweichungen für Größen aus dem Vermögensbereich immer sowohl der Anfangswert als auch der Endwert des jeweiligen Monats eingesetzt werden muß, weil oben festgelegt wurde, daß die Rentabilitäten auf die Vermögens-Mittelwerte bezogen sein sollen.

Es ergibt sich z.B. für die Teilabweichung der Jahresrentabilität der Division j, die durch eine Abweichung des Betriebsergebnisses im Monat t bewirkt wird:

$$TADJRBE_{jt} = \frac{{}^iBE_{jt} - {}^pBE_{jt}}{{}^i\overline{V}_{j0}} \quad ; (j = 1, 2, \ldots, N+1; t = 1, 2, \ldots, 12). \qquad (6.29)$$

Darin sind die bisher in diesem Kapitel nicht definierten Größen:

$TADJRBE_{jt}$: die Teilabweichung der Jahresrentabilität der Division j, welche durch die Abweichung des Betriebsergebnisses dieser Division im Monat t bewirkt wurde.

${}^iBE_{jt}; {}^pBE_{jt}$: das Ist- bzw. Plan-Betriebsergebnis der Division j im Monat t.

Analog zur Teilabweichung für das Betriebsergebnis erhält man für die Teilabweichungen der Umsatzerlöse, der Material- und Fertigungskosten, der Vertriebskosten und der Verwaltungskosten:

$$TADJRU_{jt} = \frac{{}^iU_{jt} - {}^pU_{jt}}{{}^i\overline{V}_{j0}} = \frac{UA_{jt}}{{}^i\overline{V}_{j0}} \qquad (6.30)$$

$$TADJRM_{jt} = \frac{{}^iM_{jt} - {}^pM_{jt}}{{}^i\overline{V}_{j0}} = \frac{MA_{jt}}{{}^i\overline{V}_{j0}} \qquad (6.31)$$

$$TADJRVt_{jt} = \frac{{}^iVt_{jt} - {}^pVt_{jt}}{{}^i\overline{V}_{j0}} = \frac{VtA_{jt}}{{}^i\overline{V}_{j0}} \qquad (6.32)$$

$$TADJRVw_{jt} = \frac{{}^iVw_{jt} - {}^pVw_{jt}}{{}^i\overline{V}_{j0}} = \frac{VwA_{jt}}{{}^i\overline{V}_{j0}} \qquad (6.33)$$

jeweils für $j = 1, 2, \ldots, N+1; t = 1, 2, \ldots, 12$.

Darin sind die bisher in diesem Kapitel noch nicht definierten Größen:

$TADJRU_{jt}$: die Teilabweichung der Jahresrentabilität der Division j, welche durch die Umsatzabweichung dieser Division im Monat t bewirkt wurde.

$TADJRM_{jt}$; $TADJRVt_{jt}$; $TADJRVw_{jt}$: entsprechend für die Material- und Fertigungskosten bzw. die Vertriebskosten bzw. die Verwaltungskosten.

UA_{jt}; MA_{jt}; VtA_{jt}; VwA_{jt}: die Abweichung der Umsatzerlöse bzw. der Material- und
Fertigungskosten bzw. der Vertriebskosten bzw. der Verwaltungskosten
in der Division j im Monat t.

Summiert man alle diese Teilabweichungen für die Division j, so ergibt sich die Teilabweichung $TADJRBE_{jt}$, nach (6.29). Summiert man die 12 Monats-Teilabweichungen des Umsatzes ($TADJRU_{jt}$), so ergibt sich die weiter oben berechnete Teilabweichung
$TAUBEDR_{j0}$ (6.18). Entsprechendes gilt für die Material- und Fertigungskosten, die Vertriebskosten und die Verwaltungskosten.

$$TADJRA_{jt} = {}^{i}R_{j0}$$

$$- \frac{24 \cdot {}^{i}BE_{j0}}{\sum_{t=1}^{12} ({}^{p}A_{jt} + {}^{p}A_{jt+1} + {}^{i}L_{jt} + {}^{i}L_{jt+1} + {}^{i}F_{jt} + {}^{i}F_{jt+1} + {}^{i}FM_{jt} + {}^{i}FM_{jt+1})} \tag{6.34}$$

$$TADJRL_{jt} = {}^{i}R_{j0}$$

$$- \frac{24 \cdot {}^{i}BE_{j0}}{\sum_{t=1}^{12} ({}^{i}A_{jt} + {}^{i}A_{jt+1} + {}^{p}L_{jt} + {}^{p}L_{jt+1} + {}^{i}F_{jt} + {}^{i}F_{jt+1} + {}^{i}FM_{jt} + {}^{i}FM_{jt+1})} \tag{6.35}$$

$$TADJRF_{jt} = {}^{i}R_{j0}$$

$$- \frac{24 \cdot {}^{i}BE_{j0}}{\sum_{t=1}^{12} ({}^{i}A_{jt} + {}^{i}A_{jt+1} + {}^{i}L_{jt} + {}^{i}L_{jt+1} + {}^{p}F_{jt} + {}^{p}F_{jt+1} + {}^{i}FM_{jt} + {}^{i}FM_{jt+1})} \tag{6.36}$$

$$TADJRFM_{jt} = {}^{i}R_{j0}$$

$$- \frac{24 \cdot {}^{i}BE_{j0}}{\sum_{t=1}^{12} ({}^{i}A_{jt} + {}^{i}A_{jt+1} + {}^{i}L_{jt} + {}^{i}L_{jt+1} + {}^{i}F_{jt} + {}^{i}F_{jt+1} + {}^{p}FM_{jt} + {}^{p}FM_{jt+1})} \tag{6.37}$$

jeweils für $j = 1, 2, \ldots, N + 1$; $t = 1, 2, \ldots, 12$.

Darin sind die bisher in diesem Kapitel noch nicht definierten Größen:

$TADJRA_{jt}$: die Teilabweichung der Jahresrentabilität der Division j, welche durch eine Abweichung des Mittelwertes des Anlagevermögens im Monat t in der Division j bewirkt wurde.

$TADJRL_{jt}$; $TADJRF_{jt}$; $TADJRFM_{jt}$: entsprechend für die Lagerbestände, Forderungen und flüssigen Mittel.

Da die Rentabilitätsfunktion in bezug auf die verschiedenen Vermögensarten nicht separierbar ist, muß man Residualabweichungen einführen, wenn die Summen der Teilabweichungen die jeweils übergeordnete Teilabweichung bzw. Gesamtabweichung ergeben sollen.

6.4 Die Bestimmung des Auswertungsprogrammes

Die Unternehmenszentrale wird in begrenztem Umfang finanzielle Mittel und personelle Kapazität einsetzen, um einen Teil der festgestellten Plan-Ist-Abweichungen nach Abschluß des Planjahres auszuwerten. Einige Mitarbeiter werden permanent und ausschließlich mit Auswertungsarbeiten betraut sein, andere stehen möglicherweise zu gewissen Jahreszeiten — etwa bei Saisonschwankungen der Nachfrage — für Auswertungsarbeiten zur Verfügung. Unter Berücksichtigung solcher Nebenbedingungen legt die Unternehmenszentrale im Rahmen des Auswertungsprogrammes fest, welche Abweichungen auszuwerten sind, welche Divisions kontrolliert werden sollen.

Auf Grund der Ergebnisse der vorangegangenen Abschnitte erscheint es sinnvoll, die Auswertung prinzipiell auf die 8 Größen: Umsatzerlöse; Material- und Fertigungskosten; Vertriebskosten; Verwaltungskosten; Anlagevermögen; Lagerbestände; Forderungen; Flüssige Mittel zu beschränken. Da für jede dieser 8 Größen in jedem Monat eine Plan-Ist-Abweichung berechnet wird, gibt es nach Abschluß des Planjahres pro Division 96 Abweichungen, über deren Auswertung entschieden werden muß. Dabei soll von den 13 Werten einer Vermögensgröße die erste von einer Auswertung grundsätzlich ausgeschlossen sein, weil zum Jahresbeginn die Istwerte mit den Planwerten übereinstimmen müssen, also keine Abweichungen auftreten können. Über die Prüfung dieser Werte wird im Rahmen des Planes des Vorjahres entschieden.

Für den Aufwand, der erforderlich ist, um eine dieser $96 \cdot (N + 1)$ Abweichungen auszuwerten, wird angenommen, daß er von der Division und von der auszuwertenden Größe, nicht aber vom Monat abhängt, in dem die Abweichung beobachtet worden ist. Es könnte z.B. sein, daß der Aufwand zur Auswertung einer Umsatzabweichung grundsätzlich höher ist, als der Aufwand zur Auswertung einer Abweichung der Material- und Fertigungskosten, weil bei den letzteren weniger Abweichungsursachen in Betracht gezogen werden müssen. Der Einfluß der Division auf die Höhe des Auswertungsaufwandes ist dadurch zu begründen, daß der Auswertungsaufwand wesentlich vom Informationssystem, von der Dokumentation und der Organisation des Rechnungswesens in der Division abhängig sein wird. Diese aber sind ihrerseits abhängig von der Größe der Division, von der Breite und Tiefe des Leistungsprogrammes der Division, vom Fertigungsverfahren usf.

Es sei UAa_j der Auswertungsaufwand für den Umsatz in der Division j und es seien MAa_j; $VtAa_j$; $VwAa_j$; AAa_j; LAa_j; FAa_j; $FMAa_j$ die Auswertungsaufwendungen für die übrigen der 8 Größen in der Division j. Sie sollen unabhängig von den jeweiligen Abweichungshöhen konstante Werte besitzen. Das entspricht den Überlegungen, die im 4. Kapitel zur Höhe des Auswertungsaufwandes angestellt wurden. Abhängig könnte die Höhe dieser Aufwendungen jedoch möglicherweise davon sein, wieviele Größen aus einer Division ausgewertet werden sollen. Dies gilt insbesondere für den Fall, daß in einer Division zwei oder mehrere aufeinander folgende Monatsabweichungen einer Größe ausgewertet werden sollen. In geringerem Ausmaß ergibt sich ein Degressionseffekt aber sicher auch dann, wenn in einer Division mehrere verschiedene Größen ausgewertet werden sollen. Die explizite Berücksichtigung solcher Degressionseffekte würde die Planung des Auswertungsprogrammes wesentlich erschweren. Es erscheint vertretbar, diese Effekte im folgenden unberücksichtigt zu lassen. Eine gewisse Korrektur kann sich dadurch ergeben, daß solche Effekte – mit umgekehrtem Vorzeichen – auch bei den Auswertungserträgen auftreten und auch dort vernachlässigt werden.

Für den Ertrag, der sich durch die Auswertung einer der $96 \cdot (N + 1)$ Abweichungen ergibt, soll gelten, daß er sowohl von der ausgewerteten Größe, als auch von der Division, in der diese Abweichung aufgetreten ist, als auch von dem Zeitpunkt des Auftretens der Abweichung abhängig ist. Die Gründe für die Abhängigkeit des Auswertungsertrages von der Division und von der Art der Größe sind analog dieselben, wie sie beim Auswertungsaufwand genannt wurden. Daß der Auswertungsertrag einer Abweichung auch vom Zeitpunkt des Auftretens der Abweichung abhängen soll ist verständlich, wenn man bedenkt, daß er im wesentlichen zukünftige Ersparnisse oder Erträge darstellt, die sich durch die Auswertung ergeben.

Bezüglich der Abhängigkeit des Auswertungsertrages von der Abweichungshöhe wird angenommen, daß der Auswertungsertrag einer Abweichung eine stückweise lineare Funktion der Abweichungshöhe sein soll. Dabei soll der Auswertungsertrag sowohl für positive als auch für negative Abweichungen größer als Null sein und er soll in der Regel mit steigendem Absolutbetrag der Abweichung zunehmen. Beim Umsatz soll der Abso-

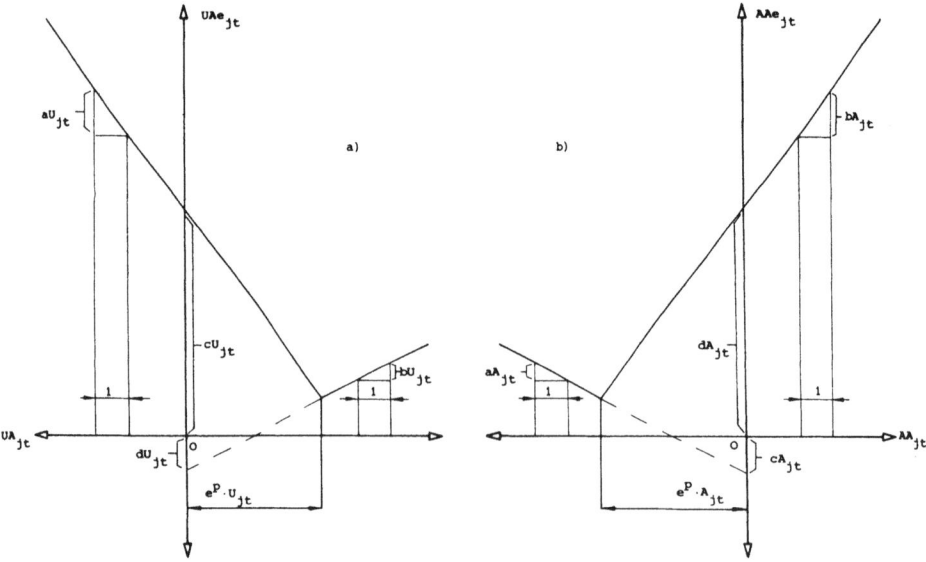

Abb. 31: Der Auswertungsertrag in Abhängigkeit von der Abweichungshöhe für eine Umsatzabweichung a) und eine Abweichung des Anlagevermögens b)

lutbetrag der Steigung des Auswertungsertrages in Abhängigkeit von der Abweichungshöhe für positive Abweichungen grundsätzlich geringer sein als für negative Abweichungen. Für die Kosten- und Vermögensgrößen soll umgekehrt gelten, daß der Absolutbetrag der Steigung des Auswertungsertrages in Abhängigkeit von der Abweichungshöhe bei negativen Abweichungen geringer ist als bei positiven. Schließlich erscheint es sinnvoll, daß der Abweichungsertrag sein Minimum beim Umsatz bei einer geringen positiven Abweichung, bei den Kosten- und Vermögensgrößen bei einer geringen negativen Abweichung annimmt. Dem liegt die Vermutung zugrunde, daß bei solchen Abweichungen die Manipulationswahrscheinlichkeit am geringsten ist.

In der Abb. 31 sind zur Veranschaulichung zwei Funktionen für Auswertungserträge mit den erörterten Eigenschaften dargestellt.

Bei expliziter Formulierung ergeben sich folgende Funktionen der Auswertungserfolge:

$$UAe_{jt} = \begin{cases} aU_{jt} \cdot UA_{jt} + cU_{jt} & \text{für } UA_{jt} < e \cdot {}^PU_{jt} \\ bU_{jt} \cdot UA_{jt} + dU_{jt} & \text{für } e \cdot {}^PU_{jt} \leqslant UA_{jt} \end{cases} \tag{6.38}$$

$$MAe_{jt} = \begin{cases} aM_{jt} \cdot MA_{jt} + cM_{jt} & \text{für } MA_{jt} < -e \cdot {}^PM_{jt} \\ bM_{jt} \cdot MA_{jt} + dM_{jt} & \text{für } -e \cdot {}^PM_{jt} \leqslant MA_{jt} \end{cases} \tag{6.39}$$

$$VtAe_{jt} = \begin{cases} aVt_{jt} \cdot VtA_{jt} + cVt_{jt} & \text{für } VtA_{jt} < -e \cdot {}^PVt_{jt} \\ bVt_{jt} \cdot VtA_{jt} + dVt_{jt} & \text{für } -e \cdot {}^PVt_{jt} \leqslant VtA_{jt} \end{cases} \tag{6.40}$$

$$VwAe_{jt} = \begin{cases} aVw_{jt} \cdot VwA_{jt} + cVw_{jt} & \text{für } VwA_{jt} < -e \cdot {}^PVw_{jt} \\ bVw_{jt} \cdot VwA_{jt} + dVw_{jt} & \text{für } -e \cdot {}^PVw_{jt} \leqslant VwA_{jt} \end{cases} \tag{6.41}$$

jeweils für $j = 1, 2, \ldots, N+1$; $t = 1, 2, \ldots, 12$

$$AAe_{jt} = \begin{cases} aA_{jt} \cdot AA_{jt} + cA_{jt} & \text{für } AA_{jt} < -e \cdot {}^PA_{jt} \\ bA_{jt} \cdot AA_{jt} + dA_{jt} & \text{für } -e \cdot {}^PA_{jt} \leqslant AA_{jt} \end{cases} \tag{6.42}$$

$$LAe_{jt} = \begin{cases} aL_{jt} \cdot AL_{jt} + cL_{jt} & \text{für } AL_{jt} < -e \cdot {}^PL_{jt} \\ bL_{jt} \cdot AL_{jt} + dL_{jt} & \text{für } -e \cdot {}^PL_{jt} \leqslant AL_{jt} \end{cases} \tag{6.43}$$

$$FAe_{jt} = \begin{cases} aF_{jt} \cdot AF_{jt} + cF_{jt} & \text{für } AF_{jt} < -e \cdot {}^PF_{jt} \\ bF_{jt} \cdot AF_{jt} + dF_{jt} & \text{für } -e \cdot {}^PF_{jt} \leqslant AF_{jt} \end{cases} \tag{6.44}$$

$$FMAe_{jt} = \begin{cases} aFM_{jt} \cdot AFM_{jt} + cFM_{jt} & \text{für } AFM_{jt} < -e \cdot {}^{P}FM_{jt} \\[2ex] bFM_{jt} \cdot AFM_{jt} + dFM_{jt} & \text{für } -e \cdot {}^{P}FM_{jt} \leqslant AFM_{jt} \end{cases} \qquad (6.45)$$

$$\text{jeweils für } j = 1, 2, \ldots, N+1; \; t = 2, 3, \ldots, 13.$$

In den Funktionen (6.38) bis (6.45) sind folgende Größen, die in diesem Kapitel noch nicht definiert wurden:

$UAe_{jt}; MAe_{jt}; VtAe_{jt}; VwAe_{jt}; AAe_{jt}; LAe_{jt}; FAe_{jt}; FMAe_{jt}$: der Ertrag, der sich bei der Auswertung der Abweichung des Umsatzes bzw. der Material- und Fertigungskosten bzw. der Vertriebskosten usw. des Monats t in der Division j ergibt.

$AA_{jt}; LA_{jt}; FA_{jt}; FMA_{jt}$: die Plan-Ist-Abweichung des Anlagevermögens bzw. der Lagerbestände bzw. der Forderungen bzw. der flüssigen Mittel im Monat t in der Division j.

$aU_{jt}; aM_{jt}; aVt_{jt}; aVw_{jt}; aA_{jt}; aL_{jt}; aF_{jt}; aFM_{jt}$: die Steigung des Auswertungsertrages bei Abweichungen, die kleiner sind als $e \cdot {}^{P}U_{jt}$ für den Umsatz bzw. $-e \cdot {}^{P}M_{jt}$ für die Material- und Fertigungskosten, usw.

$bU_{jt}; bM_{jt}; bVt_{jt}; bVw_{jt}; bA_{jt}; bL_{jt}; bF_{jt}; bFM_{jt}$: Die Steigung des Auswertungsertrages bei Abweichungen, die nicht kleiner sind als $e \cdot {}^{P}U_{jt}$ für den Umsatz bzw. $-e \cdot {}^{P}M_{jt}$ für die Material- und Fertigungskosten usw.

$cU_{jt}; dU_{jt}; cM_{jt}; dM_{jt}; cVt_{jt}; dVt_{jt}; cVw_{jt}; dVw_{jt}; cA_{jt}; dA_{jt}; cL_{jt}; dL_{jt}; cF_{jt}; dF_{jt};$ $cFM_{jt}; dFM_{jt}$: die Funktionswerte für eine Abweichung von Null (absolute Glieder).

e: der zeit-, größen- und divisionsunabhängige Überschreitungsanteil, bei dem die Manipulationswahrscheinlichkeit am geringsten geschätzt wird. z.B. $e = 0,01$.

Da die Funktionen alle stetig sein sollen, muß z.B. für den Umsatz gelten:

$$aU_{jt} \cdot e \cdot {}^{P}U_{jt} + cU_{jt} = bU_{jt} \cdot e \cdot {}^{P}U_{jt} + dU_{jt};$$

$$j = 1, 2, \ldots, N+1; \; t = 1, 2, \ldots, 12. \qquad (6.46)$$

Subtrahiert man die Auswertungsaufwendungen von den Auswertungserträgen, so erhält man die Auswertungserfolge:

$$UAE_{jt} = UAe_{jt} - UAa_{j}$$
$$MAE_{jt} = MAe_{jt} - MAa_{j}$$
$$VtAE_{jt} = VtAe_{jt} - VtAa_{j}$$
$$VwAE_{jt} = VwAe_{jt} - VwAa_{j}$$

$$\text{jeweils für } j = 1, 2, \ldots, N+1; \; t = 1, 2, \ldots, 12 \qquad (6.47)$$

$$AAE_{jt} = AAe_{jt} - AAa_{j}$$
$$LAE_{jt} = LAe_{jt} - LAa_{j}$$
$$FAE_{jt} = FAe_{jt} - FAa_{j}$$
$$FMAE_{jt} = FMAe_{jt} - FMAa_{j}$$

$$\text{jeweils für } j = 1, 2, \ldots, N+1; \; t = 2, 3, \ldots, 13.$$

Hat man die Auswertungserfolge für alle Abweichungen ermittelt, so kann man auch den Auswertungserfolg für ein beliebiges Auswertungsprogramm berechnen. Ein Auswertungsprogramm sei durch einen Vektor x mit $96 \cdot (N+1)$ Komponenten dargestellt, die in folgender Form angeordnet sein sollen:

$$x = (x_{11}^U; x_{11}^M; x_{11}^{Vt}; x_{11}^{Vw}; x_{12}^A; x_{12}^L; x_{12}^F; x_{12}^{FM}; \ldots;$$

$$x_{N+1,1}^U; x_{N+1,1}^M; \ldots; x_{N+1,2}^A; \ldots; x_{N+1,2}^{FM};$$

$$x_{12}^U; x_{12}^M; \ldots; x_{13}^A; \ldots; x_{13}^{FM}; \ldots;$$

$$x_{jt}^U; x_{jt}^M; \ldots; x_{jt+1}^A; \ldots; x_{jt+1}^{FM}; \ldots;$$

$$x_{N+1,12}^U; x_{N+1,12}^M; \ldots; x_{N+1,13}^A; \ldots; x_{N+1,13}^{FM}).$$

Die Komponenten von x sollen Binärvariable sein. Ist $x_{jt}^U = 1$, dann bedeutet das, daß die Umsatzabweichung, die in der Division j im Monat t eingetreten ist, ausgewertet werden soll. Ist $x_{jt}^U = 0$, dann soll diese Abweichung nicht ausgewertet werden. Die Variablen $x_{jt}^M; x_{jt}^{Vt}; x_{jt}^{Vw}; x_{jt+1}^A; x_{Jt+1}^L$; usf. gelten entsprechend für die Material- und Fertigungskosten, usf. Man erhält schließlich für den Erfolg eines Auswertungsprogrammes x:

$$AE(x) = \sum_{t=1}^{12} \sum_{j=1}^{N+1} (UAE_{jt} \cdot x_{jt}^U + MAE_{jt} \cdot x_{jt}^M + VtAE_{jt} \cdot x_{jt}^{Vt}$$

$$+ VwAE_{jt} \cdot x_{jt}^{Vw} + AAE_{jt+1} \cdot x_{jt+1}^A$$

$$+ LAE_{jt+1} \cdot x_{jt+1}^L + FAE_{jt+1} \cdot x_{jt+1}^F$$

$$+ FMAE_{jt+1} \cdot x_{jt+1}^{FM}). \tag{6.48}$$

Gesucht wird das Auswertungsprogramm mit dem maximalen Erfolg, wobei einige Nebenbedingungen beachtet werden müssen. Die wichtigste Nebenbedingung dürfte die begrenzte personelle Kapazität sein. Sind für die Abweichungsanalyse von der Unternehmenszentrale pro Jahr P Mannstunden vorgesehen, so muß gelten:

$$\sum_{t=1}^{12} \sum_{j=1}^{N+1} (UP_j \cdot x_{jt}^U + MP_j \cdot x_{jt}^M + VtP_j \cdot x_{jt}^{Vt} + VwP_j \cdot x_{jt}^{Vw}$$

$$+ AP_j \cdot x_{jt+1}^A + LP_j \cdot x_{jt+1}^L + FP_j \cdot x_{jt+1}^F + FMP_j \cdot x_{jt+1}^{FM}) \leqslant P. \tag{6.49}$$

Darin geben UP_j; MP_j; VtP_j; VwP_j; AP_{j+1}; LP_{j+1}; FP_{j+1} und FMP_{j+1} an, wieviele Mannstunden in der Division j erforderlich sind, um eine Umsatzabweichung usw. auszuwerten. Analog zu den Überlegungen beim Auswertungsaufwand wurde dabei davon ausgegangen, daß die Größen UP_j; MP_j; . . . nicht davon abhängen, wann die auszuwertende Abweichung aufgetreten ist.

Es ist m.E. in diesem Fall nicht notwendig, neben der Nebenbedingung (6.49) auch noch eine Nebenbedingung zur Berücksichtigung eines vorgegebenen Kostenbudgets in den Ansatz mit aufzunehmen, wie das Ozan und Dyckman (siehe Anschnitt 4.3.2.4) tun.

196

Man könnte allerdings eine Kostenbudget-Nebenbedingung anstatt der Nebenbedingung (6.49) einführen, was hier nicht geschehen soll, weil zum einen die Personalkapazitäts-Nebenbedingung als zweckmäßiger erachtet wird und weil zum anderen die Formulierung einer solchen Nebenbedingung zugleich die Grundlagen für eine Personaleinsatzplanung liefert.

Zweckmäßig ist vielleicht noch eine Nebenbedingung, durch die sichergestellt wird, daß in jeder Division mindestens eine Abweichung ausgewertet wird. Der Grund dafür ist, daß auf diese Weise der prohibitive Effekt der Abweichungsanalyse in jeder Division erzielt werden soll. Es muß dann gelten:

$$\sum_{t=1}^{12} (x_{jt}^U + x_{jt}^M + x_{jt}^{Vt} + x_{jt}^{Vw} + x_{jt+1}^A + x_{jt+1}^L + x_{jt+1}^F + x_{jt+1}^{FM}) \geqslant 1; (j = 1, 2, \ldots, N+1).$$
(6.50)

Weitere Nebenbedingungen können sich dadurch ergeben, daß die Personalkapazität während des Jahres schwankt, daß bei der Auswertung möglicherweise gewisse Reihenfolgen oder aber Spezialkenntnisse von Personen berücksichtigt werden sollen usf.

Hat man als wesentliche Nebenbedingung nur die Nebenbedingung (6.49) zu berücksichtigen, so kann man auf eine einfache Weise eine gute Näherungslösung für das optimale Auswertungsprogramm berechnen. Man berechnet dazu für alle Abweichungen die Auswertungserfolge pro Mannstunde (relative Auswertungserfolge) als:

$$rUAE_{jt} = \frac{UAE_{jt}}{UP_j}; \quad rMAE_{jt} = \frac{MAE_{jt}}{MP_j};$$

$$rVtAE_{jt} = \frac{VtAE_{jt}}{VtP_j}; \quad rVwAE_{jt} = \frac{VwAE_{jt}}{VwP_j};$$

jeweils für $j = 1, 2, \ldots, N+1; t = 1, 2, \ldots, 12$

(6.51)

$$rAAE_{jt} = \frac{AAE_{jt}}{AP_j}; \quad rLAE_{jt} = \frac{LAE_{jt}}{LP_j};$$

$$rFAE_{jt} = \frac{FAE_{jt}}{FP_j}; \quad rFMAE_{jt} = \frac{FMAE_{jt}}{FMP_j};$$

jeweils für $j = 1, 2, \ldots, N+1; t = 2, 3, \ldots, 13.$

Die auszuwertenden Abweichungen werden dann in der Reihenfolge sinkender relativer Auswertungserfolge in das Programm aufgenommen bis die Auswertungserfolge negativ werden oder die Nebenbedingung (6.49) ausgeschöpft ist. Danach wird geprüft, ob das berechnete Auswertungsprogramm auch alle anderen Nebenbedingungen erfüllt. Ist das nicht der Fall, so wird das Programm entsprechend korrigiert.

6.5 Diskussion des Ansatzes

Der obige Ansatz zur Planung eines Auswertungsprogrammes wurde vor allem unter dem Gesichtspunkt größtmöglicher Praktikabilität formuliert. Es wurde darauf verzichtet, mit Zufallsvariablen für Abweichungsursachen zu arbeiten, weil die Erörterungen im 4. Kapitel gezeigt haben, daß dies zu recht komplizierten Ansätzen führt, die im wesentlichen deshalb nicht praktikabel sind, weil die erforderlichen statistischen Daten nicht verfügbar sind. Es wurde ferner darauf verzichtet, Degressionseffekte der Art zu berücksichtigen, daß die Auswertung einer Abweichung, Informationen über die Ursachen anderer Abweichungen liefert. Bei der vorliegenden Problemstellung erscheint dies vertretbar, sofern es sich um Abweichungen in verschiedenen Divisions handelt. Bei Abweichungen, die aus derselben Division stammen, ist die Abstraktion von Degressionseffekten zweifellos problematisch. Es wurde deshalb versucht, den Fehler der durch diese Annahme gemacht wird, mit Hilfe der Nebenbedingung (6.50) zu verringern. Eine positive Konsequenz der Abstraktion von Degressionseffekten ist, daß der Aufwand zur Datenbeschaffung gemindert wird.

Die Schwierigkeiten der Datenermittlung werden bei der Ermittlung der Personenbedarfe UP_j; MP_j; usw. gering sein. Man kann dabei die Verfahren zur Ermittlung von Vorgabezeiten mit heranziehen, wenn die Schätzungen auf Grund der Erfahrung oder auf Grund statistischer Aufzeichnungen als zu ungenau empfunden werden.

Die Höhe der Personalbedarfe UP_j; MP_j; usw. gibt Anhaltspunkte für die Höhe der Auswertungsaufwendungen UAa_j; MAa_j; usw. Ferner werden die Auswertungsaufwendungen durch das Auswertungsverfahren, das angewendet werden soll, wesentlich bestimmt sein.

Am schwierigsten wird die Schätzung der Funktionen der Auswertungserträge entsprechend der Abb. 31 sein. Dabei ist die Schätzung des Abweichungsprozentsatzes e, bei dem die Manipulationswahrscheinlichkeit am geringsten ist, am wenigsten problematisch. Eine zentrale Bedeutung besitzen aber die beiden Steigungen der Funktionen der Auswertungserträge. Hat man keine spezifischen Anhaltspunkte für die Höhe dieser Steigungen, so wird man bei den Erfolgsgrößen, wie dem Umsatz, den Material- und Fertigungskosten usw. davon ausgehen können, daß der Absolutbetrag dieser Steigungen in der Nähe von 1 liegt. Eine Minderung dieser Steigung ergibt sich, wenn die Abweichung nur zum Teil auf kontrollierbare Ursachen zurückzuführen ist. Das wird z.B. beim Umsatz für positive Abweichungen als wahrscheinlicher erachtet als für negative. Bei Kostengrößen wird dagegen eine positive Abweichung als stärker kontrollierbar angesehen als eine negative. Eine Erhöhung des Absolutbetrages der Steigung über 1 hinaus ergibt sich, wenn die Aufdeckung der Abweichungsursachen in die Zukunft hinein große Erträge bewirkt.

Bei der Schätzung der Auswertungserträge für Vermögensgrößen muß man beachten, daß eine Vermögensabweichung zunächst über eine Art Rentabilität in einen Ertrag transformiert werden muß und daß die Aufdeckung kontrollierbarer Abweichungsursachen beim Vermögen relativ lange in die Zukunft hinein Erträge bewirken wird. Sowohl die zu berücksichtigende Rentabilität, als auch die Langzeitwirkung werden wesentlich von der Vermögensart abhängen, d.h. sie werden für das Anlagevermögen anders sein als für Forderungen usf. Während durch den Rentabilitätseffekt der Absolutbetrag der Steigungen der Funktionen der Auswertungserträge bei den Größen stark unter 1 sinken wird, wird die Langzeitwirkung diese Senkung zum Teil kompensieren, möglicherweise auch überkompensieren.

Ein erster Schritt zur Anwendung dieses Ansatzes könnte darin bestehen, daß in einer großen, divisional organisierten Unternehmung, in der das Auswertungsprogramm bisher gar nicht geplant wurde, die Wirtschaftlichkeit der bisherigen Auswertung überprüft werden soll. Dabei kann sich möglicherweise herausstellen, daß in der Vergangenheit zu viel ausgewertet wurde. Oder es könnte sich ergeben, daß antizyklisch in der Weise ausgewertet wurde, daß bei guter Konjunktur grundsätzlich wenig oder oberflächlich, bei schlechter Konjunktur aber sehr streng ausgewertet wurde. Durch ihre Planung soll die Auswertung effizienter werden, wodurch sich auch die Rentabilität der Gesamtunternehmung erhöhen wird. Der oben dargestellte Ansatz erscheint hierzu insbesondere deshalb geeignet, weil bei ihm der zusätzlich erforderliche Planungsaufwand so gering wie möglich gehalten wurde.

Literaturverzeichnis

Amerman, G.: The Mathematics of Variance Analysis. Accounting Research **4**, 1953a, 258–269.
–: The Mathematics of Variance Analysis-II. Accounting Research **4**, 1953b, 329–350.
Ansoff, H.I.: Managing Surprise and Discontinuity – Strategic Response to Weak Signals. Zeitschrift für betriebswirtschaftliche Forschung **28**, 1976, 129–152.
Arnim, M.v.: Kritische Würdigung der empirischen Untersuchung von E. Witte zum „Phasen-Theorem" unter besonderer Berücksichtigung der Theorie des Entscheidungsprozesses von Simon und March. Unveröffentlichte Diplomarbeit, Universität Hamburg 1972.
Atkinson, A.A.: Information Incentives in a Standard-Setting Model of Control. Journal of Accounting Research **17**, 1979, 1–22.
Banerjee, K.C.: The Mathematics of Variance Analysis and the Possibilities of its Application. Accounting Research **4**, 1953, 351–363.
Baumol, W.J.: An Expected Gain-Confidence Limit Criterion for Portfolio Selection. Management Science **10**, 1963, 174–182.
Bierman, H., Jr.: Topics in Cost Accounting and Decisions. New York–San Francisco–Toronto–London 1963.
Bierman, H. Jr., L.E. Fouraker und *R.K. Jaedicke*: A Use of Probability and Statistics in Performance Evaluation. The Accounting Review **36**, 1961, 409–417.
Bleicher, K.: Organisation und Führung der industriellen Unternehmung. Industriebetriebslehre in programmierter Form, Band III: Organisation und EDV. Hrsg. v. H. Jacob. Wiesbaden 1972, 13–171.
Blohm, H.: Kybernetisches Denken aus betriebswirtschaftlicher und betriebstechnischer Sicht. Rationalisierung **18**, 1967, 214–218.
–: Organisationstheorie und -praxis der Unternehmensführung. Rationalisierung **19**, 1968, 116–120.
–: Die Gestaltung des betrieblichen Berichtswesens als Problem der Leitungsorganisation, 2. Aufl. Herne–Berlin 1974.
Blohm, H., und *K. Lüder*: Investition. 4. Aufl., München 1978.
Boothroyd, H.: Least-Cost Testing Sequence. Operations Research Quarterly **11**, 1960, 137–138.
Budde, R.: Return on Investment. Berlin 1973.
Buzby, S.L.: Extending the Applicability of Probabilistic Management Planning and Control Models. The Accounting Review **49**, 1974, 42–49.
Camman, E.A.: Basic Standard Costs. New York 1932.
Chiu, W.K.: Economic Design of np Charts for Processes Subject to a Multiplicity of Assignable Causes. Management Science **23**, 1976, 404–411.
Chu, W.W.: Adaptive Diagnosis of Faulty Systems. Operations Research **16**, 1968, 915–927.
Coenenberg, A.G.: Return on Investment und interner Zinsfuß: Zur Aussagefähigkeit des Return on Investment für betriebliche Planungs- und Kontrollrechnungen. Beitrag Nr. 1/72, Fachgruppe Mikroökonomie, Universität Augsburg, 1972.
Coenenberg, A.G.: unter Mitarbeit von *R. Kleine-Doepke* und *P. Moeller* (Hrsg.): Unternehmensrechnung, Betriebliche Planungs- und Kontrollrechnungen auf der Basis von Kosten und Leistungen. München 1976.
Comiskey, E.E.: Cost Control by Regression Analysis. The Accounting Review **41**, 1966, 235–238.
Crawford, C.M.: Das Leitlinienkonzept in der Absatzplanung. Marketingtheorie. Hrsg. v. W. Kroeber-Riel. Meisenheim 1972, 254–269.
Cushing, B.M.: Some Observations on Demski's Ex Post Accounting System. The Accounting Review **43**, 1968, 668–671.

Cyert, R.M., und *J.D. March*: A Behavioral Theory of the Firm. Englewood Cliffs 1963.

Dearden, J.: The case against ROI control. Harvard Business Review 47 (3), 1969, 124–135.

Demski, J.S.: An Accounting System Structured on a Linear Programming Model. The Accounting Review **42**, 1967, 701–712.

–: Some Observations on Demski's Ex Post Accounting System: A Reply. The Accounting Review **43**, 1968, 672–674.

–: Decision-Performance Control. The Accounting Review 44, 1969, 669–679.

–: Optimizing the Search for Cost Deviation Sources. Management Science **16**, 1970, B-486–B-494.

–: Implementation Effects of Alternative Performace Measurement Models in a Multivariable Context. The Accounting Review 46, 1971, 268–278.

Deppe, W.: Vorgang, Arten und Einflußfaktoren der Willensbildung in betrieblichen Führungskollegien, Herne–Berlin 1973.

Dinkelbach, W.: Entscheidungsmodelle. Berlin–New York 1982.

Dittman, D.A., und *P. Prakash*: Cost Variance Investigation: Markovian Control of Markov Processes. Journal of Accounting Research **16**, 1978, 14–25.

–: Cost Variance Investigation: Markovian Control versus Optimal Control. The Accounting Review 54, 1979, 358–373.

Dopuch, N., J.G. Birnberg, und *J.S. Demski*: An Extension of Standard Cost Variance Analysis. The Accounting Review **42**, 1967, 526–536.

Du Pont de Nemours & Co. (Treasurer's Department) (Eds.): Executive Committee Control Charts, Wilmington, DE, 1959.

Duncan, A.J.: The Economic Design of $\bar{X}$ Charts Used to Maintain Current Control of a Process. American Statistical Association Journal **51**, 1956, 229–242.

Duvall, R.M.: Rules for Investigating Cost Variances. Management Science **13**, 1967, B-631–B-641.

Dyckman, Th.R.: The Investigation of Cost Variances. Journal of Accounting Research 7, 1969, 215–244.

Ewan, W.D., und *K.W. Kemp.*: Sampling Inspection of Continuous Processes with no Autocorrelation between Successive Results. Biometrika 47, 1960, 363–380.

Farrar, D.E.: The Investment Decision Under Uncertainty. Englewood Cliffs 1962.

Ferrara, W.L., J.C. Hayya und *D.A. Nachman*: Normalcy of Profit in the Jaedicke-Robichek Model. The Accounting Review 47, 1972, 299–307.

Firstman, S.I., und *B. Gluss*: Optimum Search Routines for Automatic Fault Location. Operations Research 8, 1960, 512–523.

Fisz, M.: Wahrscheinlichkeitsrechnung und mathematische Statistik. Berlin 1970.

Frank, W.G.: Laspeyres Indexes for Variance Analysis in Cost Accounting: A Comment. The Accounting Review 51, 1976, 427–435.

Frese, E.: Kontrolle und Unternehmensführung. Wiesbaden 1968.

Gaynor, E.W.: Use of Control Charts in Cost Control. National Association of Cost Accountants Bulletin 36, 1954, 1300–1309.

–: Use of Control Charts in Cost Control. Readings in Cost Accounting. Budgeting and Control. Ed. by W.E. Thomas. 2nd Ed., Cincinnati 1960, 777–787.

Gibra, I.N.: Economically Optimal Determination of the Parameters of $\bar{X}$-Control Chart. Management Science **17**, 1971, 635–646.

Girshick, M.A., und *H. Rubin*: A Bayes Approach to a Quality Control Model. Annals of Mathematical Statistics **23**, 1952, 114–125.

Goel, A.L.: Rejoinder. Management Science **21**, 1974, S. 116.

Goel, A.L., S.C. Jain und *S.M. Wu*: An Algorithm for the Determination of the Economic Design of $\bar{X}$-Charts Based on Duncan's Model. American Statistical Association Journal **63**, 1968, 304–320.

Goel, A.L., und *S.M. Wu*: Economically Optimum Design of Cusum Charts. Management Science **19**, 1973, 1271–1282.

Goldsmith, P.L., und *H. Whitfield*: Average Run Lengths in Cumulative Chart Quality Control Schemes. Technometrics 3, 1961, 11–20.

Gutenberg, E.: Grundlagen der Betriebswirtschaftslehre. Band 1: Die Produktion. 15. Aufl., Berlin–Heidelberg–New York 1969.

Haberstock, L.: Kostenrechnung I, Wiesbaden 1973.

–: Kostenrechnung II, Wiesbaden 1974.

Hahn, D.: Planungs- und Kontrollrechnung. Wiesbaden 1974.

Haller-Wedel, E.: Die Einflußgrößenrechnung in Theorie und Praxis. München 1973.

Heinen, E.: Das Zielsystem der Unternehmung (Grundlagen betriebswirtschaftlicher Entscheidungen). Wiesbaden 1966.

–: Der entscheidungsorientierte Ansatz in der Betriebswirtschaftslehre. Zeitschrift für Betriebswirtschaft **41**, 1971, 429–444.

Henderson, B.D., und J. Dearden: New System for Divisional Control . . . supplanting ROI as a method of performance evaluation. Harvard Business Review **44** (5), 1966, 144–160.

Hoffmann, F.: Entwicklung der Organisationsforschung. Wiesbaden 1973.

Hooke, R., and T.A. Jeeves: „Direct Search". Solution of Numerical and Statistical Problems. Journal of the Association for Computing Machinery **8**, 1961, 212–229.

Hughes, J.S.: Optimal Internal Audit Timing. The Accounting Review **52**, 1977, 56–68.

Jacobs, F.H.: An Evaluation of the Effectiveness of Some Cost Variance Investigation Models. Journal of Accounting Research **16**, 1978, 190–203.

Jacobs, F.H., und K.S. Lorek: A Note on the Time-Series Properties of Control Data in an Accounting Environment. Journal of Accounting Research **17**, 1979, 618–621.

Jaedicke, R.K., und A.A. Robichek: Cost-Volume-Profit Analysis Under Conditions of Uncertainty. The Accounting Review **39**, 1964, 917–926.

Jankowski, D.: Wirtschaftlichkeitskontrolle von Investitionen. Diss., Saarbrücken 1969.

Jensen, R.E.: A Multiple Regression Model For Cost Control-Assumptions and Limitations. The Accounting Review **42**, 1967, 265–273.

Kaplan, R.S.: Optimal Investigation Strategies with Imperfect Information. Journal of Accounting Research **7**, 1969, 32–43.

–: The Significance and Investigation of Cost Variances: Survey and Extensions. Journal of Accounting Research **13**, 1975, 311–337.

Kilger, W.: Der theoretische Aufbau der Kostenkontrolle. Zeitschrift für Betriebswirtschaft **29**, 1959, 457–468.

–: Flexible Plankostenrechnung und Deckungsbeitragsrechnung. 8. Aufl., Wiesbaden 1981.

Kirsch, W.: Entscheidungsprozesse. Band I: Verhaltenswissenschaftliche Ansätze in der Entscheidungstheorie. Wiesbaden 1970.

–: Entscheidungsprozesse. Band II: Informationsverarbeitungstheorie des Entscheidungsverhaltens. Wiesbaden 1971a.

–: Entscheidungsprozesse. Band III: Entscheidungen in Organisationen. Wiesbaden 1971b.

Kirsch, W. et al.: Planung und Organisation in Unternehmen. Universität München (Institut für Organisation) 1975.

Kloock, J.: Zur Anwendung ein- und mehrperiodiger ROI-Verfahren im Rahmen der Spartenerfolgsrechnung. Betriebswirtschaftliche Forschung und Praxis **27**, 1975, 235–253.

Knappenberger, H.A., und A.H.E. Grandage: Minimum Cost Quality Control Tests. American Institute of Industrial Engineering, Transactions **1**, 1969, 24–32.

Köhler, R.: Die Kontrolle strategischer Pläne als betriebswirtschaftliches Problem. Zeitschrift für Betriebswirtschaft **46**, 1976, 301–318.

Köhler, R.W.: The Relevance of Probability Statistics to Accounting Variance Control. Management Accounting **50**, 1968, 35–41.

Kosiol, E.: Einführung in die Betriebswirtschaftslehre. Wiesbaden 1968.

–: Die Unternehmung als wirtschaftliches Aktionszentrum. Reinbek 1972.

Kromschröder, B.: Ansätze zur Optimierung des Kontrollsystems der Unternehmung. Berlin 1972.

Küpper, W.: Instandhaltungsplanung – Prognose- und Entscheidungsmodelle. Wiesbaden 1973.

Küpper, W., K. Lüder und L. Streitferdt: Netzplantechnik. Würzburg–Wien 1975.

Laux, H.: Flexible Investitionsplanung. Opladen 1971.

–: Der Wert von Informationen für Kontrollentscheidungen. Zeitschrift für betriebswirtschaftliche Forschung **26**, 1974a, 433–450.

202

–: Kontrollertrag und Gewinn. Zeitschrift für betriebswirtschaftliche Forschung **26**, 1974b, 505–520.

–: Der Einsatz von Entscheidungsgremien. Berlin–Heidelberg–New York 1979.

Layer, M.: Möglichkeiten und Grenzen der Anwendbarkeit der Deckungsbeitragsrechnung im Rechnungswesen der Unternehmung. Berlin 1967.

Littrell, E.K.: Optimizing Control Costs. Management Accounting **53**, 1971, 22–24.

Lüder, K.: Investitionskontrolle. Wiesbaden 1969.

–: Ein entscheidungstheoretischer Ansatz zur Bestimmung auszuwertender Plan-Ist-Abweichungen. Zeitschrift für betriebswirtschaftliche Forschung **22**, 1970, 632–649.

–: Unternehmensführung: Problematisches ROI-Verfahren. Wirtschaftswoche **25**, 1971, 41–46.

Lüder, K., und *L. Streitferdt*: Die Bestimmung optimaler Portefeuilles unter Ganzzahligkeitsbedingungen. Zeitschrift für Operations Research **16**, 1972, B 89 – B 113.

Luh, F.S.: Controlled Cost: An Operational Concept and Statistical Approach to Standard Costing. The Accounting Review **43**, 1968, 123–132.

Magee, R.P.: A Simulation Analysis of Alternative Cost Variance Investigation Models. The Accounting Review **51**, 1976, 529–544.

–: Cost Control with Imperfect Parameter Knowledge. The Accounting Review **52**, 1977a, 190–199.

–: The Usefulness of Commonality Information in Cost Control Decisions. The Accounting Review **52**, 1977b, 869–880.

Magee, R.P., und *J.W. Dickhaut*: Effects of Compensation Plans on Heuristics in Cost Variance Investigations. Journal of Accounting Research **16**, 1978, 294–314.

Masing, W. (Hrsg.): Handbuch der Qualitätssicherung. München–Wien 1980.

Mauriel, J.J., und *R.N. Anthony*: Misevaluation of Investment Center Performance. Harvard Business Review **44** (2), 1966, 98–105.

McClain, J.O., und *L.J. Thomas*: Response–Variance Tradeoffs in Adaptive Forecasting. Operations Research **21**, 1973, 554–568.

McIntyre, E.V.: A Note on the Joint Variance. The Accounting Review **51**, 1976, 151–155.

–: The Joint Variance: A Reply. The Accounting Review **53**, 1978, 534–537.

McLaughlin, C.P., and *B.M. Khumawala*: Comment on "Economically Optimum Design of Cusum Charts" by A.L. Goel and S.M. Wu. Management Science **21**, 1974, S. 115.

Menz, W.-D.: Die Profit Center Konzeption. Theoretische Darstellung und praktische Anwendung. Bern–Stuttgart 1973.

Mitten, L.G.: An Analytic Solution to the Least Cost Testing Sequence Problem. Journal of Industrial Engineering **11**, 1960, S. 17.

Montgomery, D.C., *R.G. Heikes* und *J.F. Mance*: Economic Design of Fraction Defective Control Charts. Management Science **21**, 1975, 1272–1284.

Murdoch, J.: Control Charts. London–Basingstoke 1979.

Naylor, Th.H., und *H. Schauland*: A Survey of Users of Corporate Planning Models. Management Science **22**, 1976, 927–937.

Noble, C.E.: Calculating Control Limits for Cost Control Data. National Association of Accountants Bulletin **35**, 1954, 1309–1317.

Onsi, M.: Quantitative Models for Accounting Control. The Accounting Review **42**, 1967, 321–330.

–: Factor Analysis of Behavioral Variables Affecting Budgetary Slack. The Accounting Review **48**, 1973, 535–548.

Osterloh, B.W.: Probleme der Kontrolle betrieblicher Investitionen unter besonderer Berücksichtigung der Kontrolle der Investitionsplanung. Diss., Berlin (TU) 1974.

Ozan, T., und *Th. Dyckman*: A Normative Model for Investigation Decisions Involving Multiorigin Cost Variances. Journal of Accounting Research **9**, 1971, 88–115.

Page, E.S.: Continuous Inspection Schemes. Biometrika **41**, 1954, 100–115.

–: Control Charts with Warning Lines. Biometrika **42**, 1955, 243–257.

–: A Modified Control Chart with Warning Lines. Biometrika **49**, 1962, 171–176.

Piper, R.M.: The Joint Variance: A Comment. The Accounting Review **52**, 1977, 527–533.

Poensgen, O.H.: Geschäftsbereichsorganisation. Opladen 1973.

Pollock, S.M.: Minimum-Cost Checking Using Imperfect Information. Management Science **13**, 1967, 454–465.

Probst, F.R.: Probabilistic Cost Controls: A Behavioral Dimension. The Accounting Review **46**, 1971, 113–118.

Rappaport, A.: A Capital Budgeting Approach to . . . Divisional Planning and Control. Financial Executive **36**, 1968, 47–63.

Recksiegel, W.-R.: Die Anwendung der Regressions- und Korrelationsanalyse in der Kostenrechnung. Diss., Münster 1972.

Riebel, P.: Die Gestaltung der Kostenrechnung für Zwecke der Betriebskontrolle und Betriebsdisposition. Zeitschrift für Betriebswirtschaft **25**, 1956, 278–289.

Saatmann, A.: Die Erfolgskontrolle von Investitionen. Diss., Bochum 1970.

Sabel, H.: Entscheidungsprobleme auf der Basis von Kosten- und Leistungsrechnungssystemen. Die Wirtschaftsprüfung **26**, 1973, 17–26.

Saniga, E.M.: Joint Economically Optimal Design of $\bar{X}$ and R Control Charts. Management Science **24**, 1977, 420–431.

Schindowski, E., und *O. Schürz*: Statistische Qualitätskontrolle. 5. Aufl., Berlin 1972.

Schneeweiss, H.: Entscheidungskriterien bei Risiko. Berlin–Heidelberg–New York 1967.

Schnider, J.A.: Interne Kontrolle, Bestandteil der Unternehmensorganisation und Gegenstand der Abschlußprüfung. 2. Aufl., Winterthur 1973.

Schönfeld, H.-M.: Die Anwendung statistischer Methoden in der Kostenrechnung (I). Kostenrechnungs-Praxis, 1968, 245–254.

–: Die Anwendung statistischer Methoden in der Kostenrechnung (II). Kostenrechnungs-Praxis, 1969, 19–24.

Schulz, H.: Kostenorientierte Qualitätskontrolle bei vorgegebenen Kontrollanforderungen in den Bereichen Beschaffung, Produktion und Absatz in einem Industriebetrieb. Diss., Hamburg 1975.

Shank, J.K., und *N.C. Churchill*: Variance Analysis: A Management-Oriented Approach. The Accounting Review **52**, 1977, 950–957.

Shannon, C.E.: A Mathematical Theory of Communication. Bell System Technical Journal **27**, 1948, 379–423 / 623–656.

Shewhart, W.A.: Economic Control of Quality of Manufactured Product. New York 1931.

Solomons, D.: Standard Costing Needs Better Variances. National Association of Accountants Bulletin **43**, 1961a, 29–39.

–: Flexible Budgets and the Analysis of Overhead Variances. Management International **1**, 1961b, 84–92.

Stallman, J.C.: A Framework for Evaluating Cost Control Procedures for a Process. The Accounting Review **47**, 1972, 774–790.

Stange, K.: Kontrollkarten für meßbare Merkmale. Berlin–Heidelberg–New York 1975.

Stomberg, R.: Organisation der Kontrolle aus entscheidungstheoretischer Sicht. Diss., Hamburg 1969.

Streitferdt, L.: Grundlagen und Probleme der betriebswirtschaftlichen Risikotheorie. Wiesbaden 1973.

–: Strategien zur Kontrolle der Produktion. Proceedings in Operations Research 9. Hrsg. v. J. Schwarze et al. Würzburg–Wien 1980, 55–61.

Swoboda, P.: Die betriebliche Anpassung als Problem des betrieblichen Rechnungswesens. Wiesbaden 1964.

Taylor, H.M.: The Economic Design of Cumulative Sum Control Charts. Technometrics **10**, 1968, 479–488.

Theil, H.: How to Worry About Increased Expenditures. The Accounting Review **44**, 1969, 27–37.

–: Statistical Decomposition Analysis. Amsterdam–London 1972.

Tinbergen, J.: Ein Problem der Dynamik. Zeitschrift für Nationalökonomie **3**, 1932, 169–184.

Treuz, W.: Betriebliche Kontroll-Systeme. Berlin 1974.

Trueblood, R.M., und *R.M. Cyert*: Sampling Techniques in Accounting. Englewood Cliffs 1957.

Überla, K.: Faktorenanalyse. Berlin–Heidelberg–New York 1968.

Ulrich, H.: Die Unternehmung als produktives soziales System. 2. Aufl., Bern–Stuttgart 1970.

Vance, L.L.: The Fundamental Logic of Primary Variance Analysis. National Association of Cost Accountants Bulletin **31**, Section 1, 1950, 625–632.

Weber, K.: Zur Abweichungsermittlung bei der Standardkostenrechnung. Industrielle Organisation, S. 435f.

Wille, F.: Plan- und Standardkostenrechnung. 2. Aufl., Essen 1963.

Witte, E.: Phasen-Theorem und Organisation komplexer Entscheidungsverläufe. Zeitschrift für betriebswirtschaftliche Forschung 20, 1968a, 625–647.

–: Die Organisation komplexer Entscheidungsverläufe. Zeitschrift für betriebswirtschaftliche Forschung **20**, 1968b, 581–599.

–: Das Informationsverhalten in Informationssystemen – die These von der unvollkommenen Informationsnachfrage. Management-Informationssysteme. Hrsg. v. E. Grochla und N. Szyperski. Wiesbaden 1971, 831–842.

Wittmann, W.: Unternehmung und unvollkommene Information. Köln–Opladen 1959.

Zannetos, Z.S.: Standard Cost as a First Step to Probabilistic Control: A Theoretical Justification, An Extension and Implications. The Accounting Review 39, 1964, 296–304.

Personenregister

Stichwortregister

208

MIX
Papier aus verantwortungsvollen Quellen
Paper from responsible sources
FSC® C105338

If you have any concerns about our products,
you can contact us on
ProductSafety@springernature.com

In case Publisher is established outside the EU,
the EU authorized representative is:
Springer Nature Customer Service Center GmbH
Europaplatz 3, 69115 Heidelberg, Germany

Printed by Libri Plureos GmbH
in Hamburg, Germany